3판

서양의
복식문화와
역사 A History of Fashion

지은이 소개

고애란

연세대학교 가정대학 의생활학과 학사
연세대학교 대학원 의생활학과 석·박사
연세대학교 생활과학대학 의류환경학과 교수

안서영

연세대학교 대학원 의류환경학과 석·박사

3판
서양의
복식문화와
역사 A History of Fashion

2008년 1월 20일 초판 발행 | 2017년 9월 11일 2판 발행 | 2024년 2월 29일 3판 발행

지은이 고애란, 안서영 | **펴낸이** 류원식 | **펴낸곳 교문사**
편집팀장 성혜진 | **책임진행** 김성남 | **표지디자인·본문편집** 신나리

주소 (10881)경기도 파주시 문발로 116
전화 031-955-6111 | **팩스** 031-955-0955
등록 1960. 10. 28. 제406-2006-000035호
홈페이지 www.gyomoon.com
이메일 genie@gyomoon.com
ISBN 978-89-363-2553-4 (93590) | **값** 29,000원

3판

서양의
복식문화와
역사 A History of Fashion

고애란 · 안서영 지음

교문사

3판 머리말

《서양의 복식문화와 역사》 3판의 주된 목표는 고대 메소포타미아의 복식과 문화를 새로 추가하고, 21세기를 따로 장을 마련하여 2000년대와 2010년대 이후의 복식과 문화를 추가하는 것이었다. 이와 함께 역사 속의 사회와 문화를 설명해 줄 수 있는 복식과 그 복식의 실제 모습을 살펴볼 수 있도록 2판의 내용에 이미지 자료를 추가하거나 수정하고자 하였다.

이러한 목표에 따라 3판에서도 가장 기초적인 단계의 교재로서의 책의 구성을 그대로 유지하였다. 즉, 고대 복식부터 현대 복식으로의 변화과정을 초판 및 2판에서와 같은 방식으로 고대, 중세, 절대주의 시대, 근대, 현대의 다섯 시기로 구성하였다. 고대 시대에서는 고대 메소포타미아의 복식과 문화를 새로 추가하여 서양문화의 발달에 영향을 미친 고대 오리엔트 문화를 좀 더 잘 이해할 수 있게 하였다. 현대 시대에서는 1960년대를 기준으로 전반기와 후반기로 구분하였고, 21세기를 별도의 장으로 구성하여 2000년대와 2010년대 이후의 복식을 포함시켰다.

이미지 자료의 선정에 있어서는 전 시대에 걸쳐 각 시기의 가장 전형적인 것을 중심으로 선정하고 시기적으로 독특한 특징을 나타내는 형태들을 포함하는 기준은 그대로 유지하였으나, 21세기의 패션은 특히 다양한 방향으로 전개되고 있으므로 이 책에서는 그 중요한 흐름을 소개하며, 복식에 대한 새로운 시도와 테크놀로지 적용 예도 포함하여 21세기 패션의 다양성을 더 깊이 있게 이해할 수 있게 하였다.

현재 우리가 입고 있는 의복형태는 인류와 함께 처음 등장한 후 긴 세월을 거치면서 사회의 변화에 맞추어 현재의 형태로 자리 잡은 것이며 앞으로도 지속적으로 변화될 것이다. 제4차 산업혁명으로 불리는 기술혁명과 지속가능한 윤리적 패션에 대한 요구는 앞으로의 의복형태의 변화에 큰 영향을 미칠 것이다. 의복착용의 가장 기본적인 동기인 아름다움의 추구와 집단 및 자아 정체성의 표현을 가능하게 해 주는 동시에, 4차 산업혁명의 핵심기술을 의복에 통합시킴으로써 의복착용만으로도 우리 몸을 완벽히 보호하며 원하는 모든 활동이 가능하도록 해 주는 형태가 테크놀로지로 접근하는 연구자들의 최종목표가 될 것이라 생각된다. 2023년 현재까지 테크놀로지의 접근에 의한 뚜렷한 발전이 나타나지는 않았으나, 이러한 의복이 앞으로 어떤 형태로서 구현될지 역사를 연구하는 자세로 살펴봄으로써 미래를 예측해 볼 수 있게 되기를 바라는 마음이다. 또한 2020년에 발생하여 3년여간 지속된 코로나19 팬데믹이 디지털 패션을 새롭게 개척한 것과 같이 앞으로 의복은 사회문화적 환경 변화에 맞춰 다양한 방식으로 더욱 확장될 것이다.

최근까지 크게 유행한 Y2K 세기말 패션을 보면서 과거의 유행이 새로운 모습으로 지속적으로 등장하며 과거의 복식은 새로운 디자인적 영감을 준다는 점을 다시 한번 확인할 수 있을 것이다. 새롭게 발표되는 디자이너들의 작품에 담긴 과거 복식으로부터의 디자인 원천을 찾아내는 것도 다양함을 동시에 구현하고자 하는 시대적 특성에 따라 점점 더 복잡한 작업이 되어 가곤 하지만 이 책에 포함된 과거 복식에 관한 자료들이 디자인을 공부하는 많은 학생들에게 연구의 기초자료로서 사용될 수 있기를 바란다. 이러한 연구를 통해 과거의 어느 시기가 또 소환되어 새로운 모습의 유행으로 등장할지 예측해 보는 것도 큰 즐거움을 줄 것이라 생각된다.

3판이 나올 수 있도록 도움을 주신 많은 분들께 감사드린다. 강의교재로 사용하시며 귀한 조언을 해 주신 교수님들께 깊은 감사를 드린다. 이 책이 출판될 수 있도록 애써 주신 교문사 류원식 대표님과 편집팀 및 디자인팀 여러분께도 감사드린다.

2023년 겨울
저자 일동

2판 머리말

≪서양의 복식문화와 역사≫ 2판의 주된 목표는 역사 속의 사회와 문화를 설명해 줄 수 있는 복식과 그 복식의 실제 모습을 살펴볼 수 있는 이미지 자료를 최대한 많이 포함시키는 것이었다. 20세기에 대한 내용을 대폭 보강하는 것도 2판의 주된 목표였다.

이러한 목표에 맞추기 위해 이번 판에서도 가장 기초 단계의 교재 구성을 그대로 유지하였다. 즉, 고대 복식부터 현대 복식으로의 변화 과정을 초판과 같은 방식으로 서술하여 고대 시대, 중세 시대, 절대주의 시대, 근대 시대, 20세기의 다섯 시기로 내용을 구성하였다. 20세기는 1960년대를 기준으로 전반기와 후반기로 구분하였고, 21세기는 따로 장을 마련하지 않고 1990년대 이후에 포함시켰다. 각 시기의 가장 전형적인 사진을 중심으로 하고, 시기별로 독특한 특징을 나타내는 형태를 포함하는 이미지 자료를 선정한다는 기준은 그대로 유지하였다. 하지만 21세기는 패션 변화의 방향이 다양하여 모든 흐름을 포함시키기보다는 복식에 대한 새로운 시도와 테크놀로지 적용 예를 중점적으로 제시하였다. 다만 책의 부피가 너무 커질 것이 염려되어 모든 자료를 다 포함시키지 못한 것이 아쉬움으로 남는다.

현재 우리가 입고 있는 의복 형태는 인류와 함께 등장한 후 긴 세월을 거치면서 사회 변화에 맞추어 현재의 형태로 자리 잡은 것이며, 앞으로도 그 형태가 계속해서 변화할 것이다. 제4차 산업혁명으로 불리는 기술 혁명과 지속가능한 윤리적 패션에 대한 요구는 앞으로의 의복 형태에 큰 영향을 미칠 것이다. 의복 착용의 가장 기본적인 동기인 아름다움 추구와 집단 및 자아 정체성의 표현을 가능하게 해 줌과 동시에, 4차 산업혁명의 핵심기술이 의복에 통합되어 의복을 입는 것만으로도 우리 몸을 완벽히 보호하며 원하는 모든 활동을 가능하게 해 주는 형태가 나타날 것이며 이러한 작업이 바로 테크놀로지로 접근하는 연구자들의 최종 목표가 될 것이라 예측된다. 이러한 의복이 앞으로 어떠한 형태로 구현될 것인지, 복식의 역사를 연구하는 한 사람으로서 살펴보며 미래의 모습을 예측해 볼 수 있길 바라는 마음이다.

새롭게 발표되는 디자이너들의 작품에서 과거 복식의 디자인 원천을 찾아내는 일은, 다양함을 동시에 구현하고자 하는 시대적 특성에 따라 점점 더 복잡한 작업이 되고 있다. 부디 디자인을 공부하는 많은 학생들이 이 책에 포함된 과거 복식 관련 자료를 연구의 기초 자료로 삼을 수 있으면 한다.

2판이 나올 수 있도록 도움 주신 많은 분들께 감사드린다. 이를 강의 교재로 사용하시면서 귀한 조언을 해 주신 교수님들께도 깊은 감사를 드린다. 사진 정리와 내용 검토를 세심하게 도와 준 연구실의 제자들, 특히 안서영에게 고마운 마음을 전한다. 이 책이 출판될 수 있도록 애써 주신 교문사 류제동 사장님과 편집부 여러분께도 감사드린다.

2017년 9월

저자 고애란

초판 머리말

현재 우리가 입고 있는 의복형태는 인류와 함께 처음 등장한 후 긴 세월을 거치면서 사회의 변화에 맞추어 현재의 형태로 자리 잡은 것이며 앞으로도 지속적으로 변화될 것이다. 역사를 연구하는 것은 과거의 사실로부터 현재의 상황을 이해하고 이를 통해 미래를 예측해 볼 수 있게 해 준다. 그러한 점에서 서양복식사를 통해 고대 복식부터 현대 복식으로 변화·발전되어 온 과정 그리고 사회, 정치, 경제 등 시대적 배경과 복식과의 관련성을 이해하는 것은 의류학 전공자에게 매우 중요한 부분이다.

이 책은 서양복식사를 잘 모르는 학생들이 서양복식사에 관심을 갖는 계기가 되기를 바라는 마음에서 가장 기초적인 단계의 교재로 구성하였다. 서양복식사를 처음 접하는 초보자가 쉽게 공부할 수 있도록 내용은 간략히 하고 그림자료를 최대한 많이 포함시켰으므로, 각 시대의 복식을 공부하고 당시의 문화를 이해하는 데 큰 어려움 없이 즐겁게 읽을 수 있을 것이다.

이 책은 고대 복식부터 현대 복식으로의 변화과정을 크게 고대 시대, 중세 시대, 절대주의 시대, 근대 시대, 20세기의 다섯 시기로 구분하여 살펴보았다. 고대 시대는 고대 복식문화의 중심지를 이집트, 그리스, 로마의 지역별로 다루었으며 중세시대부터는 서유럽을 중심으로 하여 시기별로 살펴보았다. 각 시기의 구분은 사회발달의 단계를 기본으로 하고 서유럽에서의 중요한 정치적 시기를 고려하여 구분하였다. 20세기는 제2차 세계대전을 기준으로 전반기와 후반기로 구분하여 10년 간격으로 살펴보았다.

복식에 대한 설명에 있어서는 각 시기의 가장 전형적인 것을 중심으로 하고 시기적으로 독특한 특징을 나타내는 형태들을 포함하였으며 그림자료를 통해 실제의 모습을 확인해 볼 수 있도록 하였다. 또한, 당시의 복식에 영향을 미친 정치, 사회, 경제 및 문화적 특징을 시대적 배경에 제시하였다. 다만 시대적 배경의 주요 요인인 예술사조에 대한 설명은 그 사조에 의해 영향 받은 복식의 특징이 나타나는 시기에 맞추어 제시하였기 때문에 예술사조가 실제로 등장한 때보다 뒤늦게 설명되는 한계점이 있다. 이는 복식이 일상생활에서 사용되는 물질이기 때문에 건축, 미술 등의 예술적 형태들과는 달리 당시의 문화와 미의식이 가장 늦게 구현됨에 의한 것으로 이해될 수 있을 것이다.

그동안 개인적인 관심에서, 또한 서양복식사 강의를 위해서 모았던 자료들을 책으로 정리하면서 대학교 2학년 때 서양복식사를 처음 배우면서 느꼈던 가슴 두근거리는 감동을 다시 맛볼 수 있었다. 최근 몇 년 사이에 복식사에 대해 관심을 갖고 진지하게 수업에 임하는 학생들이 점점 늘어가는 것을 보는 것은 참으로 기쁜 일이다. 이 책을 통해 얻게 될 서양복식사에 대한 지식으로 과거 시대를 배경으로 하는 영화를 제대로 즐기거나 새롭게 발표되는 디자이너들의 작품에 담긴 디자인의 원천을 찾는 등 일상생활에서 활용하여 30년 전의 저자가 느낀 감동을 함께 느낄 수 있기를 바란다. 한 단계 더 나아가 참고문헌에 제시된 전문서적과 자료들에 대해 관심을 갖고 깊이 있는 연구를 하게 되기를 기대해 본다.

이 책은 많은 분의 도움으로 만들어 질 수 있었다. 열정적인 강의로 복식문화사에 대한 관심을 깨워 주시고 오랜 기간 수집하신 소중한 사진자료를 물려 주시어 이 책의 기초를 마련해 주신 스승 강혜원 교수님께 깊은 감사를 드린다. 사진정리부터 내용검토에 이르기까지 세심하게 도와준 연구실 제자들, 특히 강지흔, 김희정, 김진아, 김혜진, 이수경, 그리고 고수진, 강나영에게 고마운 마음을 전한다. 이 책이 출판될 수 있도록 애써 주신 교문사 류제동 사장님과 양계성 상무님, 편집부 여러분께 감사드린다.

2007년 겨울
연세대학교 연구실에서

차 례

Part I

고대의 복식과 문화

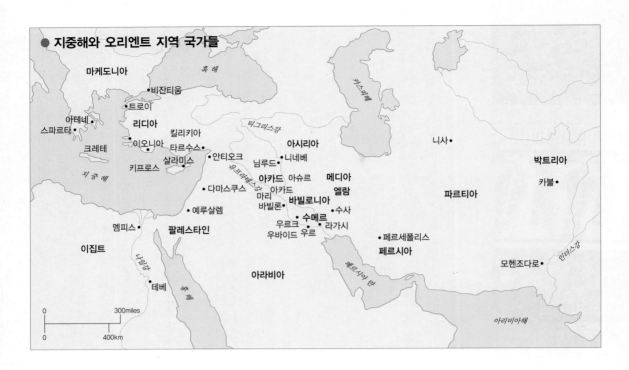

● 지중해와 오리엔트 지역 국가들

마케도니아 흑 해

• 비잔티움

• 트로이

아테네 • 리디아 카스피해

스파르타 • • 이오니아 킬리키아 티그리스강 아시리아 니사 •

크레테 • 타르수스 • 니네베 박트리아

• 안티오크 님루드 • 메디아

키프로스 • 살라미스 • 아슈르 엘람 카불 •

지 중 해 • 다마스쿠스 아카드 아카드 파르티아

마리 바빌로니아

• 예루살렘 바빌론 • 수사

• 멤피스 • 수메르 인더스강

이집트 팔레스타인 우르크 • • 라가시

우바이드 우르 • 페르세폴리스

나일강 • 모헨조다로

테베 • 아라비아 페르시아

홍해 메르시아 만

0 ──── 300miles 아리비아해

0 ──── 400km

● 고대 이집트

지 중 해 • 예루살렘

나일삼각주 사해

• 알렉산드리아

기자 • • 헬리오폴리스 팔레스타인

멤피스 • • 사카라

하 이집트

나일강

헤르모폴리스 • • 아케나톤

상 이집트 홍 해

아비도스 •

데이르-엘-바흐리 • • 카르나크

룩소르(테베)

사하라 사막 왕들의 계곡

히에라콘폴리스 •

0 ──── 100miles

0 ──── 150km

아부 심벨 • 나일강 누비아

Chapter 1

고대 이집트의 복식과 문화

시대적 배경

고대 이집트는 함(Ham)족이 나일강 하류의 삼각주를 중심으로 관개농업에 기반을 둔 도시 국가를 이루면서 시작되었다. 나일강 유역에 자리하고 있어 동서로는 사막과 접하고 북쪽과 남쪽은 바다와 산으로 막혀 폐쇄적인 지리적 조건을 갖추었다. 이 때문에 외부로부터의 위협이 적었으며, 농경을 바탕으로 하는 통일국가가 일찍부터 형성되어 비교적 오랫동안 유지될 수 있었다. 고대 이집트의 역사는 파라오들의 계보에 따라 31개 왕조의 다섯 시기로 나뉜다.

초기 왕조 및 고왕국 시기(BC 3400~2065, 1~10대 왕조)

- BC 4000년경부터 하 이집트(나일 삼각주 지역)와 상 이집트(나일강 상류 지역)의 서로 다른 정치·종교·문화적 정서를 갖는 두 지역으로 발달하였다.
- BC 2850년 나르메르 왕에 의해 상·하 이집트가 통일되었다. 이집트 통일은 민족의 통합과 이집트 문명의 비약적 발전의 계기가 되었다.
- 강력한 중앙집권 체제를 이루고 경제적으로 안정되었으며 절대왕권을 상징하는 대규모 건축공사가 진행되었다.

중왕국 시기(BC 2065~1580, 11~17대 왕조)

- 멘투호텝 2세가 세력을 확장함으로써 12대 왕조 때 가장 찬란한 시기를 이루었으며 BC 1680~1580년 동안 나라가 분열되면서 서아시아계 외국인(힉소스)들의 지배를 받게 되었다.
- 통상과 외교의 확대로 외국 문물과 이민족이 대거 유입되었고, 이민족들이 이집트 내에서 다양한 경제활동을 하며 자리잡기 시작하였다.
- 서아시아 문화의 유입으로 독특한 이집트 문화를 이루게 되었으며, 특히 염색, 직조, 세공기술이 크게 발달하였다.

1 숫양의 길과 아몬 신전

카르나크에 위치한 기원전 20세기경 신왕국 시기에 건설된 아몬 신전이다. 고대 이집트에서 가장 규모가 큰 신전으로 양의 머리를 한 스핑크스가 도열한 길을 따라가면 탑문이 나온다. 신전은 신권과 왕권의 상징이었으며 주로 나일강의 편평한 기슭 위에 건설되었다.

2 에푸의 호루스 신전 입구

에푸에 위치한 사후 신격화된 파라오에 대한 의식을 진행하던 신전이다. 파라오를 상징하는 호루스 신이 입구를 지키고 있다.

3 신전 내부의 상상도

신성왕위를 상징하기 위해 거대한 스케일의 수직선을 강조하는 형태로 구성었으며, 자연환경에서 흔히 볼 수 있는 색상과 식물을 장식 디자인으로 활용하였다.

신왕국 시기 (BC 1580~664, 18~30대 왕조)

- 아흐모세 왕이 상·하 이집트를 재통일하고 신성왕위를 다시 회복시켰으나 후기에는 아시리아에 의해 통치를 받게 된다.
- 대외 원정에 주력하여 전쟁을 통해 부를 축적하였고 다양한 외국의 문화를 받아들여 화려한 복식 등을 특징으로 하며 전통적인 문화를 완숙시켰다.

후기 왕조 시기 (BC 663~332, 26~31대 왕조)

- 예술을 부흥시키고 사실주의 조각을 완성시키는 등 문화적으로 성숙되었으나 30대 왕조 때 페르시아에 의해 멸망하여 이집트인에 의한 왕조는 끝나게 된다.
- 마케도니아인이 지배한 프톨레마이오스 왕조 때 알렉산드리아를 중심으로 헬레니즘 문화의 중심을 이루다가 로마의 옥타비아누스에 의해 멸망하여 로마 제국의 속주가 되었다.

고대 이집트는 사막, 산, 바다에 둘러싸인 폐쇄적 지형으로 인해 폐쇄적 정치와 사회 체계를 이루었다. 나일강의 정기적인 범람은 농업과 종교뿐만 아니라 사회구조와 건축·예술에까지 영향을 미쳤다. 또한 관개농업에 필요한 실용지식을 중심으로 역학, 천문학, 측량술 등의 과학이 발달하였다. 아열대성 기후로 인해 의복 형태는 단순하고 노출이 많은 반면, 장신구는 크고 화려한 형태로 발달하였다.

다른 고대 국가에서와 마찬가지로 고대 이집트도 경제의 기반을 농업에 둠으로써 농업과 관계가 깊은 천체와 자연현상을 숭배하는 다신교가 나타났다. 라(태양신), 오시리스(나일강의 부활 상징), 호루스(파라오 상징), 이시스(사랑과 보호의 여신), 하토르(미의 여신) 등을 인간 또는 동물의 모습으로 형상화하여 숭배하였다. 종교의 영향이 신권정치로 나타났으며 화려하고 거대한 복식 및 건축물을 통해 신성왕위를 상징하였다. 내세적 종교관에 따라 피라미드 또는 암굴 무덤에 생존 시의 모습을 영구 보존하였기 때문에 무덤 내부의 벽화와 부장품은 고대 이집트의 문화와 복식 연구를 위한 사료로써의 가치가 높다.

고대 이집트의 사회구조는 절대적 계급사회를 나타내어 신격화된 왕인 파라오를 정점으로 신관, 귀족, 관리, 군인, 직인, 농민, 노예의 순서로 피라미드형을 구성하였다. 이에 따라 복식은 지배층과 피지배층의 구분이 확실한 이중 구조였다. 지배층의 복식은 화려하고 다양하였으나 피지배층의 복식은 시기에 따라 거의 변화가 없는 단순한 형태를 유지하였다.

건축과 예술의 표현에 있어서 신성왕위의 상징이 강하게 나타났으며 강한 수직선의 이미지를 기본적인 미의 개념으로 삼았다. 각진 형태, 기하학적 규칙성, 사소한 부분의 생략, 본질적인 것의 표현 등이 특징이었으며 18대 왕조 이후로 외래 문화와의 교류에 따라 사실적

4 스핑크스 상상도

스핑크스는 사자의 몸에 사람의 머리로 이루어져 있으며 머리 모습과 앞부분에 서 있는 인물상도 파라오의 모습을 본떠서 당시의 실제 모습대로 채색했을 것으로 보고 있다.

인물상은 로인클로스를 입고 파라오를 상징하는 장식 패널인 쉔도트로 장식하고 있다. 머리에는 네메스 헤드드레스를 쓰고 있으며 턱에 인조 턱수염을 붙여서 고정하는 띠가 양옆으로 붙어 있다.

5 왕궁 정원의 상상도

왕궁 내의 건물과 정원으로 연결되는 아열대성 기후에 적절한 개방형 구조이다. 정원에 넓은 인공 연못을 만들고 이집트의 상징 식물인 연꽃으로 장식하였다.

6 람세스 2세의 부인인 네페르타리 왕비의 무덤 전실의 벽화

무덤의 벽화에는 왕과 왕비가 주관하던 의식, 일상생활에서의 모습과 이들을 보호하는 신들이 상세하게 그려져 있어서 고대 이집트의 문화와 복식에 대한 연구자료로써 활용가치가 높다.

특성이 나타났다. 가구와 같은 실용적인 물건은 기능적 형태로 제작기술이 발달하였다. 다신교를 숭배하고 신권정치체계를 이룬 고대 이집트에서는 다양한 상징을 이용하여 신성왕위를 표현하였으며 장식 디자인으로 쓰인 모티브들은 각기 상징적 의미를 지니고 있었다.

- 날개 달린 공 : 태양신이 인간의 삶을 영원히 보호한다는 의미
- 코브라 : 태양신의 번식력을 상징
- 신성풍뎅이 : 영원불멸을 상징
- 위로 뻗은 두 개의 깃털 : 아몬 신을 상징
- 앙크 : 영원한 젊음과 생명을 상징
- 연꽃, 파피루스 : 각기 상 이집트와 하 이집트를 상징하는 식물 문양

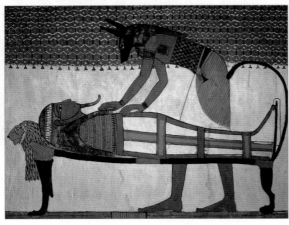

7 파라오의 시신을 미라로 만드는 장면
낙관적·내세적 종교관에 의해 파라오의 시체를 미라로 만들어 영구히 보전하였다. 파라오가 죽은 후 신이 되었음을 상징하는 끝이 올라간 긴 수염을 미라에 붙인 것을 볼 수 있다.
미라를 만드는 의식을 주관하는 신관은 직사각형 직물을 몸에 두른 후 왼쪽 어깨에서 앞뒤 직물을 고정시켜서 입는 스켄티를 착용하고 어깨에 표범가죽을 두르고 있다.

8 미라를 보관하는 관을 보호하는 외부 관

외부 관에는 파라오를 미라로 만들 때 제거한
장기를 따로 보관하는 함을 함께 넣어 두었다.

9 파라오의 장기를 보관하는 함

파라오를 미라로 만들기 전 장기를 빼내
어 따로 보관하는 것은 미라가 부패되지
않도록 하여 시신을 영구히 보전하기 위
해서였다.

**10 관의 내부(좌)와 외부(중), 미라가 들
어 있는 모습(우)**

관의 내부에도 태양신이 인간의 삶을 영
원히 지킨다는 의미를 지닌 날개 달린 공
의 문양과 이시스 신, 파라오의 일상 모
습을 그려 넣었다.
관의 겉면에는 관 주인의 얼굴 모습을
그리고, 의복과 장신구를 치장한 모습으
로 채색하였다.

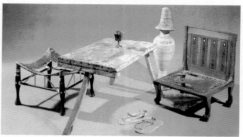

11 투탕카멘 왕의 황금 옥좌

신왕국 시기에는 활발한 대외 원정을 통해 막대한 부를 축적하여 화려한 복식과 물건들로 신성왕위를 상징하였다.
옥좌가 등받이에 비해 다리가 긴 비율로 만들어진 것은, 앉아 있는 동안 발을 시원하게 하기 위해 어린 노예 또는 차가운 물건 위에 발을 올려 놓았기 때문인 것으로 추측된다.

12 고대 이집트의 가구들

가구와 같은 일상생활에서 사용하는 용품들은 제작기술이 발달하여 기능적으로도 우수한 형태를 이루었다.

13 람세스 2세의 무덤에서 발견된 목재장

히타이트 제국과의 하데시 전투에 참가하여 전차를 타고 활을 쏘는 왕의 모습을 그려 넣었다. 왕은 전쟁 시 쓰는 푸른색 헬멧을 착용하고 있다.

14 아몬 신으로부터 신권정치의 권위를 부여받고 있는 투트모스 3세를 그린 무덤 내부 벽화

날개 달린 공, 코브라, 신성풍뎅이, 앙크 등 고대 이집트의 다양한 장식 디자인을 볼 수 있다. 투트모스 3세는 트라이앵귤러 에이프런을 착용하고 왕을 상징하는 장식 패널인 쉔도트와 사자 꼬리로 장식하고 있다.

의복의 종류와 특징

로인클로스 (loincloth)

- 남녀 모두 착용하던 기본적인 의복으로서 로인 스커트라고도 한다. 초기에는 넓은 띠를 허리에서 묶은 후 늘어뜨린 형태였으며, 주로 직사각형의 아마 직물을 몸에 두른 후 허리에서 끈으로 고정시켜 착용하였다.
- 긴 직물을 이용하여 허리에 돌려 입은 후 끝부분을 한쪽 어깨에서 고정하여 착용하기도 하였는데, 스켄티라고 불리기도 한 이 형태는 어깨끈이 달린 스커트처럼 보인다.

트라이앵귤러 에이프런 (triangular apron)

스커트 앞부분이 삼각뿔 형태로 뻗친 형태의 로인 스커트를 의미한다. 장방형의 천으로 몸에 둘러 입을 때 여분의 천을 앞부분에 불룩하게 남기게 된 데서 발전되었다. 크기가 점점 커지면서 스커트와 따로 재단하여 앞부분에 부착하였으며 풀을 먹여서 빳빳하게 하거나 지지대를 이용해서 앞으로 뻗친 모습이 유지되도록 만들었다.

킬트 (kilt)

신왕국에 들어와서 외국으로부터 얇은 직물을 받아들이면서 착용하기 시작한 긴 스커트 형태이다. 몸이 비칠 정도의 얇은 리넨 등으로 만들었으며 가는 주름을 잡은 천을 사용하기도 하였다. 기본형의 로인 스커트를 착용한 후에 덧입기도 하였다.

갈라 스커트 (gala skirt)

- 축제기간에 군주가 착용하던 스커트로서 오른쪽 허리 옆선에서 시작하여 왼쪽으로 둘러 입어서 끝이 허리 앞중심선에 오도록 하였다.
- 스커트 앞부분을 둥그렇게 하고 뒷중심부터 앞부분까지 금사로 직조하거나 금박을 입힌 직물을 아코디언처럼 주름잡아서 장식하였다. 허리에 사각 매듭이 달린 허리띠를 하였으며 무기 주머니를 옆에 달기도 하였다.
- 왕이 입던 스커트는 양끝이 둥글어서 앞에서 겹쳐지는 부분이 적고 방사상의 주름을 잡았으며 스커트 안에 수평방향으로 주름잡은 직물조각이 덧붙여져 있다.

15 벽화에 표현된 이집트 남녀의 기본 복식 : 로인클로스와 쉬스 가운

남성이 착용하고 있는 로인클로스는 가장 기본적인 형태로서 직사각형 아마 직물을 몸에 두른 후 끈으로 허리에서 고정시켜 착용하였다. 여성의 쉬스 가운은 가슴 아랫부분에서 발목에 이르는 길이의 천을 둘러 입었으며, 하나 또는 두 개의 어깨끈이 달려 있다. 남녀 모두 목에 파시움을 두르고 있고 같은 소재의 팔찌와 발찌로 장식하였다.

16 사냥하는 모습을 표현한 벽화

남성이 입고 있는 로인클로스를 끈으로 여민 모습이 선명하게 보인다. 뒤에 서 있는 여성은 주름 잡은 얇은 옷감으로 만든 칼라시리스를 착용하고 있다.

17 하토르 여신에게 포도주를 주고 있는 호렘헵 왕

왕이 착용하고 있는 스커트는 신성왕위의 상징으로 왕족이 착용하던 갈라 스커트이다. 양끝이 둥글고 앞에서 겹쳐지는 부분이 적으며 방사상으로 퍼지는 주름을 잡았다. 스커트 안에 수평방향으로 주름잡은 직물조각이 덧붙여져 있다.

쉔도트 (shendot)

신성왕위를 상징하는 대표적 의복으로서 로인 스커트 위에 두르는 장식 패널이다. 쉔도트는 준보석, 깃털 등으로 치장하고 아랫부분의 양쪽으로 파라오의 다산을 상징하는 코브라의 머리를 장식한다. 쉔도트 장식을 할 때는 로인 스커트의 뒤쪽으로 사자 꼬리를 함께 장식하였다.

쉬스 가운 (sheath gown)

기본적인 튜닉 형태의 여성 의복이다. 유방은 가리지 않고 가슴 아랫부분에서 발목에 이르는 길이의 천을 둘러 입었다. 앞중심에서 시작된 하나 또는 두 개의 어깨 끈이 달려 있다. 중왕국 시기에는 염색법이 특히 발달하여 다양한 문양의 쉬스 가운을 착용하였다.

칼라시리스 (kalasiris)

- 신왕국 시기에 입기 시작한 가는 주름이 잡힌 얇은 리넨 옷감으로 만든 원피스 형태의 의복으로, 윗몸을 가리는 의복형태 중 하나이다.
- 착용자 키의 두 배 길이의 긴 천의 가운데에 머리가 들어갈 구멍을 내어 이를 뒤집어 써서 입은 후 장식적인 허리띠를 하였다. 또는 긴 천을 가슴 앞부분에서 시작하여 왼쪽 어깨 뒤로 넘겨서 오른쪽 어깨 앞으로 두른 후 왼쪽 팔 밑을 지나 오른쪽 팔 밑으로 두르고 천의 양 끝을 가슴 앞부분에서 묶어서 착용하기도 하였다.
- 의식용으로 왕과 왕족이 입던 보다 풍성하고 화려한 칼라시리스는 갈라 가운(gala gown)이라고도 하였다.

하이크 (haik)

- 신왕국 시기에 입었던 몸에 걸치거나 두르는 방식의 의복으로, 주로 왕족들이 의식용이나 위용을 과시하기 위해 착용하였다.
- 하이크를 착용하는 방식은 다양하였는데 허리에 둘러 풍성한 스커트를 만든 후 남은 천으로 등 뒤로 돌려 두르고 스커트의 시작부분과 묶어 줌으로써 스커트에 숄을 걸친 것과 같은 형태로 입거나, 직사각형의 천을 양 어깨에 두르고 가슴 앞부분에서 묶는 케이프 형태, 한쪽 어깨만을 감싸고 반대편 가슴 부분에서 묶어 주는 형태 등 다양하였다. 쉬스 가운이나 칼라시리스 위에 겹쳐 입기도 하였다.

18 디샤사(Dishasha)의 무덤에 있는 넨케푸카 왕의 채색 석회석상

갈라 스커트는 축제기간에 군주가 착용하던 의복으로, 오른쪽 허리 옆선에서 시작하여 왼쪽으로 둘러 입어서 끝이 허리 앞중심선에 오도록 하였다. 스커트 앞부분이 둥그렇고 금사 직물로 장식되어 있다.

19 메디넷 하부(Medinet Habu)에 있는 람세스 3세 무덤의 벽화 일부

왕은 트라이앵귤러 에이프런 위에 쉔도트를 장식하고 뒤에 사자 꼬리를 달았으며 몸이 비칠 정도의 얇은 옷감으로 만든 긴 스커트인 킬트를 같이 착용하였다. 영원한 젊음과 생명을 상징하는 앙크를 손에 들고 있다.

20 투탕카멘 왕의 무덤에서 발견된, 왕의 관을 보호하기 위해 입구를 지키고 있는 조각상

트라이앵귤러 에이프런은 장방형의 천으로 몸에 둘러 입을 때 여분의 천을 앞부분에 불룩하게 남기게 된 데서 발전되었다. 크기가 점점 커지면서 스커트와 따로 재단하여 앞부분에 부착하였으며 지지대를 이용해서 앞으로 뻗친 모습이 유지되도록 만들었다.

21 18대 왕조 후기에 유행된 남성 의복

정교하게 주름잡은 얇은 옷감으로 만든 긴 스커트로서 상체도 가리는 형태이지만 가슴과 배 부분은 가리지 않았다. 앞부분에 긴 삼각뿔 형태의 트라이앵귤러 에이프런을 따로 부착하여 장식하고 있다.

22 투탕카멘 왕의 황금옥좌 그림의 일부

신왕국 시기의 대표적인 복식으로서 투탕카멘 왕은 주름잡은 얇은 직물의 긴 스커트인 킬트와 장식적인 허리띠를 하였다. 고대 이집트에서는 아랫배가 불룩한 것이 다산의 능력을 가진 것이라는 믿음이 있었는데, 아랫배를 더욱 강조하기 위해 스커트를 밑으로 내려서 착용하였다. 왕비는 칼라시리스를 착용하였다.

23 신왕국 시기 19대 왕조의 세티(Seti) 1세 왕과 사막의 여신인 하토르(Hathor)의 모습을 그린 왕의 계곡에 있는 무덤 내부의 부조

왕은 얇고 긴 스커트 위에 왕을 상징하는 장식 패널인 쉔도트를 두른 후 그 위에 하이크를 착용하였으며, 여신은 왕의 이름이 무늬로 새겨진 쉬스 가운을 착용하였다. 그림에는 쉬스 가운이 몸에 꼭 맞는 것으로 표현되어 있으나 실제로는 튜닉 형태였을 것으로 추정된다. 여신이 자신의 메닛(menit : 여러 겹의 작은 구슬 목걸이)에 왕이 손을 대도록 표현한 것은 새로 태어날 수 있음을 상징하는 것이다.

24 제사를 주관하는 신관 아문(Amun)의 모습

테베(Thebe)에서 발견된 21대 왕조의 무덤 내부의 부조에 그려진 신관의 모습이다. 짧은 로인클로스를 입고 그 위에 긴 스커트에 숄을 걸친 것과 같은 형태의 하이크를 입은 후 짐승가죽 케이프를 두르고 있다.

25 네페르티티(Nefertiti) 여왕의 무덤 벽화의 일부

주름 잡은 얇은 옷감으로 만든 칼라시리스를 착용하고 허리에는 장식적인 허리띠를 두르고 있다. 머리에는 왕이 전쟁에 참가하는 동안 왕의 보호를 기원하는 독수리 모양의 벌처 헤드드레스를 쓰고 있다. 신격화되어 머리 위에 아몬 신의 상징을 그려 넣었다. 검은색의 피부는 불멸을 상징한다.

26 현재의 베두인족의 선조로 보이는 이민족의 모습

중왕국 시기에는 서아시아계의 다양한 이민족의 유입이 많았으며 이들이 착용했던 밝은 색상의 무늬가 있는 모직 튜닉이 중왕국 시기의 쉬스 가운에 영향을 주었을 것으로 추정된다.

27 고왕국 시기 4대 왕조의 네프레티베(Nefret-iabet) 왕비의 모습

표범가죽으로 추정되는 소재로 만든 쉬스 가운을 착용하였다. 왼쪽에만 어깨끈이 있으며 윙(wing)이라 불리는 팔을 가리는 일종의 넓은 소매 형태가 붙어 있다.

28 중왕국 시기의 것으로 보이는 채색 나무조각상과 기자(Giza)에서 출토된 작은 구슬로 엮어서 만든 쉬스 가운

테베에서 발견된 BC 1900년경에 만들어진 나무조각상은 신에게 바칠 공물을 담은 상자를 들고 제례용 의복, 은과 채색 에나멜 팔찌, 발찌를 착용하고 있다. 중왕국 시기는 서아시아의 영향으로 독특한 염색법이 발달하였으며 여성의 쉬스 가운도 화려한 색상으로 무늬를 넣어서 착용하였다. 무늬를 직조한 것이 아니라 기자에서 출토된 것과 같은 구슬로 엮은 장식적인 옷을 흰색의 쉬스 가운 위에 덧입었을 것으로 추정하는 학자도 있다.

장식의 종류와 특징

가 발

- 고대 이집트에서는 종교의식과 더운 기후로부터의 위생을 목적으로 머리를 깎고 가발을 착용하였다. 가발은 그물처럼 짜여진 망에 사람 머리카락, 파피루스 등을 엮어서 만들었으며 현대의 터번과 같이 햇볕을 막아 주고 체열을 발산시키는 기능을 하였다.
- 가발의 형태는 시기에 따라 다양했는데 고왕국에서는 육중하고 풍성한 가발이, 신왕국에서는 보다 자연스럽고 기교적인 가발이 유행하였다. 낮은 계급에서는 머리를 완전히 깎는 것이 금지되었고 가발 대신 젖은 진흙을 머리에 붙여서 가발의 기능을 대신하였다.

변 발

왕족의 젊은이는 머리 왼쪽에 변발을 늘이는 형태의 가발을 착용하였다. 또는 완전히 깎은 머리에 둥근 장식을 하고 띠를 늘어뜨리기도 하였다.

수 염

고대 이집트에서는 머리를 깎고 가발을 쓴 것처럼 턱수염도 자연적으로 기른 것이 아니라 인조 턱수염을 부착하였다. 계급에 따라 길이가 달랐는데, 신은 길고 끝이 위로 올라간 형태이고 왕은 길고 뭉툭한 형태, 관리는 2~3인치 정도의 짧은 턱수염 형태였다.

머리 장식

- 커치프(kerchief) : 거친 아마 직물의 머릿수건으로 가발이 가려지도록 이마에 둘러서 착용하였으며 커치프를 착용하고 있는 모습이 피라미드와 유사하였다. 왕이나 여왕이 쓴 커치프는 클라프트(klaft)라고 하였다.
- 네메스 헤드드레스(nemes headdress) : 커치프가 발전된 형태이며 왕과 귀족만이 착용할 수 있었다. 금색과 청색의 줄무늬 직물로 만들었으며 이마 부분에 독수리와 코브라의 머리를 장식하였다.
- 헬멧(helmet) : 투박한 모직 펠트로 만들어진 모자로서 전쟁 시 왕이 착용하였으며 주로 청색이었다.
- 쉔트(pschent) : 상·하 이집트가 통일된 것을 상징하는 왕관으로서 상 이집트를 상징하는 높고 끝이 둥근 흰색 관과 하 이집트를 상징하는 끝이 뾰족한 붉은 관을 합친 형태이다.

29 라호텝(Rahotep) 왕과 왕비의 조각상

왕은 단순한 형태의 로인 스커트를 착용하고 있으며 왕비는
쉬스 가운 위에 얇은 숄을 두르고 있다. 왕비는 머리에 고왕
국 시기에 유행한 육중한 형태의 가발을 썼으며, 정교한 머리
장식과 파시움을 두르고 있다.

고대 이집트에서의 가발은 중동 지역의 터번과 같은 기능을
갖는 것으로, 햇볕을 막아 주고 체열을 발산시키는 역할을 하
였다.

30 테베의 라모스 무덤에 있는 마이(Mai)와 아내 유렐(Urel)의 모습

신왕국 시기에는 장식적인 가발이 유행하였는데 금을 장식하거나 밝은 색상의 끈을 이용하여 머리를 여러 가닥으로 가늘게
땋기도 하고 색 구슬로 머리 끝을 장식하기도 하였다. 이 시기에는 예술에 보다 사실적인 표현기법을 사용하였다.

- 벌처 헤드드레스(vulture headdress) : 왕의 부재 시 왕의 보호를 기원하기 위해 왕비가 착용하던 머리 장식으로 날개를 펼친 독수리가 머리 위에 얹어진 형태를 띠고 있다.

신 발

- 고대 이집트에서는 보온을 위한 신발을 착용하지 않았으나 뜨거운 대지로부터 발을 보호하는 기능의 슬리퍼 형태를 주로 착용하였다.
- 파피루스나 종려나무 줄기 등의 식물성 재료를 사용하였으며 염소가죽을 사용하기도 하였다. 발바닥을 보호하기 위해 밑창은 견고하고 발등 부분은 거의 감싸지 않는 형태였다.

장신구

고대 이집트에서는 아열대성 기후로 인해 의복이 단순하고 노출이 많은 형태로 발달하였으며, 이에 따라 장신구는 크고 화려한 형태로 발달하였다. 신성풍뎅이를 모티프로 한 반지는 인장반지로 사용되기도 하였다.

- 파시움(passium) : 어깨를 덮는 목장식으로 금과 보석으로 치장하였으며 구슬 또는 깃털 등을 사용하기도 하였다. 파시움과 같은 재료로 만든 팔찌, 발찌 등도 함께 착용하였다.
- 펙토랄(pectoral) : 크기가 큰 가슴 장식용 펜던트이다.
- 메닛(menit) : 아주 작은 구슬을 꿰어서 만든 줄 수십 개를 엮어서 만든 구슬 목걸이다.

31 테베의 나크트(Nakht) 무덤의 벽화 일부
신왕국 시기에 유행된 장식적인 가발과 머리에 향유 덩어리를 얹은 모습을 볼 수 있다. 다양한 색으로 금 세공된 파시움을 두르고 금판에 소용돌이 무늬를 넣은 둥그런 귀고리를 하고 있다. 다양한 악기가 사용되었음을 알 수 있다.
머리에 얹은 향유 덩어리는 외부활동 시 체온에 의해 서서히 녹아내리면서 해로운 곤충의 접근을 막아주는 기능을 하였다.

32 계급이 낮은 사람들의 머리 모양

테베에 있는 왕들의 계곡 무덤 벽화에 표현된 장인들의 모습이다. 낮은 계급은 가발 대신 나일 강변의 진흙을 가발 모양으로 머리에 얹어 놓음으로써 가발의 기능을 하도록 하였다. 젖은 흙이 머리의 열을 증발시켜 체온을 낮춰 주는 역할을 하였다.

33 람세스(Ramesses) 3세와 왕자의 모습

한쪽 머리를 땋아 내린 형태의 가발은 주로 지배층의 젊은 남성들이 착용하던 형태이다. 왕은 하 이집트를 상징하는 붉은 관을 착용하고 있다. 위로 뻗은 두 개의 깃털은 아몬 신을 상징한다.

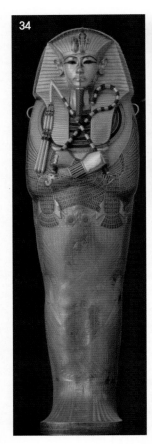

34 투탕카멘 왕의 관과 황금 마스크

화려함의 극치를 이룬 투탕카멘 왕의 무덤에서 출토된 왕의 관은 네 겹으로 이루어져 있으며 각 관의 위에는 각기 다른 모습의 황금 마스크가 씌워져 있었다. 가장 안쪽의 마스크에서 네메스 헤드드레스와 파시움을 볼 수 있다. 네메스 헤드드레스는 커치프가 발전된 형태로 금색과 청색의 줄무늬 천으로 만들어졌으며 앞에는 독수리와 코브라의 머리를 장식하여 파라오를 상징하고 있다.

35 테베에서 발견된 머릿수건

커치프, 클라프트라고도 불리며 사각형의 두껍고 거친 아마 천을 앞이마를 덮고 가발을 완전히 감싸는 형태로 착용하였다.

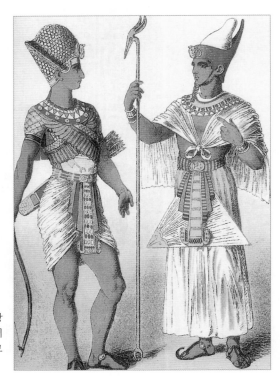

36 전쟁에서의 왕과 의식용 복장을 하고 있는 왕의 상상도

푸른색 헬멧은 전쟁 시 왕이 착용하는 모자이다.

쉔트(pschent)는 상 이집트를 상징하는 흰색 관과 하 이집트를 상징하는 붉은색 관이 합쳐진 형태로 이집트의 통일을 상징한다. 케이프형으로 양 어깨에 두른 후 앞에서 묶어 준 하이크를 착용한 모습을 볼 수 있다.

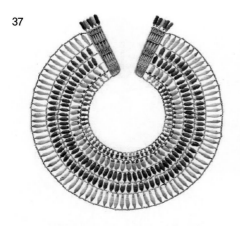

37

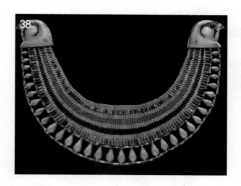

38

39

37 채색 파이앙스(faience) 도자기로 만든 파시움
어깨를 다 가릴 정도로 큰 형태이다.

38 준보석과 금으로 세공된 파시움

39 여러 겹의 작은 구슬 목걸이 메닛(menit)

40 왕비의 화관 장식

41 다양한 디자인의 반지와 곤충, 고리 모양의 귀고리

42 투탕카멘 왕의 무덤에서 출토된 펙토랄
보호를 상징하는 웨자트(wedjat) 눈의 형태와 독수리, 코브라 등 태양신의 상징 디자인으로 이루어져 있다.

43 투탕카멘 왕의 미라에 장식되었던 가슴장식
가슴장식의 중앙에 사용된 리비아 사막 유리(libyan desert glass)는 천연 유리로, 고대 이집트에서 매우 귀중한 보석으로 여겨졌다.

44 투탕카멘 왕의 미라에 장식되었던 팔찌
내세에서의 영원불멸과 신의 보호를 기원하기 위한 상징적인 디자인이다.

45 금세공 팔찌
어린 왕자가 양쪽 팔에 각각 착용했던 것으로 기록되어 있는 금세공된 팔찌이다.

46 오리 모양의 청금석 팔찌

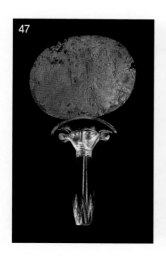

47 신왕국 12대 왕조 사타소뤼네(Satha-thoryunet) 공주가 사용하던 은거울

거울 손잡이는 파피루스 줄기의 모양이고 윗부분에 소의 여신인 하토르의 얼굴이 양쪽으로 배치되어 있다.

48 손거울의 뒷면 장식

여성들이 사용하는 물건이므로 연꽃, 파피루스, 오리 등 식물 또는 작은 크기의 생물을 디자인의 모티프로 사용하였다.

49 식물성 재료의 이집트 샌들

고대 이집트에서는 보온을 위한 신발은 착용하지 않았으나 뜨거운 대지로부터 발을 보호하는 기능의 샌들 형태를 주로 착용하였다. 파피루스나 종려나무 줄기 등 식물성 재료를 사용하였으며 가죽을 사용하기도 하였다. 발바닥을 보호하기 위해 밑창은 견고하고 발등 부분은 거의 감싸지 않는 형태이다.

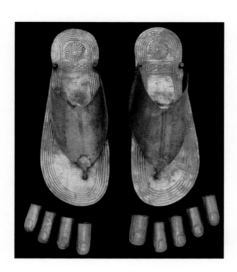

50 투트모스 3세 왕비의 무덤에서 발견된 금 샌들과 발가락 보호대

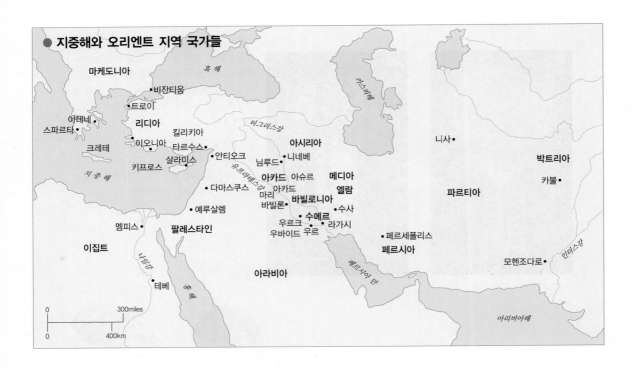

● 지중해와 오리엔트 지역 국가들

마케도니아

흑해

카스피해

비잔티움

트로이

아테네

리디아

스파르타

킬리키아

티그리스강

아시리아

니사

크레테

이오니아

타르수스

님루드

니네베

박트리아

키프로스

살라미스

안티오크

아카드

아슈르

메디아

카불

유프라테스강

지중해

다마스쿠스

아카드

엘람

파르티아

마리

바빌로니아

예루살렘

바빌론

수사

멤피스

팔레스타인

우루크

수메르

나일강

우바이드 우르

라가시

페르세폴리스

모헨조다로

인더스강

이집트

페르시아

테베

홍해

아라비아

페르시아 만

아리비아해

0   300miles

0   400km

● 메소포타미아 문명의 주요 도시

두르샤루킨

모술

니네베

님루드

테헤란

아슈르

티그리스강

마리

유프라테스강

바그다드

아카드

바빌론

키시

수사

니푸르

이신

기르수

페르시아

라가시

우루크

라르사

우바이드

페르시아

우르

0   300miles

0   400km

Chapter 2

메소포타미아의 복식과 문화

시대적 배경

메소포타미아는 그리스어로 '두 강(포타미아) 사이에(메소) 놓인 땅'을 뜻한다. 지금의 튀르키예에서 시작해 시리아 북동부와 이라크를 거쳐 페르시아만까지 이어지는 티그리스강과 유프라테스강을 중심으로 이루어져 있다. 인류 최초의 문명이 발생한 곳이며 최초의 제국이 등장한 곳이기도 하다.

유프라테스강과 티그리스강의 수원지에서부터 현재 바그다드까지의 북쪽 지역을 상부 메소포타미아, 페르시아만까지의 남쪽 지역을 하부 메소포타미아라고 부른다. 상부 메소포타미아는 길이 400 km에 달하는 거대한 규모의 고원이며 일부 산악지역이 있기는 하나 평평한 지형적 특징을 갖고 있다. 하부 메소포타미아는 풍요로운 평야 지대이고 페르시아만에 연해 있는 곳은 늪지대였다. 비옥한 토양으로 기름진 녹지대를 이루었기 때문에 농업과 목축업에 종사하였으며 이와 함께 농기구 제작, 농산물 가공법이 발달하였고, 시장이 번영하면서 서아시아와의 교역 등을 통해 국제무역중심지 역할을 하였으며 도로포장 등의 교통시설, 금융제도가 발달하였다.

메소포타미아 지역은 지중해성 기후의 영향을 받는 다습한 아열대 기후를 나타내었으며 지진, 태풍, 홍수와 같은 자연 재해가 많았다. 개방된 지형에 의해 여러 민족의 관습이 서로 융합하며 발전하였다. 연중 기후 차이가 커서 다양한 의복 형태를 필요로 하였으나 주로 둘러입는 의복 형태(draped garment)였으며, 시대에 따른 복식의 변화는 크지 않았다.

메소포타미아는 개방적인 지리적 조건으로 인해 외적의 침입이 잦았으며, 따라서 내세를 중시한 이집트와는 달리 현세적인 면을 추구하는 자기중심적이고 현실적인 성격의 종교로 발달하였다. 인격화된 신은 신전과 공동체의 전 생활의 중심지 역할을 하였으며, 이러한 종교의 영향에 의해 신권정치가 이루어지고 신관이 중요한 사회적 지위를 가졌다. 또한 신화와 영웅서사시와 같은 종교문학이 발달하였으며, 구약성서는 메소포타미아와 이집트를 포함하는 오리엔트 문학의 집대성이라고 할 수 있다.

고대 메소포타미아는 계급사회이기는 하나 사회적 · 경제적 신분 이동의 기회가 많았으며, 법 중심의 문화를 이루었다. 신분은 귀족, 평민(자유민: 중간계급으로서 장인, 상인, 하

1 우르의 도시 유적지와 지구라트

지구라트(Ziggurat)는 메소포타미아의 거대한 탑이라고 할 수 있으며, 이를 중심으로 도시를 설계하였다. 지구라트는 햇볕에 말린 진흙 벽돌로 계단형으로 기단을 쌓아 거대한 인공 언덕을 만들고 꼭대기에 신전을 높이 세우는 형식이다. 우르(Ur)에서 발견된 도시 유적지의 중심에 지구라트가 서 있는 모습을 볼 수 있다.

2 지구라트 신전 입구의 상상도

우바이드(Ubaid)의 지구라트 위에 지어진 풍요의 여신 님부르사리(Nimbursag) 신전의 입구(facade)를 재현한 상상도이다.

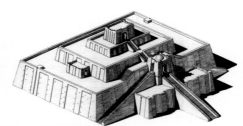

급관리 포함), 호민, 반자유민, 노비로 구분하였다. 수메르 시대에 문자가 발명되면서 서기는 문맹 세계 통치를 위한 지식 전달을 위해 지위가 높았으며, 호전적인 신아시리아와 신바빌로니아에서는 전쟁에 의한 경제적 효과로 인해 군인이 높은 지위를 차지하였다.

수메르 시대부터 신바빌로니아에 이르기까지 고도로 발달된 예술은 직인들에 의해 형성 가능하였다. 수메르 시대에는 가축의 가죽을 이용한 펠트 제작, 금속추출기술, 세공기술 등이 발달하였으며, 신아시리아와 신바빌로니아 시기에는 제국의 위상에 걸맞게 왕의 위엄을 높이기 위한 힘의 호전적인 표현과 화려함이 더해졌다. 건축 면에서는 햇볕에 말린 진흙 벽돌로 거대한 인공 언덕을 만들어 그 위에 지구라트(Ziggurat)를 높이 세우고 이를 중심으로 도시를 설계하였다. 신전의 외벽을 부조로 장식하였는데 이러한 관습은 페르시아까지 이어졌다. 다만, 진흙을 구워 만든 테라코타는 내구성이 부족해 잘 부서져서 고대 메소포타미아 도시 유적에는 '텔'이라고 불리는 진흙 벽돌 건물들이 삭아 내린 흙이 쌓여 거대한 둔덕을 이루고 있는 모습을 볼 수 있으며, 현재까지도 고대 메소포타미아의 수많은 유적들이 발굴되지 않은 상태이다.

메소포타미아의 역사는 BC 4000년경 수메르 문명이 개막된 이후 신바빌로니아 제국이 BC 539년 페르시아 제국에 의해 멸망될 때까지 수많은 도시국가들이 난립하면서 여러 왕국과 제국들이 짧은 기간 등장하고 소멸하였다. 고대 메소포타미아의 역사 중 특히 중요한 부분을 차지하는 수메르, 아시리아, 바빌로니아로 구분해 역사적 사건을 중심으로 다음과 같이 정리해 볼 수 있다.

수메르 시대 (BC 4500~BC 2150)

- 소아시아 계통의 수메르인이 하부 메소포타미아에 정착하면서 BC 4000년경 우르크(Uruk)를 중심으로 최초의 도시국가 우룩 왕국이 등장하여 BC 3000년까지 지속되었다.
- 우룩 왕국 멸망 이후 젬데트 나스르 시대(BC 3100~BC 2900), 초기 왕조 시대(BC 2900~BC 2350)를 거친 후 아카드(Akkad)에서 도시국가(BC 2350~BC 2170)가 발흥하였으며 사르곤(Sargon) 대왕이 세계 최초의 제국(아카드 제국)을 건설하여 메소포타미아 전역을 지배하였으나, 유목민인 구티족에 의해 멸망하였다.
- 구티 왕조가 물러난 이후 여러 도시국가들 중 우르(Ur)의 우르남무 왕이 메소포타미아를 통일하고 우르 제3왕조(BC 2112~BC 2004)를 열었다. 우르남무는 성문법을 제정하고 달의 신 난나를 기리기 위한 지구라트를 건립했으며, 행정 절차, 표준 문서, 조세 제도, 국가 달력을 일원화하는 등 다양한 업적을 남겼다. 슐기 왕 때 최전성기를 맞았으나 고바빌로니아에 멸망하면서 수메르 시대는 막을 내리게 된다.

3 아시리아 제국의 왕궁 상상도

티그리스 강변에 축성된 신아시리아의 수도 님루드왕궁의 모습을 재현한 것이다.

4 아시리아 궁전 실내 상상도

아시리아 제국 시대의 님루드에서 발견된 유적으로 당시의 니누르타 신전에서의 모습을 재현한 것이다. 인간의 머리와 날개 달린 황소의 몸을 가진 라마수(Lamassu) 상은 천상의 존재로 여겨져서 사람들을 지켜 주는 수호신이자 파수꾼 역할을 했다. 앞에서는 서 있는 모습으로 옆에서는 걸어가는 모습으로 표현되어 있으며, 궁전, 신전 등의 주요 장소를 지키기 위해 입구에 쌍으로 세우거나 집을 지을 때 벽돌에 새겨 집 아래에 묻기도 했다. 라마수 상은 아시리아에서 가장 많이 사용했지만, 신바빌로니아 제국을 멸망시킨 페르시아도 아케메네스 왕조의 페르세폴리스 '만국의 문'에 라마수 상을 세워 놓았다.

아시리아 시대 (BC 2025~BC 609)

- 아시리아는 상부 메소포타미아의 도시 아슈르(Asure)를 중심으로 발생하였으며, 시대에 따라서 고아시리아(BC 2025~BC 1364), 중아시리아(BC 1363~BC 912), 신아시리아(BC 911~BC 609)로 구분된다. 고아시리아는 우르 제3왕조에서 독립해 떨어져 나온 것으로 추정되며, 주로 상인집단으로 구성되어 약소국에 머물러 있었으나 수메르를 멸망시킨 고바빌로니아와 세력을 유지하였다.

- 신생 강대국 미탄니에 의해 BC 1430년 병합되어 70여 년간 속국으로 있다가 다시 독립하였으며, 이 시기부터 신아시리아 이전까지의 중간기를 중아시리아로 구분한다. 이 시기에 청동기 시대의 붕괴라는 대격변이 일어났는데, 정체불명의 민족집단인 해양민족이 휩쓸고 지나가면서 지중해의 미케네 문명, 소아시아의 히타이트 등 기존의 강대국들을 멸망시킨 사건으로, 이집트와 바빌로니아, 중아시리아만이 살아남았다.

- BC 911년경 메소포타미아 북서부를 아우르는 강대국으로 부상하였으며, 최전성기의 아시리아를 신아시리아 제국이라고 부르기도 한다. BC 883년경 아슈르나시르팔 2세가 왕위에 오르면서 폭발적인 성장을 이룩하였으며, 세계 최초의 체계적인 도서관인 '아슈르바니팔 도서관'을 건립하여 방대한 양의 기록물을 수집하고 남겼다. 100여 년간 바빌로니아를 속국으로 삼았으나, 이후 후계자 분쟁 등으로 국력이 약화하면서 신바빌로니아에 의해 멸망하게 된다.

바빌로니아 시대 (BC 1895~BC 539)

- 셈족 계통의 아모리인 수무아붐이 BC 1895년경 바빌론에 왕국(고바빌로니아)을 세웠으나 6대 왕인 함무라비 대왕 이전까지는 약소국에 가까웠다.

- 함무라비는 즉위 직후부터 활발한 정복 활동을 벌여 BC 1761년 옛 우르 제3왕조의 영토를 모두 회복하고 서쪽으로는 지중해까지 닿을 정도의 대제국을 이루었다. BC 1754년경 함무라비법전을 제정하였는데, 282개 조항으로 이루어져 있으며 이후 로마법과 이슬람 율법의 기초가 되었다.

- 고바빌로니아 왕국은 함무라비 대왕 사후 내부 분열과 외부세력에 의해 급격히 쇠퇴했고 BC 1585년경 히타이트 제국의 침략으로 멸망하였으며, 여러 소국으로 분열되어 약소국으로 명맥만 유지하다가 BC 625년경 신바빌로니아 제국으로 이어지게 된다.

- 신아시리아 제국에 100여 년간 복속되어 혹독한 탄압을 받던 중 BC 626년 아시리아를 몰아내고 바빌론에 새 왕국을 세웠으며, 특히 네부카드네자르 2세 시절에 신바빌로니아 제국은 이란 고원의 강대국 메디아와 동맹을 맺으면서 메소포타미아의 강대국으로 급성

5 바빌론의 이쉬타르 문의 상상도

신바빌로니아 제국의 수도인 바빌론은 당시의 최대 도시였으며, 궁전, 신전, 공중정원 등 규모와 화려함, 건축기술 면에서 압도적인 것으로 전해진다. 고대 문헌에서는 우주적 관점에서 바빌론을 하늘과 땅이 만나는 장소로 그리고 있으며, 이러한 우주창조설에 따라 바빌론을 보호하기 위한 목적에서 축성된 이쉬타르(Ishitar)의 문과 행렬의 길도 매우 화려하게 꾸몄다.

6 이쉬타르 문의 벽면 장식 벽돌

이쉬타르(Ishitar) 문의 벽면은 바빌론을 보호하기 위해 유약을 발라 만든 벽돌 패널에 사랑과 전쟁의 여신 이쉬타르를 상징하는 사자 120마리가 실물 크기로 묘사되어 있다. 이 외에도 벽면에는 황소, 뱀머리의 용 등 신성시하는 다양한 동물의 모습을 묘사하였다.

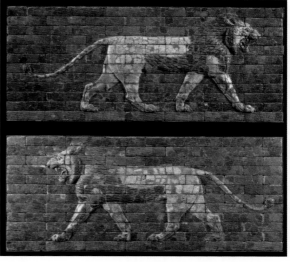

장했다. 네부카드네자르 2세는 43년의 재위기간 동안 궁정에 공중정원, 이슈타르의 문, 바빌론의 성벽, '행진의 거리', 지구라트 등 어마어마한 건축물들을 세웠으며, 바빌론은 당시 세계에서 가장 많은 인구가 몰려 사는 최대의 도시로 알려져 있다.

• 네부카드네자르 2세 사후 내부 불안에 의해 급격히 쇠퇴하면서 BC 539년경 페르시아 제국 키루스 2세에 의해 멸망하였다. 이로써 고대 메소포타미아 문명은 완전히 종결되었다.

7 수메르의 점토판에 새겨진 문자

세계 최초의 문자가 수메르 문명에서 나타났다. 초기에는 점토판에 의미를 그림으로 표현하였으나 설형문자로 발전되었으며, 뾰족한 필기구를 사용하면서 점차 단순화되었다. 설형문자는 이후 페니키아로 전해져서 발전되어 오늘날 알파벳의 원형이 된다. 아래의 문자판은 일종의 어휘 목록으로서, 설형문자 기호를 제시하고 이 기호의 음가와 표의문자로서의 의미를 함께 제시하고 있다.

8 다양한 사물에 새겨진 설형문자

수메르인들은 의미를 명확히 전달하기 위해 문자를 사물에 새겼는데, 오리 모양의 저울추와 인안나(Inanna) 여신의 신전 봉헌물을 올리는 여인의 모습을 표현한 작은 청동상에도 문자가 새겨진 것을 볼 수 있다.

9 인장과 점토판에 양각의 그림이 표현된 모습

인장(impression seal)은 원통형 또는 사자머리 모양으로
만들어졌으며, 다양한 신화적 내용과 왕의 치적을 나타내
는 내용 또는 일상의 모습을 그림으로 표현하였다. 얇은 점
토판에 굴려서 음각된 그림이 나타나도록 하여 소유자의
신분을 확인하는 용도로 사용되었다.

10 우룩 병(Uruk Vase)

후기 우룩 시대의 에안나에서 출토된 우룩 병이다. 100 cm
높이의 설화 석고로 만들어졌으며, 우룩의 주요 발전상을
표현한 여러 단의 부조가 새겨져 있다. 기원전 3000년경에
제작된 것으로 추정되며, 신전의 봉헌물로서 거대한 크기
로 제작되어 일상용품과 구별되는 신성하고 영원한 형태로
여겨졌다. 우룩 병은 종교와 경제 사이의 연결, 지역의 생
산물과 자원을 모아들이고 다시 나누어서 문명을 지속시키
는 신전의 역할을 보여 주며, 이야기를 시각적으로 표현한
첫 사례로 평가되고 있다.

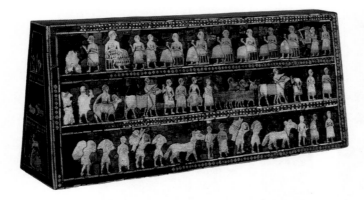

11 우르의 깃발(Standard of Ur)

우르의 왕실 분묘에서 출토된 것으로 우르 1왕조 나사카므드 시대에 제작된 것이다. 행진용 깃발장식으로 쓰인 것으로 추정되어 우르의 깃발이라는 이름이 붙여졌으나 용도는 명확하지 않다고 한다. 각 면을 3열로 구분하여 전쟁, 평화의 장면이 표현되어 있다. 48.3 cm(폭) × 20.3 cm(높이) 크기로 목재 조각에 청금석을 붙이고 인물과 사물은 자개 상감으로 제작되었다.

12 우르의 깃발 각 면의 모습

우르의 깃발은 각 면을 3열로 구분하여 전쟁, 평화의 장면을 세밀하게 묘사하고 있다. 평화의 장면은 왕의 연회 모습과 곡식과 가축을 옮기는 풍요로운 행렬을 묘사한다. 전쟁의 장면은 왕의 행진 모습과 군인과 포로, 전투 장면이 표현되어 있다. 마차를 끌고 있는 것으로 묘사된 동물은 가축화된 당나귀의 일종으로서, 마차를 끄는 용도로 말이 활용된 것은 500년 정도 후의 일로 전해진다.

13 우르의 수금을 재현한 모습

우르의 왕실 분묘에서 출토된 푸아비(Puabi) 왕비의 수금을 복원한 모습이다. 금, 청금석, 자개상감으로 섬세하고 화려하게 장식되어 있다. 황소머리 장식은 힘과 생식력을 상징하며 그릇, 악기, 가구부터 건축조각과 기둥머리에 이르기까지 다양한 사물에 장식되었다. 푸아비 왕비의 원통형 인장에 묘사된 왕비의 연회 장면과 우르의 깃발(Standard of Ur)의 왕의 연회 장면에서도 수금을 켜는 모습이 표현된 것을 볼 수 있다.

14 우르의 왕실 분묘에서 발굴된 봉헌물

숫양이 나뭇잎을 뜯어 먹기 위해 서 있는 모습을 형상화한 봉헌물이다. 양털의 형태까지 섬세하게 표현하였으며 청금석과 금으로 제작하였다.

15 우르의 궁전 지붕 장식

궁전 지붕의 코너에 장식된 숫양의 모습. 양털의 형태를 섬세하게 표현하였다.

16 함무라비 법전

기원전 1754년경 구바빌로니아의 함무라비 왕이 만든 세계 최초의 법전으로, 282개 조항으로 제정되어 있으며 이후 로마법과 이슬람율법의 기초가 되었다.

17 아시리아의 건축물과 가구에 나타난 이집트의 영향

신아시리아에서는 이집트와의 교류가 많았으며 장식 등에서 이집트의 영향이 나타났다. 가구를 장식하기 위해 상아를 조각하여 이집트의 왕관을 쓴 스핑크스의 모습을 표현한 모습과 기단부에 스핑크스의 모습으로 조각된 형태를 볼 수 있다.

18 메소포타미아의 다양한 그릇들

테라코타, 금, 타조알 위에 자개상감 등으로 장식한 다양한 모습을 볼 수 있다. 위가 넓은 형태의 봉헌물에는 설형문자가 새겨져 있거나 황소와 같은 숭배하는 동물의 모습을 새겨 넣기도 하였다. 진흙으로 형태를 만들고 구워 냄으로써 그릇을 다량으로 생산할 수 있게 되면서 풍부한 곡물 생산과 함께 수메르 문명이 발전하는 데 토대가 된다.

의복의 종류와 특징

카우나케스 (kaunakes)

- 수메르 시대에 주로 착용된 메소포타미아 문명 초기의 대표적인 의복이다. 카우나케스는 그리스어로 길게 빗어 모은 형태의 양털(fleece)이 붙어 있는 상태의 양가죽을 의미하며, 이러한 양가죽으로 만들어진 스커트 또는 몸에 두르는 맨틀(mantle), 클록(cloak)을 의미하기도 한다. 양가죽의 부드러운 쪽이 안으로 오게 입고, 밖으로 나온 양모 부분을 빗으로 빗질해서 무늬를 만든 형태이다.
- BC 2500년경 모직물이 등장하며 기존의 투박한 양가죽을 대체하게 되었는데, 양털 특유의 무늬를 본뜬 술을 꿰어 장식하거나 직물에 고리를 짜 넣어 마치 양털처럼 보이도록 하였으며 밑단에 긴 술 장식을 하였다.
- 스커트의 길이는 무릎부터 발목 길이까지 계급에 따라 다양했으며 뒤 허리에서 짐승꼬리로 만든 벨트로 고정하였다. 허리에서 고정한 후 남는 가죽은 어깨 앞으로 둘러서 착용하기도 하였다. 여성들은 가슴 부분에서 둘러 입었다.

리노 (rhino)

- 바빌로니아와 아시리아의 튜닉 위에 걸치는 외의(draped garment)로서, 거대한 직사각형 직물의 가장자리에 술(fringe, tassel)을 장식한 숄(shawl)의 형태이다. 술의 길고 짧은 정도에 따라 착용자의 지위를 나타내었다.
- 기하학적인 장식이 들어간 다양한 색과 형태의 숄을 착용하였으며 숄을 반으로 접은 후 몸에 사선으로 둘러서 걸친 후 흘러내리지 않도록 넓은 벨트로 고정시켰다. 움직일 때마다 숄에 달린 술이 물결치는 듯한 장식적 효과를 냈다.

튜닉 (tunic)

- 바빌로니아와 아시리아에서 기본으로 착용하던 의복이다. 몸에 잘 맞는 형태에 짧은 소매가 달려 있고, 지배계급은 발목 길이, 군인이나 하류계급은 무릎 길이 정도를 착용하였다.
- 기후에 따라 모직물, 리넨, 면직물 등을 사용하였다. 아시리아의 벽화에 묘사된 모습에서 지배계급은 화려한 문양이 있는 직물을 사용한 것을 확인할 수 있다.

19 마리의 이쉬타르 신전에서 발견된 조각상에 묘사된 카우나케스

마리(Mari)의 이쉬타르 신전은 기원전 4000년경 세워진 것으로 보고 있으며, 흰 대리석으로 만들어진 '감독관'의 모습에서 카우나케스의 양털이 정교하게 표현된 것을 볼 수 있다. 앉아 있는 뒷모습에서 카우나케스를 벨트와 걸쇠 등으로 뒤에서 고정한 것을 알 수 있다. 머리를 말끔하게 깎은 모습은 수메르 시대 초기에 나타나는 것으로 지중해 문화권에서의 더운 기후에 해충을 피하고 위생을 위한 방식으로 보인다. 청금석으로 표현된 푸른색의 큰 눈은 수메르의 봉헌상에서 많이 볼 수 있는데, 신과 합치된 순간을 나타낸다고 한다.

20 양가죽 튜닉과 숄을 착용한 모습

카우나케스를 튜닉처럼 착용한 모습이다. 넓은 형태의 카우나케스를 남성은 허리에서, 여성은 가슴 위에서 몸에 둘러 입은 후 길게 남은 자락을 등 뒤에서 왼쪽 팔 앞으로 늘어뜨린 모습이다. 마리(Mari)에서 출토된 앉아 있는 여신의 모습을 표현한 상에서는 카우나케스와 같은 형식의 넓은 숄을 운두가 높은 모자 위로 둘러쓴 모습을 볼 수 있다.

21

21 석상과 청동상에 표현된 여성의 모습

탄원의 신인 라마(Lamma) 여신의 모습을 표현한 청동상과 기원을 드리는 여성의 모습을 표현한 석상에서 카우나케스의 양털을 표현한 긴 술이 층층이 달리도록 직조한 직물로 만든 튜닉을 몸에 둘러 입은 모습을 볼 수 있다. 장신구는 여러 겹으로 이어진 목에 꼭 맞는 구슬 목걸이를 장식하고 있다.

22 직물로 만든 튜닉을 착용한 모습

텔 아스마르(Tell Asmar)에서 출토된 아부(Abu) 신과 여성의 상에서 양가죽이 아닌 직조된 모직물로 만든 긴 튜닉 또는 아랫단에 긴 술이 달려 있는 스커트를 착용한 모습을 볼 수 있다. 아부 신을 표현한 상에서 볼 수 있듯이 메소포타미아인들은 수염을 대단히 중요하게 생각해서 향유를 발라 관리하거나 조심스럽게 땋고 다녔다. 곱고 아름다운 수염은 부와 지위의 상징이어서 많은 사람들이 풍성한 수염에 굉장히 공을 들였다고 한다.

23 라가시(Lagash)의 왕 구데아(Gudea)의 청동상

여신 안나(Geshtin-anna) 신전의 봉헌상으로 손에 풍요의 상징인 샘솟는 물병을 들고 있는 구데아의 모습을 표현하였다. 튜닉의 아랫부분에 설형문자로 강한 지배자로서의 왕을 묘사하는 내용이 적혀 있다. 구데아 왕은 튜닉을 착용한 위에 넓은 천(8 × 52 inch)의 클록(cloak, draped garment)을 가슴부분에서 몸에 두른 후 한쪽 어깨에 걸친 모습이다. 양가죽이 아닌 직조된 직물로 만들어진 것으로 보인다. 머리에 작은 챙(또는 padded roll)이 달린 터번과 유사한 형태의 꼭 맞는 모자를 쓰고 있다. 수염을 깨끗하게 면도한 모습을 하고 있다.

22

23

24 구바빌로니아의 함무라비 법전에 표현된 태양신과 함무라비 왕의 모습

태양신 샤마시(또는 마르두크)로부터 왕실 휘장을 받는 함무라비 왕의 모습을 표현한 것으로, 함무라비 왕은 입에 손을 대고 기도를 하고 있는 모습이다. 태양신은 카우나케스의 양털을 표현한 긴 술이 층층이 달리도록 직조한 직물로 만든 튜닉을 몸에 둘러 입은 모습이다. 머리에는 위가 뾰족한 제례용 모자를 쓰고 있다. 끝이 사각형으로 각진 곱슬곱슬한 턱수염을 하고 있으며, 머리도 곱슬거리는 형태로 늘어뜨린 모습이다. 함무라비 왕은 수메르 시대의 구데아 왕이 착용한 튜닉과 클록, 모자를 착용한 것으로 보인다.

25 아시리아 제국의 앗슈르바니팔(Ashurbanipal) 왕의 모습

짧은 소매의 긴 튜닉 위에 숄을 두른 모습이다. 숄의 끝부분을 오른쪽 어깨 뒤로 넘겨서 몸에 두른 후 왼쪽 어깨 앞으로 돌려 팔에 걸치는 방식으로 착용하고 허리띠에 숄의 오른쪽 끝부분을 고정시킨다. 숄은 긴 술이 달린 넓은 직물을 길이가 다르게 접은 후 몸에 둘러 입음으로써 장식적 효과를 크게 했다. 숄은 지배자의 위엄을 위한 장식적 의도가 큰 옷으로서 특별한 경우에 착용하였으며 전쟁과 같이 많은 움직임이 필요한 경우에는 거추장스러운 장식부분은 사용하지 않은 것으로 보인다. 머리는 곱슬거리는 형태로 늘어뜨린 모습이며, 턱수염도 끝이 사각형으로 각진 곱슬곱슬한 형태를 볼 수 있다. 왼손에는 권위의 상징인 직장(mace)을, 오른손에는 낫 형태의 아시리아 신화와 관련된 무기(sickle)를 들고 있다.

26 앗슈르바니팔 왕과 왕비의 모습

니네베(Nineveh)에서 발견된 부조에 왕과 왕비가 정원에서 함께 술을 마시고 있는 모습과 음악을 연주하는 악사들의 모습이 묘사되어 있다. 왕비는 높은 의자에 앉아 있고 왕은 더 높은 긴 의자에 비스듬히 앉은 모습이다. 왕비는 긴 튜닉을 착용한 위에 무늬가 있는 숄을 몸에 둘러서 어깨에 걸쳐 입은 것을 볼 수 있다. 숄은 가장자리에 선장식과 술이 달린 넓은 천을 길이가 다르게 반접어서 몸에 둘러 입은 모습이다. 머리는 정교하게 컬을 하여 어깨에 늘어뜨렸으며 화려한 귀고리와 화관으로 장식하고 있다.

27 청동상에 표현된 여성의 모습

신아시리아 시기부터 많이 착용되었던 여성 의복의 착용 모습을 볼 수 있다. 넓은 폭의 직물을 둘러서 입는 방식의 튜닉을 착용한 모습으로, 직물의 중앙이 앞중심선에 오도록 하여 팔 밑으로 둘러서 등 뒤에서 교차한 후 다시 앞으로 내려뜨려 마치 숄을 두른 듯이 보이도록 착용하는 방식이다. 발을 덮을 정도의 긴 길이를 착용하였다. 얇고 부드러운 직물을 사용하고 가장자리 부분에는 브레이드 또는 자수로 장식한 것으로 보인다. 머리는 리넨 터번으로 감싸서 가지런히 정리하였고, 목에 초커를 장식하고 있다.

28 니네베의 부조에 표현된 신아시리아의 군인의 모습

무릎 길이의 짧은 튜닉을 입고 머리에 투구를 쓴 모습이다. 종아리 길이의 부츠를 신고 있으며 바지를 입은 것으로 보인다. 칼과 활, 방패 등 무기가 잘 묘사되어 있고 허리에 수대를 한 모습을 볼 수 있다. 말을 끄는 모습의 군인은 쇠미늘 갑옷(mail)을 입은 것으로 보인다. 이 시기에는 가죽에 작은 금속 조각들을 꿰매어 사용하였을 것으로 추측된다. 호전적인 기질의 아시리아에서는 경제효과 면에서도 침략전쟁이 중시되었으며 그에 따라 군인의 지위가 높았고 군사무기뿐만 아니라 군복도 잘 발달되었다고 한다.

장식의 종류와 특징

머리 형태와 수염

• 수메르 시대에는 남녀 모두 긴 머리를 틀어 올려서 뒷목 부분에 시뇽(chignon)을 만들고 좁은 장식 머리띠(filet)로 고정하였다. 여성은 아마와 같은 직물로 보이는 천으로 터번처럼 머리를 감싸기도 하였다. 수메르 시대 초기에는 남성이 머리를 말끔하게 깎은 모습으로 표현되기도 하는데, 지중해 문화권에서의 더운 기후에 해충을 피하고 위생을 위한 방식으로 보인다.

• 신아시리아(아시리아 제국)와 신바빌로니아 제국 시기의 남성은 올록볼록하게 묘사된 곱슬머리를 어깨까지 길게 내려뜨린 모습이다. 메소포타미아 전 시기를 걸쳐 곱고 아름다운 수염은 부와 지위의 상징으로 여겨졌다. 부조의 모습처럼 올록볼록한 헤어스타일과 수염을 만들기 위해서는 머리카락과 수염을 길게 길러 조심히 땋아 고리를 만들고 다시 땋아 내렸다고 한다. 검은색의 털이 가장 완벽한 모습이라 생각해서 희게 센 머리카락이나 수염도 검게 염색하고 향유를 발라 관리하였다.

• 군인은 머리에 잘 맞는 가죽 헬멧 또는 끝이 뾰족한 모자를 착용하였다.

신발

• 메소포타미아 초기에는 주로 맨발로 다녔을 것으로 추정되며 드물게 샌들을 신은 모습이 부조 등에 묘사되어 있다. 신아시리아의 부조에서는 전쟁 시 군인은 다리를 보호하는 각반 또는 종아리 길이의 부츠를 신은 모습을 볼 수 있다.

장신구

• 우르와 우르크의 출토물을 볼 때 메소포타미아 초기 수메르 시대부터 거대하고 화려한 장신구를 사용한 것을 알 수 있다. 금, 은, 청금석(lapis lazuli), 홍옥석(carnelian), 마노(agate) 등을 정교하게 세공하여 다양한 장신구 – 목걸이, 초커, 귀고리, 팔찌, 반지, 옷 여밈용 핀을 만들었다. 남성은 머리를 고정하기 위한 머리띠(filet)에 금세공 장식을 주로 하였다.

29 아카드 제국 사르곤 왕 청동상의 머리 부분

수메르 문명의 초기 시기에는 남성도 머리를 가지
런히 모아서 뒷목 부분에 틀어올리고(chignon) 이
마에 장식적인 머리띠(fillet)를 이용해서 고정하기
도 하였다. 수염을 정교하게 땋아서 사각 형태를
만든 모습이다.

30 앗슈르나시아폴리 2세(Ashurnasirpal II)의 석비 부조 일부

신아시리아 · 제국의 칼루(Kalhu, 현재의 Nimrud)의 닌우르타
(Ninurta) 신전의 석비 부조에 표현된 앗슈르나시아폴리 2세의
모습. 곱슬거리는 머리를 길게 늘어뜨린 형태이다. 신성의 상징이
석비의 윗부분과 왕의 목걸이 펜던트로 표현되어 있다.

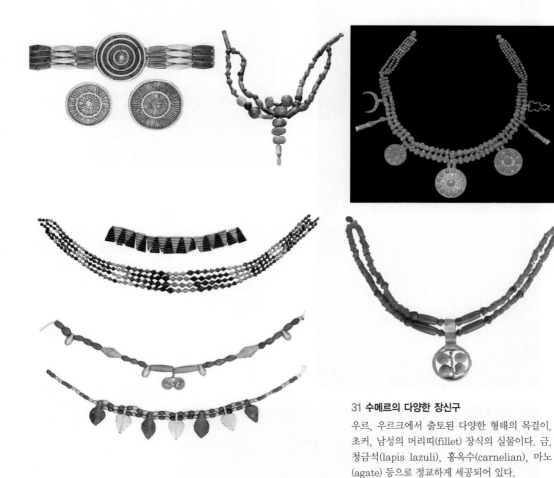

31 수메르의 다양한 장신구

우르, 우르크에서 출토된 다양한 형태의 목걸이,
초커, 남성의 머리띠(fillet) 장식의 실물이다. 금,
청금석(lapis lazuli), 홍옥수(carnelian), 마노
(agate) 등으로 정교하게 세공되어 있다.

32 푸아비(Puabi) 왕비의 장신구 착용 모습

우르 제3왕조의 왕실 분묘에서 출토된 푸아비 왕비의 머리장식, 반지, 목걸이, 초커, 구슬 케이프, 벨트의 실물. 푸아비 왕비가 주요 행사에서 구슬케이프 등으로 성장(盛粧)했을 때의 모습을 재현한 것이며, 거대한 가발 위에 금관과 리본 등으로 치장한 머리장식의 뒷모습도 볼 수 있다. 여왕의 금관은 무게가 6파운드에 달하며 금과 청금석, 홍옥수 등으로 정교하게 세공한 메소포타미아 금속 세공의 정수로 불린다.

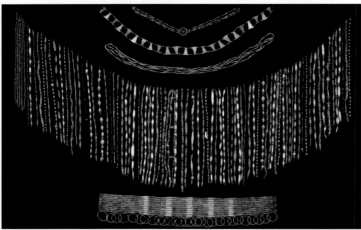

33 자개 상감에 표현된 여성의 모습

직조를 하고 있는 것으로 추측되는 여성의 모습을 표현
한 것으로, 긴 술장식이 달린 튜닉을 입고 가슴부분에서
핀으로 고정시킨 모습을 볼 수 있다. 머리는 리넨 터번과
리본으로 감싸서 정리한 모습이다. 여밈용 핀은 청금석
과 은으로 제작되었다.

● 고대 그리스와 크리트

아드리아 해

일리리아

트라키아

이탈리아 반도

그리스

마케도니아
• 펠라

•아비도스

페르시아

올림포스 산

이피로스

•페르가몬

에게해

테살리아

레스보스

암브라키아

테르모필라이

보에오티아

이오니아

이타카

•델포이

•테베

마라톤
•아테네
아티카

•에페소스

아카이아

코린토스

•밀레투스

이오니아해

올림피아

•아르고스

델로스

스파르타•

메토나

키클라데스

테라

로도스

지중해

시도니아
크노소스
코르틴 • 크리트

0   100miles

0   150km

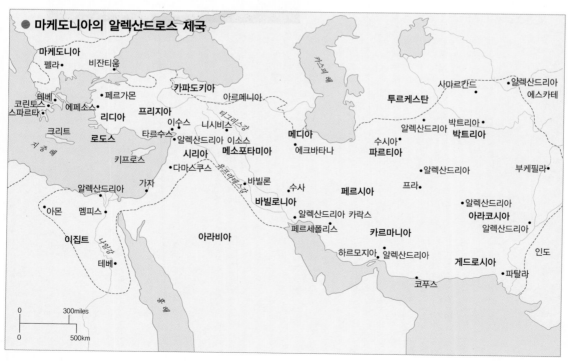

● 마케도니아의 알렉산드로스 제국

마케도니아
펠라   •비잔티움

카파도키아

사마르칸드

•알렉산드리아
에스카테

테베
코린토스 •에페소스
스파르타

아르메니아

투르케스탄

페르가몬

리디아

프리지아

•이수스
타르수스

니시비스

•알렉산드리아

박트리아
박트리아

크리트

로도스

알렉산드리아 이소스

메디아

수시아
파르티아

지중해

키프로스

시리아
•다마스쿠스

메소포타미아

•에크바타나

•알렉산드리아

부케필라

바빌론

알렉산드리아
가자

•수사

페르시아

프라•

•알렉산드리아
아라코시아

•아몬
멤피스

바빌로니아

알렉산드리아 카락스

페르세폴리스

카르마니아

알렉산드리아

이집트

아라비아

하르모지아 •알렉산드리아

게드로시아

인도

테베

코푸스

파탈라

0   300miles

0   500km

Chapter 3

고대 그리스와
크리트의 복식과 문화

크리트

시대적 배경

크레타 문명은 BC 3000년경부터 펠로폰네소스(Peloponnesos) 반도 아래에 위치한 크레타 (Creta) 섬에서 시작하여 에게 해의 여러 섬과 그리스 본토, 소아시아의 서부 지역에 전파된 에게 문명 중에서 가장 먼저 발달한 문명이다. 미노스 왕의 이름을 따라 미노아(Minoa)문명 이라고도 불렸으며 BC 1750년경부터 1580년경까지 가장 크게 번성하였다. BC 1450년경 산토리니 화산 대폭발로 무너진 이후로 BC 1200년경까지 고대 그리스를 이루는 미케네인 의 지배를 받다가 도리아인의 정복으로 멸망하였다. 크리트인들은 소아시아 지방에서 발 칸 반도를 따라 남하하여 이주해 온 것으로 짐작된다. 따라서 그리스 본토보다는 동방과 보다 밀접한 관련을 가지고 있었으며 미케네인과 도리아인에게 많은 영향을 미침으로써 고대 그리스 초기 문화의 특징을 이루게 된다.

크레타 문명의 사회구조는 원시적 민주정치를 나타내는데, 왕은 이집트의 파라오와 마찬 가지로 강력한 지배자로 군림하였으나 군사적 정복자가 아니라 공업생산과 교역을 통해서 획득한 부를 바탕으로 하고 있었다. 일반 주민들의 생활 또한 고대 동양의 다른 지역보다 자유롭고 유복했던 것으로 보인다. 노비제도가 존재하기는 했지만 계급 간의 차별이 심하 지는 않았으며, 여성도 남성과 거의 평등하였다. 계급제도가 없었기 때문에 권위를 나타내 고 신분을 상징하기 위한 특성보다는 현대적인 감각의 복식이 발달하였으며 모계 중심의 사회적 특징도 크리트의 독특한 의복형태에 영향을 주었다.

크리트에서도 다른 고대 국가와 마찬가지로 다신교를 숭배하였는데 종교는 자연에 대한 사랑에 근거한 것으로, 뱀, 소 등 다양한 동·식물을 숭배하였다. 모계사회의 반영으로, 크 리트는 제1신으로 출산과 풍요의 여신(fertility goddess)을 숭배하였다. 다산을 강조하는 종교적 이상이 풍만한 유방을 드러내는 의복 형태로 발달되었다.

1 크리트의 대표적 건축물인 크노소스(Knossos) 궁전의 유적지와 내부

발굴자인 에번스 경에 의해 관세청으로 불린 이 건축물은 크노소스 궁전의 북쪽 끝에 있다.
기둥의 아래가 가늘고 상부가 굵어지는 건축양식은 고대의 다른 문화와는 달리 독특한 것으로, 크리트인의 복식과 같이 현대적인 느낌을 준다.

크리트는 온화한 지중해성 기후와 비옥한 토양으로 인해 농업에 기반하여 경제가 발달하였다. 또한, 수로를 통한 상업이 발달하였으며 크리트가 항로 중심지의 역할을 하면서 고대 이집트와 소아시아의 요소들을 융합하여 독특한 생활양식과 독창적인 예술을 발달시켰다.

크리트인들은 민첩하고 개방적이며 경쾌한 국민성을 지녔으며 섬세한 감각과 정교한 솜씨를 지닌 것으로 알려져 있다. 특히 청동기 금속공예와 도기가 우수한 것으로 알려져 있는데 달걀껍데기 두께 정도의 얇은 도기를 만들고 그 표면에 동식물의 생동적인 모습을 그려 넣는다던가 압착세공(repousse), 물결무늬세공(damascening) 등의 정교한 표현으로 유명하였다.

19세기 말경에 영국의 고고학자 아서 에번스(Arthur Evans)에 의해 발굴된 크노소스(Knossos) 궁전은 복잡한 미궁으로 이루어진 거창하고 화려한 크레타 문명의 대표적인 궁전으로서, 위가 부풀고 아래쪽이 가늘어지는 건축양식은 개방적이고 신선한 특성을 나타낸다. 또한, 식물 또는 조개에서 추출한 염료를 사용하여 강렬하고 원색적 색채를 표현하였는데 이들의 사실적이고 동양적인 감각은 해양 문화와 상업적 감각에 의한 것으로 보인다.

2 크리트의 다양한 도기
크리트는 도기 제조기술이 매우 발달하여 정교하게 만들어진 다양한 도기를 사용한 것으로 전해지고 있다.

3 크노소스 궁전의 왕비의 거실 내부

4 크노소스 궁전 내 왕의 접견실 복원도

의복의 종류와 특징

크리트의 복식은 다른 고대 국가와는 다르게 단순히 둘러 입는 형태가 아닌 몸에 꼭 맞는 입체적인 형태로 발달하였으며, 이는 고도로 발달된 재단과 재봉을 통해 가능했을 것으로 보인다. 신체 노출이 많고 몸에 꼭 끼는 형태의 의복은 온화한 지중해성 기후의 영향뿐만 아니라 크리트의 모계 중심 사회구조와 크리트인들의 신체에 대한 관심을 반영하는 것이다.

로인클로스 (loincloth)
남성이 일상적으로 착용하던 짧은 스커트 또는 바지 형태로서, 여성들은 운동할 때 착용하였다. 종류는 다양하여 앞중심이 삼각형 형태이고 대퇴부 길이 또는 발목 길이의 스커트, 두 개의 삼각형 천을 앞뒤로 둘러 입어서 앞뒤 중심이 삼각형 형태를 보이는 앞치마 형태, 엉덩이만 가릴 정도로 짧은 스커트에 한쪽 다리는 수평으로 주름을 잡은 천으로 감싸고 다른 쪽 다리는 내어 놓는 형태 등 다양하였다. 로인클로스는 주로 밝은 색상의 모직이나 마직, 가죽으로 만들었으며 가장자리는 기하학적으로 구성된 천으로 장식하거나 술 장식을 하기도 하였다.

튜닉 (tunic)
남녀 모두 착용하던 의복으로서 길이가 다양하여 왕은 무릎길이, 군인과 노동자는 엉덩이 길이를 주로 착용하였다. 폭이 좁으며 짧고 좁은 소매가 달려 있고, 파도, 꽃, 기하학적 무늬의 직물을 사용하였다. 어깨선, 옆솔기, 아랫단에 줄무늬의 선 장식을 하였고 밑단에 술 장식을 하기도 하였다. 종교 행사에는 긴 튜닉을 착용하였는데, 헐렁하게 맞으며 밑단 부분에서 더 넓어지는 형태이다. 목둘레선, 앞트임선, 소매 끝에 반대 색상의 밴드로 선 장식을 하였다.

스커트 (skirt)
• 여성들은 종 모양의 긴 스커트를 입었는데 긴 직물을 주름 잡아 스커트에 층층이 붙여서 티어드 스커트(tiered skirt)를 만들거나 길이가 다른 여러 개를 겹쳐 입어서 티어드 효과를 낸 것으로 보인다. 밝은 색상의 모직이나 마직으로 만들었으며 스커트의 층마다 색상을 달리하였고 사이사이에 수평무늬, 바둑무늬, 물결무늬 등 다양한 브레이드로 장식하였다. 장식을 위해 화려한 무늬의 직물로 만든 둥근 에이프런(apron)을 앞뒤로 둘러서 내려뜨렸는데, 미케네의 지배를 받던 후기에는 더는 착용하지 않은 것으로 보인다.

5 크노소스 궁전의 왕비의 거실 내부와 생활상에 대한 상상도

여성들은 크노소스 궁전의 실내와 같은 사교장소에 모여 사교활동을 한 것으로 전해진다. 그림 속의 여성들은 퍼프 소매의 블라우스와 다양한 무늬의 티어드 스커트를 착용한 모습이다.

6 크노소스 궁전 벽의 프레스코화에 묘사된 왕의 모습

왕은 고대의 다른 국가에서와 마찬가지로 신관을 겸하였다. 한 쪽 다리만 감싸는 짧은 로인클로스를 입고 굵은 벨트로 허리를 가늘게 조인 모습이다. 머리는 굵은 컬을 늘어뜨렸으며 백합 모양의 장식과 세 가지 색상의 깃털이 장식된 매우 화려한 모자를 쓰고 있다. 또한 백합 모양 장식의 목걸이와 대담한 형태의 팔찌를 하고 있다.

- 재단기술이 점차 발달하면서 허리부터 엉덩이까지 꼭 맞고 그 밑으로 점차 넓어지는 원추형 스커트가 나타났으며, 스커트의 형태를 유지하기 위해 속에 갈대로 만든 속옷을 입거나 풀을 먹여 뻣뻣하게 만들었을 것으로 짐작된다. 스커트 위에는 넓은 허리띠를 두르거나, 가는 끈을 두 번 감아서 장식하였다. 벽화에 디바이디드(divided) 스커트를 입은 듯한 인물 모습이 종종 등장하는데, 폭이 넓은 스커트가 몸을 따라 주름이 형성된 것을 표현한 것으로 추측된다.

블라우스(blouse)

여성들이 상의로 착용하던 블라우스는 상체에 꼭 맞고, 캡(cap), 퍼프(puff) 또는 타이트 소매 등 짧은 소매가 달렸으며 유방을 노출시키는 형태였다. 배 부분이 완전히 가려지지 않고 끈으로 고정시키기도 하였다. 목 뒤의 가장자리에 풀 먹인 리넨이나 가죽으로 만든 높은 스탠딩 칼라를 부착하기도 하였으나 BC 1500년경 사라졌다. 블라우스 대신 직사각형의 숄을 어깨에 두르고 스커트 속에 집어넣어 착용하기도 하였다.

허리띠(cinch belt)

크리트 의복의 특징 중의 하나는 남녀 모두 넓은 허리띠를 둘러서 허리를 가늘게 조이는 것이었다. 금속이나 가죽 또는 패드를 넣은 천으로 만들었는데, 피부가 다치지 않도록 가장자리를 둥글게 하였으며 허리띠에 금·은·동으로 꽃 장식을 하였다. 크리트에서는 가는 허리를 선호하여 허리둘레가 12인치를 넘지 못하도록 6~7세부터 허리띠로 조였다고 한다.

7 크노소스 궁전의 벽화에 묘사된 남성의 모습

앞중심이 삼각형의 뾰족한 형태이며 대퇴부 길이의 로인 클로스를 입고 있다. 기하학적인 무늬의 직물을 사용한 것으로 보이며 밑단에 줄무늬의 선 장식을 하고 있다. 손목과 팔목에 단순한 형태의 팔찌를 하고 있다. 손에 든 도자기의 형태는 크리트의 도기 제조기술이 상당히 발달해 있었음을 짐작하게 한다.

8 채색 테라코타로 만든 뱀의 여신상

몸에 꼭 맞고 가슴을 노출시킨 블라우스와 티어드 스커트를 착용하고 있다. 가는 허리를 위한 넓은 허리띠와 앞치마 형태의 장식을 한 것을 볼 수 있다. 머리는 길게 늘어뜨렸으며 위가 넓은 터번 형태의 머리 장식을 쓰고 있다.

9 크리트 후기의 블라우스와 스커트 차림의 여성

가슴을 드러내는 몸에 꼭 맞는 블라우스와 여러 층으로 이루어진 티어드 스커트를 입고 있다. 엉덩이까지는 몸에 잘 맞고 밑으로 갈수록 넓어지는 후기의 스커트 형태를 볼 수 있다. 디바이디드 스커트를 입은 것처럼 묘사되어 있으나 넓은 스커트 자락에 의해 주름이 진 것으로 추정된다. 머리도 밑머리는 굵게 컬을 하여 내려뜨리고 윗머리는 묶어서 늘어뜨리는 후기의 스타일을 보여 준다.

장식의 종류와 특징

머리 장식

• 초기에는 물결치는 듯한 컬을 자연스럽게 내려뜨리거나 위로 틀어 올리고(chignon) 머리에 단순한 밴드를 둘렀다. 후기에는 밑머리는 굵은 컬로 내리고 윗머리는 올리거나 땋아 내렸으며 머리 다발에 꽃이나 리본, 비즈(beads)를 함께 엮어서 장식하였다. 남성은 머리를 정수리에 올리거나 길게 땋아 내렸다.

• 주로 후기에 모자 형태가 나타나는데, 터번 형태 또는 크고 끝이 뾰족한 관의 형태였으며, 꽃이나 깃털로 정교하고 화려하게 장식하였다.

신 발

실내에서는 의복착용이 거의 없으며 신발을 신지 않은 것으로 보인다. 외출 시에는 가죽 밑창에 발등 부분은 끈으로 엮어서 고정시킨 샌들, 굽이 달린 신발, 긴 부츠 형태를 신은 것으로 보이며 장식보다는 기능적 형태로 발달하였다.

장신구

크리트에서는 대담하고 화려한 장신구를 사용한 것으로 알려지고 있는데, 금속세공기술이 매우 발달한 것으로 보인다. 목걸이는 마노, 수정, 홍옥수, 동석 등의 비즈 목걸이나 새, 동물, 사람 형상의 펜던트를 하였으며 팔찌는 대담한 크기의 장식조각이 있는 형태를 착용하였다.

10 헤어밴드와 비즈로 화려하게 장식한 여성의 모습과 펜던트
윗머리는 틀어 올려서 비즈 등으로 장식하고 밑머리는 리본, 비즈와 함께 땋아 내린 모습이다.

11 하기아 트리아다(Hagia Triada)에서 발굴된 석관에 표현된 종교 의식의 모습

앞뒤의 사제로 보이는 사람들은 메소포타미아의 카우나케스 (kaunakes)로 보이는 뒤에 꼬리가 달린 스커트를 입고 있으며 다른 두 명은 상체는 몸에 잘 맞고 스커트가 풍성한 종교의식용 튜닉을 입고 있다. 튜닉의 목둘레선, 앞중심선, 밑단에 선 장식이 된 것을 볼 수 있다.

12 크리트의 도기에 표현된 군인의 모습

단순한 형태의 짧은 튜닉을 입고 머리에 꼭 맞는 투구와 창과 방패로 무장한 모습이다. 투구는 얼굴과 목을 보호하기 위해 앞뒤가 뾰족하게 돌출된 형태이고 뒤에 긴 깃털장식을 하였다. 튜닉의 아랫단에 술 장식을 한 것을 볼 수 있다. 발목 길이의 부츠와 무릎까지 올라오는 양말을 신은 것으로 보인다.

고대 그리스

시대적 배경

미케닉 시기 (Mycenean, BC 1600~1200)

- BC 2000년경 인도-유럽어족의 미케네인이 정착하면서 시작되었고 BC 1600년경부터 세력이 강성해져 중부 그리스와 펠로폰네소스(Peloponnesos) 반도의 각지에 여러 왕국을 세웠다.
- 미케네인은 전사적 성격이 강했으며 미노아(Minoa) 문명의 영향을 받아 최초의 그리스 문화라고 불릴만한 특유의 문화를 발전시켰다. 크리트를 장악한 이후 크리트인을 대신하여 동지중해 무역을 장악하고 소아시아 서부 해안에 진출하는 등 세력을 팽창시켰다.

호머/알케익 시기 (Homeric/Archaic, BC 1200~480)

- BC 1200년경 정체불명의 해양민족에 의해 미케네 국가들이 정복당한 이후로 약 300년가량 문화적으로 암흑기를 맞이하였다. 이후 그리스인의 일파인 도리아(Doria)인이 남하하여 정착하였다.
- BC 900년경에 아테네, 기원전 5세기경에 스파르타와 같은 도시국가가 성립되면서 그리스 문화가 발달하기 시작하였고 식민활동을 활발히 전개하여 그리스 본토와 지중해, 흑해 연안지대에 다수의 식민지 도시국가를 건설하였다.

클래식/페라클레스 시기 (Classic/Pericle, BC 480~330)

- 그리스는 페르시아와의 전쟁(BC 492~480)에서 승리한 것을 계기로 전성기를 이루었으며, 그리스만의 독특한 문화를 확립하였다. 이 시기는 그리스의 건축, 문학, 예술의 황금기로 일컬어진다.
- 초기에는 아테네가 패권을 쥐고 있었으나 이후로는 그리스의 내전인 펠로폰네소스 전쟁(BC 431~404)에서 승리한 스파르타가 장악하였다. 그러나 스파르타의 패권은 오래 지속되지 못하고 그리스는 계속되는 내전에 시달렸으며 BC 338년 마케도니아(Macedonia)에 정복되었다.

13 미노아 문명의 영향을 받은 그리스 초기 건축물의 실내

화려한 색채와 문양, 위가 넓은 원주 등 크리트를 중심으로 발달한 미노아 문명의 영향을 볼 수 있다.

헬레니즘 시기(Hellenistic/Fall of Corinth, BC 330~146)

- 마케도니아의 지배를 받는 시기로서, 유럽, 아시아, 아프리카를 잇는 마케도니아 왕국의 영향으로 그리스 문화에 동방문화가 융합되었다.
- 헬레니즘 시기는 마케도니아의 왕인 알렉산더(Alexander)의 동방원정부터 알렉산더 사후 분열된 마케도니아, 시리아, 이집트의 삼국이 로마에 의해서 멸망되기까지 약 300년간을 일컫는다.

고대 그리스는 합리적이며 이상주의적인 문화를 토대로 인간중심적 종교를 나타내어 인간과 더불어 생활하고 활동하는 인간적인 신을 숭배하였다. 올림푸스의 12신으로 형상화하였는데 건축과 다양한 물건에 남아 있는 신의 모습을 통해 그 당시의 생활상과 복식을 알 수 있다.

산이 많고 평야가 적은 지리적 조건은 농사에 적절치 않았으며, 이에 따라 식량의 수입이 많았고 대신 과일을 수출하였다. 대외 진출이 본격화되면서 모직물과 유리공예를 전문화하기 시작하였으며 대외 무역은 그리스의 문화발달에 영향을 미쳤다.

지형적인 특징으로 인해 한정된 지역을 중심으로 소규모 정치조직을 형성하였다. 따라서 여러 개의 도시국가를 형성하였으나 공통된 문화유산을 가진 동족의식을 지녔다. 도시국가들 중 특히 영향을 나타낸 아테네와 스파르타는 문화적으로 많은 차이를 나타냈다.

그리스 고전문화의 특징은 인간적이고 합리적이며 이상주의적인 점이다. 인간의 이성을 중시하고 인간 스스로 능력과 노력에 의해서 신에 가까워질 수 있다고 생각하였으며 아름답고 완벽한 인간의 모습을 이상적인 인간상으로서 이를 폴리스의 공동생활을 통해서 추구하였다. 이러한 이상은 예술 면에서 조화와 균형의 미의식으로 표현되었으며 황금비율의 건축물과 조각을 통해 구현되었다. 클래식 초기에는 엄격하고 완벽한 아름다움을, 후기에

아테네와 스파르타의 특징

아테네	스파르타
• 이오니아인으로 구성된 아티카(Attica) 지방의 부족들이 통합한 폴리스이다. • 상공업에 종사하며, 개방적·예술적 기질을 지녔다. • 초기에는 귀족정치였으나 BC 508년 평민이 정권을 잡으면서 민주정치의 기틀을 마련하였다.	• 도리아인들이 그리스의 원주민을 정복하여 세운 폴리스이다. • 농업에 종사하여 실제적이고 상무적인 기질을 지녔다. • 막강한 군사력을 바탕으로 한 군사적 귀족정치에 민주정을 혼합한 정치체제이다.

14 도리아 양식의 건축 : 파르테논(Parthenon) 신전

파르테논 신전은 대표적인 도리아식 건축으로서 강건한 느낌의 원주가 특징이며, BC 448~432년에 축조되었다.

15 이오니아 양식의 건축 : 에레크테움(Erechtheum) 신전

부드럽고 날렵한 이오니아식 원주를 볼 수 있다. 건물 왼쪽 부분의 원주는 키톤을 입고 있는 여성의 모습이며, BC 421~405년에 축조되었다.

는 우아하고 세련된 아름다움을 추구하였다. 또한, 합리주의를 바탕으로 철학, 역사, 자연과학이 발달하였다.

그리스 문화는 알렉산더에 의해 각 정복지에 세워진 알렉산드리아를 중심으로 동방세계에 전파되어 독특한 헬레니즘 문화를 형성하였다. 헬레니즘 시기는 현실주의의 특징을 강하게 드러낸 시기로서 이에 따라 헬레니즘 문화는 개인주의와 세계시민주의의 특징을 나타낸다. 실제적 과학지식이 발달하였으며 치밀한 관찰에 의한 현실파악이 두드러진다.

16 신전 입구의 부조에 표현된 의자에 앉아 있는 여성의 모습
부조에 기초하여 재현된 의자는 현대에 사용되는 형태와 유사하게
인체공학적으로 우수하다고 평가된다.

17 용도에 따라 다양한 형태의 도기와 헬레니즘 시기의 화려한 물병과 술잔

그리스에서는 용도에 따라 다양한 형태의 도기를 사용하였다. 이 도기는 그리스의 생활상이 사실적으로 표현되어 있어 그리스인들의 생활양식을 확인하는 자료로 활용된다. 식기로 사용되던 도기, 화장품 용기, 운동 시 손목에 매달아 사용하던 향유 용기 등을 볼 수 있다. 헬레니즘 시기에는 도기에 화려하게 장식하였으며, 금술잔도 사용하였다.

의복의 종류와 특징

키톤(chiton)
기본적인 튜닉형 의복으로서 한 장의 옷감으로 둘러 입었는데, 앞·뒤쪽을 봉제하지 않고 피불라(fibula)로 고정하고 허리띠를 둘렀다. 그리스 초기에는 페플로스(peplos)라고 불리는 두꺼운 모직물로 만든 폭이 좁은 튜닉을 입었으나 아테네와 스파르타를 중심으로 각기 독특한 형태로 발전되었다.

- 도리아식 키톤(doric chiton) : 스파르타를 중심으로 도리아인이 주로 착용하던 형태이다. 얇은 모직물로 만들었으며, 착용자의 양 팔꿈치 넓이의 두 배 폭의 천으로 두른 후 양쪽 어깨에서 피불라로 앞·뒤쪽을 고정하였다. 착용자의 키에 맞추어 천의 윗부분을 접어 내렸는데 이 부분을 아포티그마(apotigma)라고 한다. 허리띠를 둘러서 허리 위쪽으로 자연스러운 주름을 만들었으며 이 부분을 콜포스(kolpos)라고 한다. 활동성을 위해 엉덩이에 띠를 하나 더 둘러서 길이를 짧게 하기도 하였다.
- 이오니아식 키톤(ionic chiton) : 아테네를 중심으로 이오니아인이 주로 착용하던 형태이다. 얇은 면 또는 리넨으로 만들었으며 착용자가 팔을 벌린 넓이의 두 배 넓이 폭의 천으로 둘러 입었다. 폭이 넓고 얇은 천으로 만들어서 도리아식 키톤에 비해 주름이 많고 부드러운 형태이다. 피불라를 어깨뿐만 아니라 양쪽 팔에 여러 개를 고정시켜서 소매 형태가 만들어졌다. 띠를 다양한 방식으로 어깨와 가슴 아랫부분에 돌려 묶어서 장식적인 효과가 있었다.

18 직물을 만드는 과정이 묘사된 도기에 표현된 여성들의 그리스 초기 페플로스 착용 모습

19 도리아식 키톤을 입고 있는 대리석상

폭이 좁고 소매가 없으며 아포티그마를 허리선까지 접어 내린 것을 볼
수 있다.

20 에레크테움 신전의 원주에 표현된 키톤을 입고 있는 여성의 모습

키톤에 허리띠를 두른 후 천을 끌어올려 주름 부분인 콜포스를 만들었다.
폭이 넓어서 아포티그마 아래로 콜포스가 굵게 주름 잡혀 있다.

21 부조에 표현된 도리아식 키톤의 착용 모습

21

22 스파르타의 전사가 착용한 도리아식 키톤

한 장의 천을 옆으로 둘러 입어서 오른쪽에
트임이 보인다. 아포티그마를 길게 접어 내
리고 그 위에 허리띠를 둘렀으며 양쪽 어깨
에 피불라로 고정시킨 모습이다. 남성들은
허리와 엉덩이 부분에 띠를 둘러서 키톤의
길이를 짧게 하였으며 어깨에 클라미스를
두르고 있다.

히마티온(himation)

맨몸이나 키톤 위에 걸치는 일종의 외투로서 남녀 모두 착용하였으며 이오니아식 키톤 위에는 항상 착용하였다. 기본적인 두르는 방식은 긴 장방형의 천을 왼쪽 어깨의 앞에서 뒤를 향해 걸치고 등을 돌아 오른쪽 겨드랑이 밑이나 어깨 위를 덮어 앞을 지나 다시 왼쪽 어깨에 걸치거나 왼팔에 감는 것이다. 자유로운 그리스의 특징을 반영하여 착용자의 취향에 따라 두르는 방식은 다양하였다. 상중임을 나타낼 때는 머리를 감싸서 둘러 입었다.

23 델포이의 경전차를 모는 사람(The Delphi Charioteer) 청동상에 표현된 이오니아식 키톤

이오니아식 키톤의 모습이 정교하게 잘 표현되어 있다. 팔에 여러 개의 피불라로 고정하고 허리띠를 어깨 위로 돌려 허리에서 묶어서 소매 형태가 만들어진 것을 볼 수 있다.

24 이오니아식 키톤 위에 히마티온을 착용하고 있는 모습의 대리석상

히마티온은 다양한 방식으로 착용하였는데 석상에서 보이는 것처럼 한쪽 팔 밑을 지나 반대편 어깨에서 피불라로 고정하여 입기도 하였다. 자연스럽게 생기는 주름에 의해서 장식적인 효과가 있었다. 도리아식 키톤처럼 엉덩이에 한 번 더 허리띠를 두른 것을 볼 수 있다.

25 그리스 도자기에 표현된 미케네 시기의 히마티온

소매 없는 단순한 키톤 위에 히마티온을 두르고 있다. 미케네 시기에는 미노아 문명의 영향으로 색상과 무늬가 화려한 것이
특징이다.

**26 접시에 그려진 히마티온의 다양한
착용 모습**

그리스에서는 착용자의 취향에 따라
자유로운 의복을 착용하였는데, 히마
티온을 한쪽 어깨에 걸쳐서 윗몸을
가리거나 허리에만 둘러서 착용하기
도 하였다.

클라미스(chlamys)

남자들이 여행용으로 또는 군인들이 주로 착용하던 외투이다. 장방형의 모직 천을 왼쪽 어깨에 두르고 오른쪽 어깨에서 피불라로 고정하였다. 왼쪽 팔은 클라미스 속에 감춰지고 오른쪽 팔은 자유롭게 사용할 수 있는 모습이 되며, 활동성을 위해 목 앞부분에서 고정하기도 하였다.

갑 옷

- 가죽 또는 금속으로 만들었으며 엉덩이를 가리는 정도의 짧은 길이이고 소매 부분이 없다. 속에 무릎길이 또는 짧은 길이의 단순한 키톤을 착용한다. 발목부터 무릎까지 오는 길이의 각반으로 다리를 보호하였다.
- 머리에는 투구를 착용하였는데, 머리만 가리는 투구와 코를 가려 주는 부분까지 있어서 얼굴을 완전히 가려서 보호하는 투구의 두 가지가 있다.

27

28

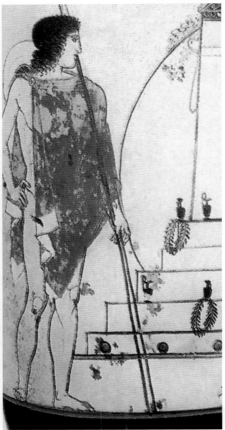

27 그리스 도기에 표현된 이오니아식 키톤과 히마티온의 착용 모습

얇은 리넨으로 만든 폭이 넓은 이오니아식 키톤 위에 히마티온을 입고 있는 모습이다. 얇은 천으로 만들어져 가는 주름이 풍성하게 잡힌 것을 볼 수 있으며 히마티온의 가장자리에 선 장식이 되어 있다. 머리는 길게 컬을 하여 내려뜨리고 월계관을 쓰고 있다.

28 리키토스 도기에 표현된 클라미스를 착용한 모습

클라미스를 맨몸에 왼쪽 팔이 가려지게 몸에 둘러서 오른쪽 어깨에서 피불라로 고정시켜 착용한 것을 볼 수 있다.

29 갑옷, 투구, 각반 등으로 무장한 군인

갑옷은 가죽 또는 금속으로 만들었으며 엉덩이를 가릴 정도의 길이로 키톤 위에 착용하였다. 얼굴 전체를 가려서 보호하는 투구를 위로 젖혀서 쓰고 있는 모습을 볼 수 있다. 크레피스를 신은 후 각반을 두르고 있는데, 각반은 주로 가죽으로 만들어 무릎부터 발목까지 보호하도록 착용하였다.

30 군인 아리스티온(Aristion)의 묘석에 새겨진 갑옷과 투구를 착용한 모습

엉덩이를 가릴 정도의 짧은 갑옷을 짧은 키톤 위에 착용하고 있다. 허리 아랫부분은 활동성을 위해 몇 개의 조각으로 갈라진 형태를 띠고 있다. 머리만 보호할 수 있는 투구를 쓰고 있다.

장식의 종류와 특징

머리 장식

여성들은 초기에는 긴 곱슬머리를 자연스럽게 늘어뜨리거나 목 뒤쪽에 감아 올려서 정리하는 형태가 주를 이루었으며 후기에는 금사로 만든 망이나 헤어밴드로 정교하게 머리 모양을 정리하였다. 스카프 또는 그물망 형태의 스펜돈(sphendon)이나 스테판(stephane) 등으로 머리를 감싸서 정리하였다. 다이아뎀(diadem)과 같은 화관으로 머리 앞쪽을 장식하였다. 밝은 머리색을 선호하여 잿물로 표백하거나 노란색 꽃물로 염색하였다.

남성들은 머리카락을 귀 길이 정도로 자르거나 길게 곱슬거리는 머리를 뒤로 넘기고 앞머리를 내리는 형태가 주를 이루었다. 초기에는 수염을 길고 뾰족한 형태로 기르다가 기원전 5세기 이후로 수염을 기르지 않게 되었다.

- 돌리아(tholia) : 햇볕을 가리기 위한 여성용 모자로서, 챙이 작고 위가 뾰족하다. 히마티온을 머리에 감싸서 모자를 대신하기도 하였다.
- 페타소스(petasos) : 여행용이나 햇볕을 가리기 위한 용도의 남성 모자이다. 모직 펠트 또는 가죽으로 만들었으며, 챙이 넓고 운두가 낮다.
- 프리지안 보닛(phrygian bonnet) : 소아시아 프리지아에서 유래된 모자이다. 원추형의 챙이 없는 형태이며, 부드러운 소재로 만들어져서 앞으로 굽어진다. 뒷부분에 직물 조각 또는 동물의 꼬리나 발로 장식하였다. 로마, 중세 유럽을 거쳐 현재까지도 그 형태가 남아 있다.

신 발

- 크레피스(crepis) : 초기의 형태는 가죽 또는 파피루스로 신발바닥 형태를 만들고 발을 고정시키기 위해 가죽 끈으로 묶는 형태였으며 좌우 구별이 없었다. 크레피스는 여기서 발전하여 굽을 달고 가죽에 세공을 하거나 가죽 줄을 엮어서 장식 효과를 주었다.
- 버스킨(buskin) : 여행용·군인용 가죽 부츠로 종아리 길이이며 발목에서 끈으로 묶었다. 윗부분에 짐승의 꼬리나 발 등으로 장식하기도 하였다.

31 도자기에 그려진 클라미스와 페타소스를 착용한 군인의 모습

강한 문양이 있는 클라미스는 미케네 시기의 영향이 남은 것으로 보인다. 넓은 챙이 달린 페타소스를 목 뒤로 넘긴 모습을 볼 수 있다. 무릎길이의 버스킨에 동물 꼬리로 보이는 장식이 달려 있다.

32 타나그라(tanagra) 석상에 표현된 돌리아

머리까지 히마티온을 둘러 쓰고 그 위에 돌리아를 착용하고 있다. 햇빛을 가리는 용도로 사용되기에는 크기가 작아 보이나 다른 석상 등에는 크게 표현되어 있기도 하다.

33 벽화와 도기에 표현된 여성의 머리 장식과 장신구를 한 모습

장신구

- 피불라(fibula) : 키톤이나 클라미스를 고정하기 위한 핀으로 그리스에서 사용되기 시작하여 로마를 거쳐 중세 시대까지도 사용되었다. 초기에는 안전핀 형태의 단순한 것이었으나 점차 형태와 재료가 다양하게 발전하였다.

- 목걸이, 귀고리, 팔찌 : 보석과 금, 은으로 정교하게 세공하였다. 목걸이와 귀고리는 펜던트 형태가 많았으며 후기에는 매우 화려하고 크기가 큰 것이 유행하였다. 뱀 모양을 선호하여 팔찌, 귀고리 등에 사용되었다.

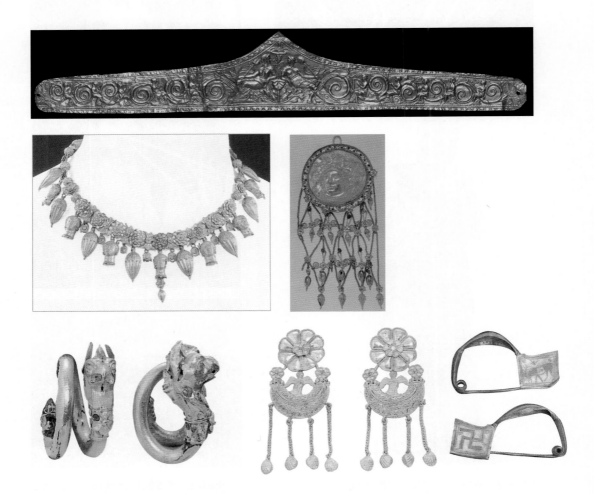

34 호머/알케익 시기의 장신구 : 목걸이, 펜던트, 화관, 피불라, 귀고리
피불라는 안전핀의 형태이며, 귀고리는 비교적 단순한 형태부터 크고 화려한 형태까지 다양하다. 목걸이와 펜던트도 정교하게 세공되어 있는 것을 볼 수 있다.

35 헬레니즘 시대의 장신구 : 목걸이, 화관, 버클, 귀고리, 스펜돈

마케도니아의 지배를 받던 헬레니즘 시기에는 그리스 문화에 비해 복식이 매우 화려해진다. 그림에서의 장신구도 화려하고 크기가 큰 것을 볼 수 있다.

● 에트루리아와 로마

만투아•
파르마•
•볼로냐
•라벤나
피사•　피에졸레•
볼테라•　•아레초
에트루리아　•페루자
코르•
토나
움브리아
타르키니아•　•베이오
카에레•　**로마**　•아키노
에트루리아　**라티움**
•카푸아　•폼페이
나폴리•
•파이스툼
•엘레아
•시바리스
•크로토네
코르시카
사르디니아
세게스타•
시칠리아
아크라가스•
카르타고•　•시라쿠사

아드리아해

0　　　　100miles
0　　　　150km

● 로마 제국(180년경 제정시대)

히베르니아
•에부라쿰
브리타니아
이스카•
•베테라　**게르마니아**
•카스트라
갈리아　•아킨쿰　•포타이사
빈도니사•　**레티아**
디키아
레온•　•부르툼　상탈마티아　•보베
히스파니아　**코르시카**　•로마　**히메시아**　비잔티움•　니코폴리스•
마케도니아
사르디니아　**카파도키아**
시칠리아•　**페르가몬**　시루스•
•페르가몬　•안티오크
아테네•
마우레타니아　카르타고•　•시라쿠사　**아카에아**
누미디아　　지 중 해　**크리트**　•보스트라
•예루살렘
알렉산드리아•　•엘라나
포사툼•

0　　　　500miles
0　　　　800km

Chapter 4

로마와 에트루리아의
복식과 문화

에트루리아

시대적 배경

에트루리아인은 로마 이전에 티베르(Tiber) 강과 아르노(Arno) 강 사이에 있는 이탈리아 반도 북쪽 지역에 거주하던 원주민으로, 기원전 8세기경 소아시아로부터 이주해 온 것으로 추정된다. 에트루리아는 기원전 7세기부터 번창하였는데 초기에는 동방의 영향을 받아 장례의식이나 문화유산에서 메소포타미아와 유사한 점들이 발견된다.

정치구조는 왕 중심의 봉건제도나 개개의 도시국가(12개)로 구성된 엉성한 연합체로 같은 시대의 다른 국가에 비해 정치적 원시성을 나타낸다. 기원전 6세기에는 로마를 지배하기도 하였으나 BC 308년의 전쟁에서 패한 후 정치적·군사적 힘이 꺾이게 되었다. 또 그리스나 로마와 달리 모계사회로서 여성의 지위가 높아 여성들도 남성의 권리와 자유를 누릴 수 있었다.

종교는 미신에 기본을 둔 계시종교로써 다신교를 나타내었다. 내세에 대한 믿음에 의해 장례문화가 발달하였으며 무덤 안을 생전의 모습대로 보존하여 부장품을 통해 당시의 생활방식과 복식문화를 추정할 수 있다.

에트루리아는 비옥한 토양과 바다에 접해 있는 지리적 조건으로 해상무역과 농업이 경제활동의 주를 이루었다. 무역을 통해 그리스, 이집트, 페니키아, 카르타고 등과 문화적 교류를 하였으며 기원전 5~6세기경에는 국력이 확장되어 지중해 연안 지역에 문화를 전파하였다.

에트루리아인은 쾌활한 국민성을 지녔으며 사치스러운 생활과 쾌락을 추구하였다. 이러한 특성이 건축과 예술에 반영되었는데, 밝은 예술적 기질을 나타내는 건축 장식으로 화려한 색상의 벽화나 테라코타 타일을 들 수 있다.

에트루리아는 지중해 지역에서 가장 정교하고 위생적인 토목·건축 기술을 가졌던 것으로 알려지고 있으며 도시설계, 돌로 된 아치의 축조술, 요새와 도로건설기술을 로마에 전했다. 이 외에도 전승 행진의 관습, 검투사의 싸움 등도 에트루리아에서 로마로 전해진 것으

1 복원된 에트루리아 사원의 모습

젬퍼(Gottfried Semper)에 의해 1878년 복원된 이 사원은 지붕에 테라코타 인물상이 이보다 더 많았을 것으로 예상된다.

2 에트루리아 사원의 복원된 모습의 모형

에트루리아의 사원은 정면보다는 측면에서 바라보았을 때 더 아름답다고 평가받는다.

3 체르베테리(Cerveteri)에 있는 무덤의 내부 모습

부장품들이 벽과 기둥에 부착되어 있다. 에트루리아인은 내세에 대한 믿음에 따라 무덤 안을 생전의 모습대로 보존하였다.

로 알려져 있다. 섬세한 수공예기술이 특히 발달하였고 금속공예가 뛰어났으며, 신발 제작 기술과 재봉기술도 발달하였다.

4 볼테라(Volterra)에서 발견된 인기라미(Inghirami) 무덤

피렌체(Firenze)의 고고학 박물관(Archaeological Museum)의 정원에 복원시킨 모습으로, 기원 전 3세기 후반의 것으로 추정된다. 관 뚜껑에는 관 주인의 모습을 조각으로 장식하였다.

5 에트루리아인의 장례 모습에 대한 상상도

6 관에 조각된 인물상

에트루리아인은 비스듬히 누운 상태로 식사를 하였는데 이러한 일상의 모습을 조각하였다. 튜닉 위에 테벤나를 두르고 머리에는 베일을 쓰고 있으며 옷의 주름, 허리 띠, 보디체인(body-chain, 어깨에 걸쳐서 가슴에 장식하는 금체인 장식)으로 보이는 장식이 섬세하게 표현되어 있다.

7 에트루리아의 도기

식기는 주로 테라코타로 만들어졌다. 작은 인물상이 부착된 청동 항아리는 일상생활에서 사용되었다기보다는 상징적인 의미에서 만든 부장품으로 보인다.

의복의 종류와 특징

에트루리아의 의복은 다양한 문화를 접촉함으로써 고대 복식의 특징적 요소들이 종합된 형태를 보인다. 즉, 그리스의 드레이퍼리 의복, 크리트의 2부식 복장, 고대 이집트의 주름 장식, 소아시아의 화려한 선 장식 등 동방과 그리스 문화가 혼합된 독특한 양식으로 발전하였다. 의복의 착용방식에 있어서도 엄격한 규범이 없이 솔직성과 쾌활함을 나타내었다.

튜닉 (tunic)

모든 계급의 남녀가 보편적으로 입던 대표적인 의상으로 소재는 얇은 리넨을 사용하였다. 남성의 튜닉은 대퇴부 길이부터 발목 길이까지 다양하였으며 귀족은 긴 튜닉을 착용하였다. 여성은 종아리 길이 또는 발을 덮을 정도의 긴 튜닉을 착용하였다. 짧은 소매의 단순한 형태이며 기본형은 몸 전체의 곡선이 드러나는 T자형이다. 몸에 넉넉하게 맞는 넓은 튜닉에는 허리띠를 둘러서 스커트 부분을 풍성하게 하여 착용하였다. 소매 형태는 짧은 기모노 형태, 팔꿈치 길이의 넓은 형태, 팔목 길이의 좁은 형태 등 다양하였다.

튜닉 전면에 무늬를 직조하거나 어깨, 소매끝, 옆솔기, 아랫단에 반대색으로 선 장식(trimming)을 하였다. 앞중심선에 클라비(clavi) 장식을 하기도 하였는데, 초기에는 계급 상징의 의미가 있었으나 후에는 단순한 장식으로만 사용하였다.

테벤나 (tebenna)

맨몸이나 튜닉 위에 걸쳐 입는 것으로 트라베아(trabea)라고도 불렸다. 상류층의 남녀 모두 착용하였다.

반원형 또는 타원형의 직물을 반 접어서 몸에 휘감아 입었는데 그리스의 히마티온과 착용방법이 유사하다. 또는 앞가슴에 걸치고 양 어깨 뒤로 넘기거나 등 뒤에 걸치고 양 어깨 앞으로 내려뜨리기도 하였다.

흰색 모직을 주로 사용하였고 가장자리에 밝은 파란색이나 빨간색으로 선 장식을 하였으며 상중에는 검은색으로 선 장식을 한 테벤나를 입었다.

블라우스 (blouse)

여성들이 튜닉 위에 장식 또는 보온을 위해서 겹쳐 입은 의복으로 엉덩이 선의 짧은 길이이다. 재단은 주로 T자형보다는 일자형으로 하여 소매 형태가 없으나 팔꿈치 길이의 소매가

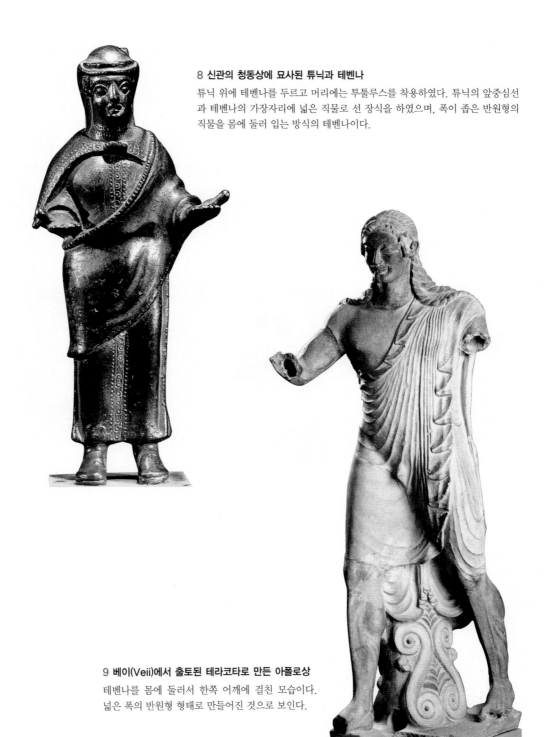

8 신관의 청동상에 묘사된 튜닉과 테벤나

튜닉 위에 테벤나를 두르고 머리에는 투툴루스를 착용하였다. 튜닉의 앞중심선
과 테벤나의 가장자리에 넓은 직물로 선 장식을 하였으며, 폭이 좁은 반원형의
직물을 몸에 둘러 입는 방식의 테벤나이다.

9 베이(Veii)에서 출토된 테라코타로 만든 아폴로상

테벤나를 몸에 둘러서 한쪽 어깨에 걸친 모습이다.
넓은 폭의 반원형 형태로 만들어진 것으로 보인다.

달리기도 하였다. 대개 붉은색 바탕에 파란색 직물로 선 장식을 하거나 전면에 지그재그 무늬를 넣기도 하였다.

페리조마(perizoma)

고대 복식의 기본형인 로인클로스 외에 에트루리아에서는 남성들이 페리조마라고 불리는 몸에 꼭 맞는 짧은 반바지를 착용하였다. 이 반바지는 단순한 형태로 활동성을 위해 양옆에 작은 트임이 있고 가장자리에는 반대색으로 선 장식이 되어 있다. 대개 허리 길이의 튜닉과 함께 착용하였다.

10 타르퀴니(Tarquini)의 무덤 벽화의 일부
반원형의 테벤나를 두른 후 한쪽 어깨에 걸친 악사의 모습을 볼 수 있다. 가장자리에 작은 기하학적 문양으로 이루어진 **빨간색**과 밝은 파란색으로 선 장식을 하였다. 곱슬거리는 머리에는 붉은색의 띠를 둘렀다.

11 무덤 내부의 벽화에 표현된 다양한 테벤나 착용방법
무희인듯한 남성들이 넓은 폭의 반원형 테벤나를 한쪽 어깨에 걸쳐 두르거나, 풍성한 튜닉 위에 좁은 반원형의 테벤나를 가슴에 걸쳐서 어깨 뒤로 넘기는 방식으로 착용하고 있다. 튜닉은 작은 무늬가 있는 직물로 만들었으며 소맷단과 아랫단에 선 장식을 하였다. 발에는 발목 길이의 가죽신을 착용하고 있는 것으로 보인다.

12 몬테구르가자(Montegu-ragazza)의 청동상에 표현된 여성의 모습

튜닉 위에 엉덩이 길이의 블라우스를 착용하고 테벤나를 두르고 있다. 에트루리아인은 장식 또는 보온을 위하여 튜닉 위에 소매가 없는 엉덩이 길이의 짧은 블라우스를 착용하였다.

13 체르베테리의 테라코타 장식판에 묘사된 왕과 여신상

왕은 짧은 소매가 달린 짧은 튜닉 위에 테벤나를 걸치고 있다. 테벤나의 선 장식은 정교한 식물문양을 수놓은 것으로 보인다. 여신은 얇고 주름진 직물로 만든 언더 튜닉 위에 짧은 소매가 달린 종아리 길이의 튜닉을 겹쳐 입었다. 머리에는 투툴루스를 쓰고 있다.

14 무덤 벽화에 묘사된 여성과 군인의 모습

가운데의 여성은 두 개의 튜닉을 입고 테벤나를 두르고 있다. 언더튜닉으로 보이는 긴 튜닉은 얇고 주름진 직물로 만들어졌으며, 위에 입은 튜닉과 테벤나에 가는 선 장식을 하였다. 앞뒤의 군인은 짧은 튜닉과 페리조마를 착용하고, 발끝이 올라간 종아리 길이의 가죽 부츠를 신었다. 테라코타로 만들어진 남성상에서도 짧은 튜닉과 페리조마를 착용한 모습을 볼 수 있다.

장식의 종류와 특징

머리 장식

여성의 머리 스타일은 초기에는 장식 없이 길게 늘어뜨리는 형태였으나 후기에는 긴 머리를 여러 가닥으로 가늘게 땋아 내린 형태(pencil braid)가 유행하였다. 결혼한 여성들은 머리를 그물망으로 감싸서 뒤로 모으기도 하였다. 머리 장식으로는 금으로 만든 다이아뎀(diadem)을 썼다.

남성은 초기에는 어깨 길이로 기르고 턱수염을 풍성하게 길렀으나 후기에는 머리를 짧게 하였다. 여성의 머리 스타일처럼 가늘게 땋아 내리기도 하였다.

- **투툴루스(tutulus)** : 에트루리아의 대표적인 모자이다. 가죽이나 펠트로 만든 원추형의 모자로 남녀 모두 착용하였으며 가장자리 부분을 접어 올려서 좁은 챙을 만들어 착용하기도 하였다.

신 발

초기에는 신발을 거의 착용하지 않았으나 점차 발달하여 후기에는 샌들과 부츠를 착용하였다. 샌들은 그리스의 형태와 유사하며 부츠는 소아시아의 영향으로 가죽으로 만든 끝이 뾰족하고 목이 높은 형태를 착용하였다.

장신구

에트루리아인은 금세공 기술이 뛰어났으며 금을 알갱이 모양으로 만들어 세공하는 기술은 현대에서도 높이 평가되고 있다. 목걸이, 펜던트, 귀고리, 팔찌, 반지, 피불라 등 섬세한 장신구가 발달하였다. 특히 불라(bulla)라고 일컬어지는 복주머니 형태의 금낭은 로마로 전해져서 로마 시민임을 상징하는 장신구로 사용되었다.

15 체르베테리의 부부 석관의 일부

가늘게 땋아 내린 남녀의 머리 스타일을 볼 수 있다. 여성은 투툴루스를 쓰고 있으며 남성은 이마 앞쪽으로 관을 쓰고 있다.

16 투툴루스를 쓰고 있는 조각상의 머리 부분

투툴루스는 에트루리아의 대표적인 모자로서 원추형으로 가죽이나
펠트로 만들었으며 끝을 챙처럼 접어 올리기도 하였다.

17 장신구 : 목걸이, 화관, 펙토랄, 팔찌

에트루리아는 금세공 기술이 뛰어났으며 다양한 금 장신구를 선호하였다. 얇은 금판에 뒤에 가죽을 붙인 것으로 보이는 펙토랄은 전쟁에서 상징적 기능을 위해 사용되었다. 팔찌는 착용자에 맞춰 둘레를 조절할 수 있게 만들어진 것을 볼 수 있다.

18 여러 가지 불라

불라는 에트루리아의 특징적인 장신구로서 속이 비어 있는 금낭 형태이며 정교한 부조로 세공하였다.
이후 로마로 전해져서 로마 시민임을 상징하는 장신구로 사용되었다.

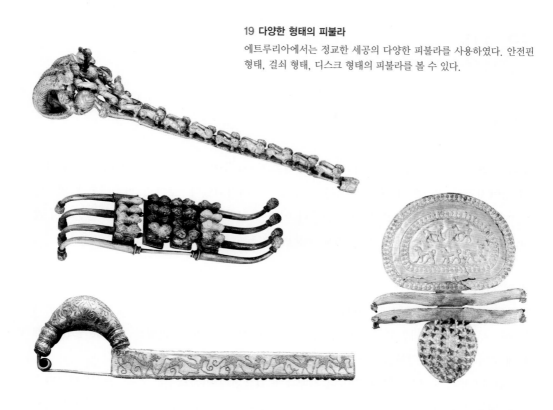

19 다양한 형태의 피불라

에트루리아에서는 정교한 세공의 다양한 피불라를 사용하였다. 안전핀 형태, 걸쇠 형태, 디스크 형태의 피불라를 볼 수 있다.

20 걸쇠 방식의 피불라로 테벤나를 고정한 모습

기하학적 문양의 테벤나를 오른쪽 어깨에서 걸쇠 형태의 피불라로 고정시킨 모습이다. 매우 큰 고리 모양의 귀고리를 하고 있다.

로 마

시대적 배경

로마의 역사는 인도-유럽어계에 속하는 라틴족(Latin)들이 기원전 8세기경 티베르 강 하류의 평야지역에 정착하여 작은 도시를 이룸으로써 시작되었다. 로마의 건국설화에 의하면 로마의 건국은 BC 753년으로 되어 있으나 이것이 정확한 역사적 사실인지는 분명하지 않다. 로마는 정치구조에 따라 세 시기로 구분된다.

왕정 시기(Kingdom, BC 750~509)
로마인들이 정착하던 당시의 이탈리아 반도 남쪽에는 그리스의 여러 식민도시들이, 북쪽에는 에트루리아가 자리잡고 있었으며 이들은 모두 로마보다 앞선 문화를 가지고 있었기 때문에 로마는 이들의 영향을 받으면서 문화를 발전시켜 나갔다.

기원전 6세기 초에는 에트루리아의 지배하에 있으면서 이들로부터 건축, 토목, 세공기술 등을 배웠으나 BC 509년 에트루리아계의 타르퀴니우스(Tarquinius) 왕을 내쫓고 독립된 공화국을 건설하였다.

공화정 시기(Republic, BC 509~30)
공화정은 귀족 중심의 과두정치로 시작되었으나 기원전 3세기 초에는 평민들도 귀족과 평등한 권리를 가지며 공화정을 이끌어 가게 되었다.

로마는 공화정 동안 시민군을 바탕으로 하는 강력한 군사력으로 이탈리아 반도를 통일하였고 정복사업에 주력하여 브리타니아(Britannia)로부터 북아프리카에 이르는 거대한 영토를 차지하였으며 지중해 무역을 장악하였다.

제정 시기(Empire, BC 30~AD 476)
옥타비아누스(Octavianus)가 제정 시대를 시작한 이후 약 200년간 로마 제국 전역에 평화와 번영이 계속되는 로마의 평화(Pax Romana)를 이루었다. 2세기경부터 격심한 빈부 차이, 중소농민층의 몰락, 빈민의 로마 집중, 노예제도의 위기 등 토지소유의 문제를 해결하지 못한 로마 사회의 모순들에 의해 분열되기 시작하였다.

21 코린트 양식의 시빌 신전 (Temple of the Sibyl)

그리스 신전 양식을 재디자인한 것으로 이후의 원형 신전 형태의 기초가 되었으며 로마의 특징인 코린트 복합 양식의 원주를 볼 수 있다.

22 로마의 콘스탄자(Constanza) 성당의 코린트 양식 원주

로마는 그리스의 문화를 계승하여 화려하고 박력 있는 문화를 만들었다. 그리스의 도시국가 코린토스(Korinthos)에서 유래된 코린트 양식과 이오니아 양식을 결합한 콤포지트 양식 등 다양하고 화려한 형태로 변화시켰다.

콘스탄티누스(Constantinus) 황제 이후로 사실상 동 · 서로 분할통치되던 로마 제국은 395년 테오도시우스(Theodosius) 황제에 의해 동 · 서 로마로 영구히 분할되었다. 동로마는 비잔틴 제국으로 1453년까지 지속되었으나 서로마는 게르만족의 침입으로 혼란이 계속되던 끝에 게르만족 출신의 용병대장 오도아케르(Odoacer)에 의해 476년 멸망하였다.

로마는 군사력을 바탕으로 지배체제에 의해 철저한 계급사회를 이루었으며, 치밀하게 구성된 법률체계를 통해 계급제도를 유지하였다. 또한 계급에 따라 엄격하고 획일적인 규칙을 법으로 만들어 시행함으로써 복식이 사회적 의미를 강하게 갖게 되었다. 계급제도와 함께 정복사업을 통해 부를 축적함으로써 귀족층의 복식 문화는 대단히 화려한 형태로 발달하였다.

로마인의 실질적 특성으로 인해 종교도 현세적인 자연의 숭배로 나타났으며 신앙의식을 일상생활의 실질적이고 필수적인 부분으로 받아들였다. 로마 제정의 전성기인 1세기경부터 기독교가 발달하였는데, 초기에는 하류층의 종교였으나 콘스탄티누스 1세 때 공인된 이후로 서유럽 문화의 기초가 되었다. 초기 기독교인의 소박한 복장은 로마의 복식발달에 중요한 역할을 하였다.

로마인들은 에트루리아, 그리스, 헬레니즘 문화를 모방하는 데서 크게 벗어나지 못했으나 고대 서양 문화에 오리엔트 문화와 로마의 문화를 융합하여 세계적 문화로 만들어 다음 시대에 넘겨 주는 역할을 하였다. 합리적이고 실질적인 성격의 문화를 나타내었으며 법률, 수사, 역사, 토목, 건축 등 실용적인 학문이 크게 발달하였다. 또한, 외래 문명을 관대하게 수용하여 동질적이면서 다양하고 복잡한 개방적 사회를 형성하였다. 로마의 건축과 예술은 그리스와 에트루리아의 예술 모체에 현실성을 첨가하여 강대하고 박력 있는 예술적 특성을 나타내었다. 그리스 건축물의 원주를 코린트(corinth) 양식 및 코린트 복합 양식 등으로 다양하고 화려하게 발전시켰으며, 그리스의 도시국가 코린토스로부터 유래된 코린트 양식은 아칸서스 잎사귀를 표현한 화려함이 특징이다. 또한 아치(arch)를 독자적인 양식으로 발전시켜 원형의 천정과 돔(dome)을 개발하였다.

23 로마의 판테온 신전과 내부 모습
로마에서 발전된 돔 지붕의 채광방식을 볼 수 있다.

24 로마의 원로원 건물과 복원된 원로원 내부

25 로마의 트라잔 포룸(Trajan's forum)의 도서관 회랑 전경

코린트 양식의 원형과 사각형의 원주들, 원과 사각 패턴이 교차되는 치장벽토의 볼트 천정을 볼 수 있다. 로마 문화의 특징인 장엄한 분위기가 느껴진다.

26 폼페이 '베티의 집' 벽화와 복원된 푸블리우스 판니우스 시니스트로의 침실

로마 제국의 휴양지인 폼페이 유적지에서 발견된 섬세하고 우아한 실내장식은 이후 르네상스와 신고전주의 등 고전주의 양식이 부활할 때마다 중요한 소재로 활용되었다.

27 공중 목욕탕인 대욕장의 상상도와 카라칼라 목욕탕 유적

로마는 시민들이 함께 누릴 수 있는 공공 건축물을 수없이 건설하였
다. 상상도를 통해 공중 목욕탕인 대욕장의 크기를 짐작할 수 있다.

28 로마인이 사용하던 유리제품

로마인들은 정교하고 섬세한 유리제품을 선호하였다. 이 제품들은 로마에서 직접 제조하기보다는 주로 동방에서 수입하여 사용하였다.

의복의 종류와 특징

토가(toga)

로마의 민족의상으로 형태는 에트루리아의 테벤나로부터 받아들여 반원형의 직물로 만들었으며, 착용방법은 그리스의 히마티온과 같은 방식으로 둘러 입었다. 초기에는 남녀 모두 튜니카 위에 착용하였으나, 제정시대부터 지배계급의 공식복장이 되면서 색, 장식 선, 입는 방법, 착용자의 지위 등이 엄격하게 규정되었다. 선 장식은 초기에는 둥근 쪽의 가장자리에 장식하였으나 크기가 점차 커지면서 직선 쪽의 가장자리에 장식하는 것으로 변화되었다. 토가는 로마의 시대에 따라 그 변화가 매우 커서 로마 사회를 반영하는 대표적 의복으로 평가되고 있다.

- 토가 프라에텍스타(toga praetexta) : 황제, 성직자, 집정관과 로마 시민 중 16세 이하의 청소년만이 착용할 수 있었던 토가로서 흰색 모직물에 3~4인치 폭의 넓은 보라색 선 장식을 하였다.
- 토가 픽타(toga picta) : 황제나 개선장군이 착용하던 공식복으로, 붉은 보라색의 실크 전체에 금사로 별무늬 자수를 장식하였다. 국가 소유의 의복으로 특별한 의식이 있을 때에만 빌려 주었다고 한다.

29 벽화에 표현된 튜니카 라티클라비아와 토가 프라에텍스타의 착용 모습

보라색의 넓은 클라비 장식의 튜니카와 흰색 모직 천에 보라색으로 선 장식을 한 토가 프라에텍스타를 착용하고 있는 모습을 볼 수 있다. 양쪽의 사람들은 가는 클라비 장식이 있는 튜니카에 폭이 좁은 팔리움을 두른 것으로 보인다. 또한 코더너스를 신고 있는 것으로 보인다.

- **토가 비릴리스(toga virilis)** : 푸라(pura)라고도 불리며, 염색하지 않은 모직의 장식 없는 토가로서 로마 시민이라면 누구나 입을 수 있는 것이었다.
- **토가 임페리얼(toga imperial)** : 제정시대의 의례복으로, 거대한 크기의 직물을 격식에 따라 둘러 입었다. 입는 방식이 복잡하여 여러 명의 도움이 필요했으며, 움보(umbo : 속의 자락을 끌어 올려 작은 주머니 같은 주름을 만드는 것), 시누스(sinus : 마지막으로 넘긴 자락의 앞부분에 넓게 흘러내린 주름을 만드는 것) 등 격식에 맞는 완벽한 착장이 되어야 했다. 후기에는 입는 방식이 간단해지거나 형태가 변화하였다.

튜니카(tunica)

- **튜니카 라티클라비아(tunica laticlavia)** : 토가 프라에텍스타와 함께 착용하던 튜니카로서 목둘레선에서 아랫단까지 보라색 클라비를 장식하였다. 클라비 장식은 공화정 시기에는 지위에 따라 3/8인치에서 3~4인치까지 다양하였으나 제정 시기에는 장식적인 용도로만 사용하였다.
- **튜니카 팔마타(tunica palmata)** : 토가 픽타와 함께 착용하던 튜니카로서, 보라색 바탕에 금사로 자수 장식한 화려한 것이었다.
- **튜니카 인테리어(tunica interior)** : 여성들이 스톨라 아래에 속옷 또는 실내복으로 착용하던 튜니카로서 폭이 넓지 않고 몸에 잘 맞으며, 소매가 없거나 반소매가 달렸다.

달마티카(dalmatica)

단순한 T자형으로 재단된 거친 모직의 튜닉으로 초기 기독교인들의 검소함을 상징하는 의복이다. 앞중심과 소매에 클라비 장식을 하였으며, 허리띠는 두르지 않았다. 기독교가 공인된 이후로는 공식복장으로서 화려하게 변화되었다.

스톨라(stola)

여성용 튜닉으로서 튜니카보다 넓다. 그리스의 도리아식 키톤과 이오니아식 키톤이 합해져서 화려하게 변화된 모습을 보이며, 허리띠를 다양한 방식으로 여러 번 묶어 주었다. 의복을 구성하면서 소매 형태를 만들었기 때문에 피불라는 장식용으로 사용하였고 소매 길이가 다양하였다. 초기에는 흰색의 모직을 주로 사용하였으나 다양한 밝은 색상의 리넨, 면, 실크 등을 사용하였다. 스톨라는 색상을 달리하여 여러 개를 겹쳐 입기도 했는데 신분에 따라 입을 수 있는 색상의 수가 엄격히 규정되었다.

30 튜니카 팔마타와 토가 픽타의 착용 모습

공식행사를 위해 튜니카 팔마타와 토가 픽타를 갖춰 입은 황제의 모습이다. 튜니카 팔마타는 붉은 보라색 실크에 종려잎사귀무늬 자수와 어깨에 세그멘티 장식을 한 것으로 보이며, 토가 픽타는 붉은 보라색 실크에 금사로 수를 놓고 가장자리에 금색 선 장식을 하였다.

31 토가 임페리얼을 입고 있는 티베리우스(Tiberius) 황제의 조각상

제정시대에 공식복으로만 착용되던 토가 임페리얼의 거대한 크기를 짐작할 수 있다. 토가 임페리얼을 특징짓는 주름인 움보(umbo)와 시누스(sinus)를 볼 수 있다. 속에는 짧은 소매가 달린 폭이 넓은 단순한 튜니카를 입고 있다.

32 로마 제국 후기의 토가 임페리얼을 착용하고 있는 아에딜레(Aedile)의 조각상

토가 임페리얼의 거대한 크기와 복잡한 착용방법으로 인한 불편함 때문에 제정 후기에는 크기가 작아지고 착용방법도 움보, 시누스 부분이 없어지는 등 간편한 방식으로 변화되었다. 속에는 좁고 긴 소매의 긴 튜니카와 짧고 넓은 소매의 튜니카를 겹쳐 입고 있다. 오른손에는 보통 게임의 시작을 알릴 때 던지는 용도의 수건인 마파(mappa)를 쥐고 있다.

30

31

32

팔라(palla), 팔리움(pallium)

그리스의 히마티온과 유사한 맨틀 종류로서 토가가 공식복으로 사용되면서 여성은 팔라를, 남성은 팔리움을 주로 착용하였다. 전면에 밝은 색상으로 꽃무늬 자수를 하거나 가장자리에 선 장식을 하였다. 여성들은 이외에도 얇고 비치는 직물로 만든 베일인 팔리올룸(palliolum)을 착용하였다.

스트로피움(strophium)

단순한 가슴을 가리는 밴드와 짧은 바지 형태인 파뉴(pagne)를 함께 착용하는 형태로 속옷으로서의 용도보다는 공연이나 공중 목욕장에서의 용도로 사용되었다.

팔루다멘툼(paludamentum)

그리스의 클라미스를 받아들여 발전시킨 의복으로서 직사각형의 천을 어깨에 두르고 오른쪽 어깨에서 피불라로 고정시켜 입었다. 초기에는 군인이 보온용으로 착용하는 소박한 형태였으나 로마 제국시기에 개선장군과 황제가 착용하면서 화려해졌고, 비잔틴 제국에서는 공식복으로 착용하였다.

파에눌라(paenula)

로마의 모든 계급에서 입었던 판초형의 외투로서 주로 여행용으로 착용하였다. 반원형의 천을 어깨 위에 둘러 입었으며 앞선은 끈이나 핀을 이용해서 채우거나 머리가 들어갈 부분만 남기고 꿰매기도 하였다. 길이는 엉덩이부터 발목까지 다양하였으며 끝이 뾰족한 후드가 달렸다. 후에 캐슐라(casula)로 명칭이 바뀌었다가 천주교 의식용의 케수블(chesuble)로 변화되어 현재까지 남아 있다.

쿠쿨루스(cuculus)

어깨를 덮는 작은 케이프가 달린 후드이다. 주로 모직으로 만들었으며 여행용으로 사용하였다. 중세 시대까지 지속적으로 사용되었으며 중세 후기의 특징적인 머리 장식인 릴리피프(liripipe), 샤프롱(chaperon) 등으로 이어진다.

33 베스타 여신의 처녀(Vestal virgin) 조각상에 표현된 스톨라와 팔라, 베일을 착용한 모습

스톨라의 허리띠를 가슴 바로 밑에 묶어서 착용하였으며 소매 부분에 작은 피불라로 고정한 듯한 주름이 보인다. 팔라는 등 뒤에 두르고 목 앞부분에서 피불라로 고정한 후 왼쪽 팔에 드리운 것을 볼 수 있다. 머리 스타일은 로마에서 유행하던 땋은 머리 여러 가닥을 이마 앞부분에 높게 돌려서 올린 형태를 하였으며 그 위에 베일을 썼다.

34 기독교인이 착용하던 달마티카의 초기 형태

로마의 카타콤에 그려진 기도하는 여인상의 모습으로, 달마티카(dalmatica)를 볼 수 있다. 달마티카는 단순한 T자형으로 재단된 거친 모직의 헐렁한 튜닉으로 초기 기독교의 검소함을 상징하는 의복이다. 앞판과 소매에 클라비 장식을 한 것으로 보인다.

35 스톨라를 착용한 아그리피나(Agrippina)의 모습

아그리피나가 입고 있는 스톨라는 그리스의 도리아식 키톤과 이오니아식 키톤이 합쳐진 듯한 형태를 이루고 있는데, 소매와 아포티그마가 있으며 폭이 넓은 형태를 보인다. 무릎 위에는 팔라를 두르고 있다.

36 스톨라와 팔라를 착용하고 있는 여성들
다양한 방식의 스톨라 착용방식을 볼 수 있다. 가운데 여성은 소매가 있는 긴 스톨라 위에 소매가 없는 짧은 스톨라를 착용하여 장식성을 높이고 있다.

37 벽화에 표현된 귀족계급의 생활상
왼쪽에 있는 여성은 긴 스톨라 위에 짧은 스톨라를 두 벌 착용하고 머리에 팔리올룸(palliolum)이라 불리는 베일을 쓰고 있다. 로마에서는 계급에 따라 착용할 수 있는 의복의 수와 색상이 엄격하게 규제되었다. 오른쪽에 있는 여성은 하녀가 든 보라색 직물을 살펴보고 있는데, 티리안 퍼플(tyrian purple)로 불리던 이 보라색은 매우 희귀해서 중세까지도 신분을 상징하는 색상으로 인식되었다. 이것의 염료는 뮤렉스(murex) 고동으로부터 추출하였는데, 염료 1g을 얻기 위해서는 1만 마리 이상의 고동이 필요했다고 한다.

38 헤르클라니움(Herculaneum) 벽화에 표현된 로마 여성들

하녀들이 귀족 여인의 머리 치장을 돕고 있는 모습을 나타내는 그림의 일부로 다양한 색상과 장식의 스톨라와 팔라를 착용하였다. 오른쪽 두번째의 여성은 보라색의 넓은 선 장식이 있는 스톨라 위에 하늘색의 짧은 스톨라를 덧입었으며 팔라를 둘렀다. 왼쪽 여성은 넓은 흰색 선 장식이 되어 있는 노란색 팔라를 두른 것으로 보인다.

39 알도브란디(Aldobrandi)의 결혼을 묘사한 프레스코화의 일부

로마 제정시대의 신부의 복장을 알 수 있는 그림이다. 고대 시대에는 노란색이 신부의 색상으로 사용되었으며 스톨라를 착용하고 팔라를 몸 전체에 둘러 입었다. 남편에 대한 복종의 상징으로 머리에 올린 6개의 패드 위에 이마가 가려지도록 베일을 썼다고 한다. 단순한 형태의 솔레아(solea)를 신고 있다.

40 스트로피움을 입고 있는 무희들

스트로피움은 현대의 비키니 수영복과 같은 모습이나 속옷보다는 운동할 때나 공중목욕장에서의 의복으로 입는 등 활동적 용도로 사용하였다.

41 갑옷을 입고 있는 트라잔 (Trajan) 황제

가죽으로 만든 갑옷을 착용하고 있는 모습이다. 다리 부분에는 활동성을 위해 가는 띠 형태로 만들었으며, 속에는 무릎길이의 튜니카를 착용하고 있다. 토가를 왼쪽 어깨에 고정시키고 팔에 두른 모습을 볼 수 있다.

42 갑옷을 입고 있는 아우구스투스(Augustus) 청동상

앞면에 정교하게 부조되어 있는 금속 갑옷을 입고 있다. 속에 무릎길이의 튜니카를 입고 팔에는 토가를 두르고 있다.

장식의 종류와 특징

머리 장식

로마의 여성들은 머리 스타일에서도 화려하고 장식적인 것을 선호하여 그리스의 머리형을 화려하게 변형하였다. 머리는 곱슬거리게 컬을 넣어 앞머리를 내리고 뒷머리는 망으로 감싸 틀어 올리거나(chignon) 여러 가닥으로 길게 땋은 머리를 말아 올리기도 하였다. 곱슬거리는 앞머리를 높게 쌓아 올린 퐁파두르(pompadour) 형태도 선호하였다. 보석, 리본, 망 등으로 장식하고 화려하게 장식된 화관인 스테판이나 사코즈를 쓰거나 베일을 쓰기도 하였다.

남성들은 초기에는 머리를 길게 기르고 턱수염을 기르기도 하였으나, 기원전 2, 3세기경부터 머리를 짧게 자르고 곱슬거리는 머리 스타일을 하였다. 머리카락이 부족한 사람을 불구로 여겼기 때문에 가발을 착용하기도 하였다. 전쟁이나 경기에 승리한 사람들은 월계관을 썼다. 그리스 모자의 종류들을 받아들여 넓은 챙이 있는 페타소스(petasos), 원추형의 필로스(pilos), 프리지안 보닛(phrygian bonnet) 등을 용도에 따라 사용하였다.

신 발

로마의 신발은 그리스보다 더 다양하고 정교해졌으며 신분에 따라 구분되었다. 가죽, 모직 펠트, 두꺼운 실크, 나무줄기 등을 재료로 사용하였고 흰색, 녹색, 파란색 등 다양한 색을 사용하였다. 귀족층에서는 금, 은, 보석 등으로 화려하게 장식하였다.

- **솔레아(solea)** : 발보다 조금 크게 만든 가죽 밑창에 고리를 만든 후 끈으로 이어서 발등을 덮도록 만든 가죽 샌들이다.
- **칼세우스(calceus)** : 가죽끈으로 발등을 덮고 발목까지 여러 번 둘러서 앞에서 묶어 준 형태의 반구두이다. 로마에서 가장 인기 있는 신발 형태였다.
- **크레피다(crepida)** : 샌들과 반구두의 혼합형으로 발등을 많이 감싸는 가죽신이다.
- **코더너스(corthunus)** : 보통 종아리 길이의 부츠로 활동적인 목적에서 군인들이 주로 사용하였다.

43 여성의 다양한 머리 스타일

로마의 여성들은 머리 스타일에 있어서도 화려하고 장식적인 것을 선호하였다. 머리에 곱슬거리게 컬을 하여 앞머리를 내리고 뒷머리는 망으로 감싸서 틀어 올리거나 여러 가닥으로 땋은 머리를 말아 올리기도 하였다. 앞머리는 곱슬머리로 높이 올리고 뒷머리는 땋아서 틀어 올린 퐁파두르형 머리를 볼 수 있다.

장신구

로마에서는 계급과 부의 상징으로 사치스러운 장신구를 사용하였다. 디자인은 그리스의 영향을 많이 받았으나 더 크고 화려한 형태로 변화시켰으며 정복지에서 가져오거나 수입한 진기한 보석들을 장신구로 사용하였다.

피불라는 옷을 고정시키는 용도보다는 장식적인 용도가 더 커서 화려하게 장식하였고, 브로치 형태의 피불라가 처음으로 등장하였다.

목걸이, 팔찌, 반지 등은 섬세하고 정교한 금세공의 장신구를 선호하였지만 크고 육중한 형태도 많이 사용하였다. 다이아몬드, 사파이어, 오팔, 루비, 진주, 카메오 등의 보석을 주로 사용하였다. 반지는 단순한 장식의 용도에서 발전하여 인장반지, 열쇠반지 등 기능을 가진 형태가 등장하였으며 계절에 따라 크기를 달리하였다.

44 어린이의 토가 프라에텍스타와 불라 차림

로마에서는 16세 이전에는 신분에 상관없이 로마 시민으로서 토가 프라에텍스타와 불라를 착용할 수 있었다. 불라는 에트루리아로부터 받아들인 장신구로서 정교하게 부조한 얇은 금속판을 속이 빈 금낭 형태로 만든 것이다.

45 금세공 장신구

로마는 에트루리아 정교한 금
세공 기술을 받아들여 작은 알
갱이 형태로 세공된 다양한 금
장신구를 사용하였다. 속이 빈
금낭을 이어서 만든 목걸이를
볼 수 있다.

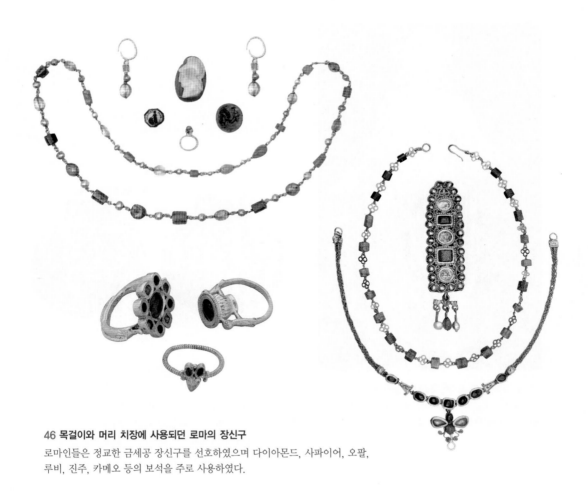

46 목걸이와 머리 치장에 사용되던 로마의 장신구

로마인들은 정교한 금세공 장신구를 선호하였으며 다이아몬드, 사파이어, 오팔,
루비, 진주, 카메오 등의 보석을 주로 사용하였다.

47 화장도구함과 손거울

48 다양한 형태의 솔레아(solea)

로마에서 주로 신었던 샌들이다. 발보다 조금 큰 가죽
밑창에 고리를 만든 후 끈으로 이어서 발등을 덮도록 만
들었다.

**49 크레피다(crepida)를 복원한 모습과 칼세우스
(calceus)를 신고 있는 청동상의 발 부분**

크레피다는 가죽신으로서 발을 많이 감싸는 형태이다.
칼세우스는 반구두의 형태로, 가죽끈으로 발등을 덮고
발목까지 여러 번 둘러서 앞에서 묶어 준 형태이다.

Part **II**

중세의 복식과 문화

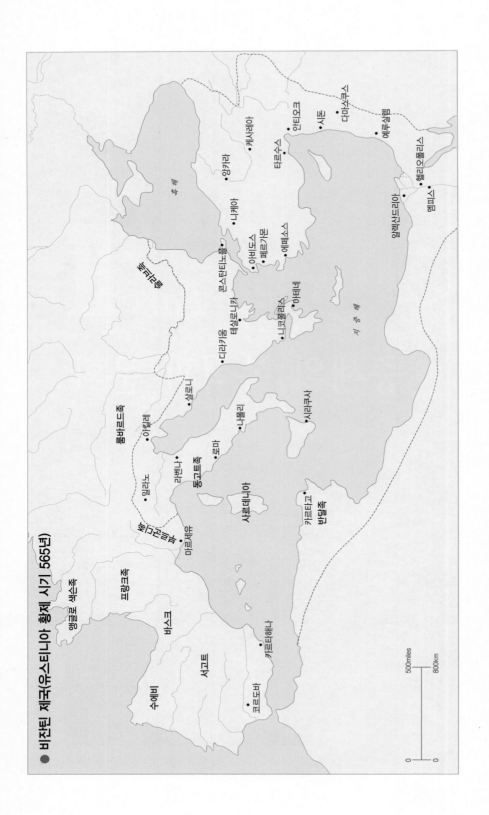

● 비잔틴 제국(유스티니아 황제 시기 565년)

앵글로 색슨족

프랑크족

롬바르드족

바스크

수에비

서고트

코르도바

카르타헤나

마르세유

세고비아

밀라노

라벤나

로마

동고트족

나폴리

사르데냐

카르타고

반달족

시라쿠사

흑 해

동로마 제국

아드리아

살로니

아퀼레

디라키움

콘스탄티노플

나케아

앙카라

니코폴리스

테살로니카

아테네

아바도스

페르가몬

에페소스

케사레아

타르수스

안티오크

시돈

다마스쿠스

에루살렘

헬리오폴리스

멤피스

알렉산드리아

지 중 해

500miles

800km

0

0

Chapter 5

비잔틴 제국의 복식과 문화

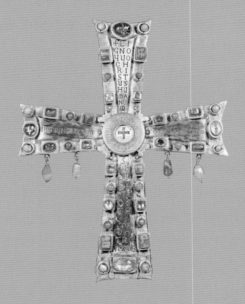

시대적 배경

동로마 제국은 395년 로마 제국에서 분리되어 고대 그리스의 식민지로 개척된 도시인 비잔티움 (Byzantium : 콘스탄티누스 1세 황제에 의해 'Constantinopolis'로 명명됨)에 도읍하면서 비잔틴 제국으로 불리게 되었다. 서로마가 멸망한 이후 동로마 제국은 정통적인 로마 문화의 계승자로서 1453년 오스만 투르크(Osman Turks)에 의해 멸망될 때까지 독자적 발전을 이루었다.

서로마 멸망 이후 봉건제로 지방분권적인 체제가 발달한 서유럽과는 달리 비잔틴 제국에서는 황제의 권력이 그대로 유지되어 로마 제국 말기와 같은 황제교황주의적인 전제정치가 오랫동안 유지되었다. 군사제도를 비롯한 비잔틴의 통치조직은 7세기 때부터 더욱 효율적으로 정비되어 9세기 말경 중앙집권적인 관료체제가 정비되고 군관구제가 확대되었으나, 11세기부터는 대토지를 소유한 군인이나 관리들이 봉건영주화하면서 오히려 제국의 힘을 약화시키는 요인이 되었다.

비잔틴 제국은 6세기경 전성기를 이루게 되는데 유스티니아누스(Justinianus) 황제 때 이탈리아 반도부터 지중해 연안 지역 대부분을 차지하는 대제국을 건설하여 지중해 재해권을 장악하였다. 수도인 콘스탄티노플은 동·서양의 접촉점으로써 상업·군사상의 요지였으며 중세 최대의 도시였다. 특히 경제적 활동을 국가적으로 규제하여 부의 주 원천인 상업 활동을 보호·육성함으로써 콘스탄티노플은 상공업의 중심지가 되었다. 무역업, 금속·유리제품 제조업, 세공업, 직물공업 등이 크게 발달하였으며 9세기 말엽에 길드 제도가 성립되었다. 견직물공업은 유스티니아누스 황제 때 확립되었는데, 비잔틴 제국 초기에는 중동과 중국까지 이어지는 무역로를 통해 들여 온 견직물을 사용하였으나 552년 한 수도사에 의해 누에가 전해지면서 견직물산업이 크게 번성하게 되었다. 특히 새마이트(samite)로 불리는 두껍고 질긴 견직물은 비잔틴 제국의 특징적인 복식을 잘 표현해 준다.

콘스탄티누스(Constantinus) 1세 때 기독교를 공인하고 요비안(Jovian) 황제가 국교로 삼음으로써 기독교는 비잔틴 문화의 지침이 되었다. 초기의 기독교는 하류계급의 종교였으나 비잔틴에서는 상류계급의 종교로 자리 잡았으며 제국이 번성할수록 그리스도의 권능과 천국의 영화를 나타내기 위한 장엄하고 화려한 양식을 취하게 되었다. 기독교의 교리에 따

1 성 소피아(Hagia Sophia) 대성당

유스티니아누스 황제 때 축조된 콘스탄티노플 소재의 대표적 건축물로서, 바실리카의 직선 구조에 중앙의 둥근 돔과 동서양의 반원형 돔을 결합시킨 독특하고 장엄한 건물이다. 오스만 투르크에 정복된 후 술탄 메메드 2세에 의해 첨탑을 세우고 이슬람 모스크로 바뀌었다. 터키공화국 수립 후 박물관으로 사용되었으나, 이슬람 원리주의에 의해 2020년부터 다시 이슬람 모스크로 바뀌었다.

2 성 소피아 대성당의 내부

그리스도의 권능을 나타내기 위해 장엄하고 화려한 황금 모자이크 벽화로 정교하게 장식되었다. 오스만 투르크에 정복된 후 회칠된 모습으로 남아 있다.

라 여성의 지위는 종속적이었으며 여성의 아름다움이 중시되었다.

우상숭배 논쟁으로 로마 교회의 교황과 황제 간의 갈등이 표면화되면서 황제의 권위를 유지하기 위해 동·서 교회가 1054년 완전히 분리되었으며, 이에 따라 황제교황주의를 받아들인 동방정교가 비잔틴 문화의 중심을 이루게 되었다. 이후 동방정교는 슬라브족의 여러 나라와 노르만족의 키에프 공국 등 동북부 유럽 지역으로 확대되었다.

비잔틴 제국은 동양과 유럽의 중간에 위치하여 특색 있는 동유럽 문화를 형성하였으며 비잔틴의 수준 높은 문화는 중세 시기의 서유럽 문화가 성장하는 데 영향을 주었을 뿐만 아니라 이후 서유럽의 르네상스에도 큰 영향을 미쳤다. 비잔틴 제국의 문화적 특징은 기독교 사상, 그리스 문화, 동방적인 요소가 합쳐져 형성되었다. 즉, 그리스의 현세적 아름다움과 동방의 신비적 위엄, 기독교의 상징성이 융합되어 다양하고 화려한 색채를 통해 표현되었다. 모자이크와 세밀화는 비잔틴의 대표적인 미술양식이며, 건축에서는 페르시아의 돔 (dome)과 로마의 바실리카(basilica) 양식을 결합하여 웅장하고 독특한 양식을 만들어 냈다. 그러나 우상숭배 논쟁으로 많은 비잔틴 초기 예술품이 유실되고 8세기 말엽 영토가 발칸반도와 소아시아 지역으로 줄어들어 그리스계 주민들을 중심으로 하는 국가가 되면서 로마 가톨릭의 영향에서 벗어나 그리스, 헬레니즘 문화의 영향이 더욱 강해졌다.

4 산 비탈레 교회당의 내부

화려함의 극치를 보이는 교회당 내부는 벽과 원주를 대리석으로 만들어졌으며 벽화는 모자이크로 정교하게 꾸며져 있다.
대리석, 유리, 조개껍데기, 채색 도편 등 화사한 광택의 고급재료를 사용함으로써 종교적 영광과 세속적 부가 잘 어우러진
예이다. 모자이크 벽화가 잘 보존되어 있어서 비잔틴 제국 복식연구에 활용가치가 크다.

◀ **3 라벤나(Ravenna)에 있는 산 비탈레(San Vitale) 교회당**

비잔틴 양식이 가장 두드러지게 나타나는 건축물로서 동방정교 교회의 원형으로 평가된다. 라벤나는 유스티니아누스 황제
치하였던 비잔틴 제국의 서로마 수도였으며 1200년 이전에 만들어진 비잔틴 예술의 특징 대부분을 이곳에서 볼 수 있다.

5 호시우스 루카스(Hosios Loukas) 교회당 내부

성모 마리아와 아기 예수를 새겨 넣은 돔 천장, 성소에
꾸며진 성상(icon)이 특징적이다.

6 키에프의 하기아 소피아 성당

9세기 이후 슬라브족의 중심국가인 키에프(Kiev) 공국의 블
라디미르(Vladimir) 대공이 그리스 정교로 개종하고 비잔틴
문화를 받아들이면서 건축되었다. 세계문화유산으로 지정
되어 있으며 현재는 역사건축박물관으로 사용되고 있다.

7 양각된 상아판으로 장식한 막시미아누스(Maximianvs) 옥좌

기독교 성인의 모습과 비잔틴의 장식 디자인으로 정교하게 조각되었다. 비잔틴 제국은 경제적으로 부강하였으며, 값비싸고 진귀한 물건의 사용은 황실과 교황의 권위를 더하였다.

8 상아로 만든 여행용 제단을 펼친 모습

여행할 때는 예배를 드리기 위한 작은 제단을 가지고 다녔는데, 제단을 펼치면 정교하게 조각된 기독교 성인들의 모습이 보인다. 달마티카 위에 팔리움을 두른 모습을 볼 수 있다.

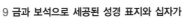

9 금과 보석으로 세공된 성경 표지와 십자가

십자가는 다양한 색채의 보석으로 화려하게 세공되었다. 비잔틴에서 기독교를 공인하고 국교로 삼음에 따라 초기 기독교의 소박함 대신 비잔틴 예술의 화려함으로 표현되었다.

의복의 종류와 특징

팔루다멘툼 (paludamentum)

비잔틴 제국의 공식복장으로 고대 그리스의 클라미스(chlamys)로부터 발전된 의복이다. 로마 제국에서는 일상적인 의복으로 입었으나 비잔틴 제국에서는 공식복장으로 사용하였다. 사다리꼴 또는 반원형의 직물을 왼쪽 어깨에 두른 후 오른쪽 어깨에 피불라(fibula)로 고정시켜 착용하였다. 앞뒤의 가장자리 중간에 타블리온(tablion) 장식을 붙였는데, 타블리온은 기독교적 문양을 금은사 자수와 보석으로 화려하고 정교하게 꾸민 장식 천으로 계급에 따라 색과 장식을 규정하였다.

로룸(lorum)

로마의 토가(toga)가 변형된 것으로 팔루다멘툼과 함께 공식복으로 착용하였다. 입는 방식이 다양하여 6인치 정도의 좁고 긴 띠를 토가처럼 둘러 입거나, 어깨 너비의 천을 판초형으로 걸쳐 입었다. 어깨부터 가슴까지 반원 형태로 넓게 덮고 밑으로 좁은 띠가 붙은 천을 판초형으로 걸쳐 입는 형태도 있었다.

팔리움(pallium)

직사각형 천을 둘러 입는 방식의 맨틀(mantle)인 팔리움이 비잔틴 제국에서도 일상적 의복으로 계속 사용되었다. 튜닉이나 달마티카 위에 착용하였다.

튜닉(tunic)

로마의 튜니카(tunica)와 유사하며 클라비(clavi), 세그멘티(segmenti), 선 장식 등을 화려하게 하였다. 남성의 무릎길이의 튜닉은 파라고디온(paragaudion)이라는 이름으로 부르기도 하였다. 여성은 화려한 무늬가 있거나 선 장식이 되어 있는 발을 덮는 긴 튜닉을 착용하였다. 로마에서 여성의 겉옷으로 입혀지던 스톨라(stola)를 비잔틴 제국에서는 속옷의 용도로 사용하였다.

브라코(braco)

발목 길이의 바지로, 종아리 부분을 끈으로 감아 올려서 고정시켰다. 무릎길이의 짧은 바지를 양말인 호자(hosa)와 함께 착용하기도 하였다. 바지는 소아시아, 페르시아 등에서 널리

10 산 비탈레 성당의 모자이크에 그려진 유스티니아누스 황제, 막시미아누스 교황과 신하들

황제는 짧은 튜닉인 파라고디온과 팔루다멘툼을 착용하고 있다. 튜닉의 옆선에 클라비 장식과 어깨에 세그멘티 장식이 되어 있다. 팔루다멘툼을 오른쪽 어깨에 화려한 피불라로 고정시켜 착용한 모습을 볼 수 있다. 금사로 짠 직물 바탕을 사용하는 타블리온 장식은 황제만 착용할 수 있었다.

11 산 비탈레 교회당의 모자이크에 그려진 테오도라 왕비와 신하들

왕비는 튜닉 위에 공식복인 팔루다멘툼을 착용하고 운두가 낮은 왕관인 스테마와 비잔틴 칼라로 불리는 마니아키스로 장식하고 있다. 왕비의 팔루다멘툼 아랫단에는 성서에 나오는 장면이 자수 장식되어 있다. 시녀들은 선 장식이 있거나 화려한 무늬가 있는 튜닉을 입고 맨틀을 걸치고 있다.

착용되던 것으로 이들과의 교류를 통해 로마에서도 보온성을 위해 착용하기 시작하였다. 로마에서는 짧은 튜닉 밑에 입는 일종의 내의로 사용하여 단순한 형태를 착용했던 반면에 비잔틴 제국에서는 무늬가 있거나 자수 장식된 화려한 직물로 만들었다.

달마티카(dalmatica)

초기 기독교인들이 입던 소박한 형태의 달마티카는 요비안(Jovian) 황제 때 기독교를 국교로 삼으면서 화려하게 변화하였다. 전면에 성서의 장면을 수놓거나 클라비, 세그멘티 장식을 하였다. 또한 몸에 잘 맞게 하기 위해서 단순한 T자형이 아닌 상체 부분은 꼭 맞고 스커트 부분과 소매폭이 점차 넓어지도록 재단하였다.

12 창세기에 나오는 요셉과 보디발 및 그의 아내들을 묘사한 삽화의 일부
남성들은 짧은 튜닉인 파라고디온 위에 팔루다멘툼을 착용하였다. 팔루다멘툼의 앞뒤 자락에 있는 타블리온 장식을 볼 수 있다. 아래는 브라코를 입고 그 위에 무릎길이의 부츠를 착용하였다. 여성들은 튜닉에 맨틀을 걸치고 머리에는 베일을 썼다. 튜닉은 길고 좁은 소매가 달렸고, 넓은 클라비와 세그멘티 장식을 하였다.

13 로룸을 착용하고 있는 보타네이아테스 황제와 마리 왕비

황제는 좁은 띠 형태의 로룸을 토가처럼 둘러 입는 방식으로 착용하였으며, 왕비는 어깨가 넓고 밑에는 좁은 띠가 붙어 있는 형태의 로룸을 착용하였다. 뒤에서 넘어온 자락이 넓은 것으로 보아 앞은 좁은 띠의 형태이지만 뒤는 아래로 내려갈수록 넓어지는 형태였을 것으로 추정된다. 머리에는 스테마를 썼다.

14 상아로 만든 성 요한의 가스펠 책 표지

로마누스(Romanus) 4세 황제와 에우독시아(Eudoxia) 왕비에게 왕관을 씌우고 있는 예수의 모습을 표현하였다. 예수는 소박한 형태의 튜닉과 맨틀을 착용하고 있다. 왕은 튜닉 위에 어깨너비의 넓은 로룸을 걸쳤으며, 왕비는 팔루다멘튬을 착용한 모습이다.

15 다윗 왕과 지혜와 예언의 여신

비잔틴 후기의 고전주의와 헬레니즘 문화의 영향을 받은 그림으로서 밝은 색상과 부드럽고 사실적인 표현기법이 특징이다. 다윗 왕은 튜닉 위에 팔루다멘튬을, 두 여신은 튜닉 위에 맨틀을 걸치고 있는데 주름이 부드럽게 표현되어 있다.

16 모자이크에 묘사된 귀족층 여성의 모습

튜닉 위에 맨틀을 걸치고 있으며 엉덩이 길이의 튜닉을 하나 더 입었다. 정교한 머리 모양에 화관을 두르고 있다. 비잔틴 제국에서는 여성의 지위가 낮아 특히 귀족층 여성은 종교행사 외에는 주로 집안에서 생활하였다.

17 성 아폴리나레 교회(Sant' Appolinare Nuovo)의 모자이크에 묘사된 동방박사 3인의 모습

짧은 튜닉과 맨틀을 걸치고 아래에는 브라코를 착용하였다. 페르시아의 판탈롱과 같이 폭이 좁고 발목까지 오는 긴 형태이다. 머리에는 프리지안 보닛을 썼다.

18 6~7세기경의 달마티카

비교적 초기에 입던 달마티카의 실제 형태이다. 단순한 T자형으로 재단하였으며 모직물에 타피스트리 직물로 클라비와 세그멘티 장식을 하였다.

19 달마티카의 앞뒤

요비안 황제에 의해 기독교가 국교로 공인된 이후, 성서 속 장면을 자수로 장식하는 등 달마티카가 화려해졌다.

20 상아로 만든 책 표지에 표현된 아레오빈두스(Areobindus) 황제

길고 좁은 소매가 달린 튜닉 위에 화려한 문양의 달마티카와 그 위에 같은 문양의 직물로 만들어진 로룸을 입고 있는 모습이다. 둘러 입는 방식의 로룸은 보통 6인치 정도 폭의 화려한 문양이 있는 직물로 만들고 가장자리를 보석으로 장식하기도 하였다.

장식의 종류와 특징

머리 장식

비잔틴 제국의 남성의 머리 모양은 비교적 단순하여 머리를 짧게 자르거나 단발 형태가 주를 이루었다. 반면 여성은 초기에는 로마 제국의 정교하고 화려한 머리 모양을 유지하였으나 후기에는 빗어 올려서 보석 등으로 장식하기도 하고, 동방에서 받아들인 것으로 보이는 터번을 착용하거나 베일을 둘렀다.

- 스테마(stemma) : 납작하고 위가 넓은 왕관으로, 보석 등으로 화려하게 치장하였다. 여러 줄의 보석으로 장식된 페르펜둘리아(perpendulia)가 붙어 있다.
- 칼립트라(calyptra) : 높이가 높은 왕관으로 금세공에 칠보나 보석 장식을 하였다. 페르펜둘리아는 장식하지 않았다.

신 발

비잔틴 제국에서는 지형적인 특징으로 인해 샌들보다는 발을 감싸는 형태로 신발이 발달하였다. 가죽이나 화려한 직물을 사용하였으며 보석 등으로 치장하였다. 은으로 만든 샌들도 있는데 계층상징적인 용도로 보인다. 양말은 편직을 이용하여 튜브 형태로 만들었으며, 끝에 달린 끈으로 발목 또는 종아리에 고정시켜 착용하였다.

장신구

비잔틴 제국에서는 다채로운 색상의 화려하고 장엄한 장신구를 사용하였다. 세공하지 않은 보석을 주로 사용하였으며, 특히 칠보와 에나멜 세공이 뛰어났다. 장신구는 장식의 목적뿐만 아니라 부적의 의미도 가지고 있었는데, 금으로 세공된 목걸이는 성모 마리아로부터의 보호를 상징하였다. 부적의 기능을 위해서 성화, 성인의 모습, 십자가 형태의 펜던트를 많이 사용하였다.

- 마니아키스(manniakis) : 어깨를 감싸는 넓은 칼라 형태의 장식으로 비잔틴 칼라로도 불리며 고대 이집트의 파시움과 유사하다. 스테마와 같은 재료로 장식하기도 하였다.

21 미카엘(Michael) 7세와 콘스탄틴(Constantine) 9세의 왕관

미카엘 7세의 왕관은 스테마 금관에 다이아몬드, 에메랄드, 사파이어, 진주 등으로 화려하게 장식하고 보석이 달린 여러 줄의 페르펜듈리아가 붙어 있다. 콘스탄틴 9세의 왕관은 칼립트라 금관에 칠보로 정교하게 장식한 모습이다.

22 산 비탈레 교회당의 모자이크에 그려진 유스티니아누스 황제와 테오도라 왕비의 머리 부분

보석과 진주로 장식된 스테마를 쓰고 있다. 왕비의 스테마에는 여러 줄의 진주 페르펜듈리아를 장식하였고, 목에 두른 마니아키스도 보석과 진주로 장식하였다. 황제의 팔루다멘튬에 보석으로 만든 장식적인 피불라를 하고 있다.

23 모자이크에 묘사된 여성의 모습

여성의 머리 모양은 잘 빗어서 틀어 올린, 비잔틴 제국 후기의 형태이다. 여성은 튜닉 위에 맨틀을 두른 것으로 보이며, 보석이 박힌 마니아키스와 화관, 목걸이, 귀고리 등으로 화려하게 장식한 모습을 볼 수 있다.

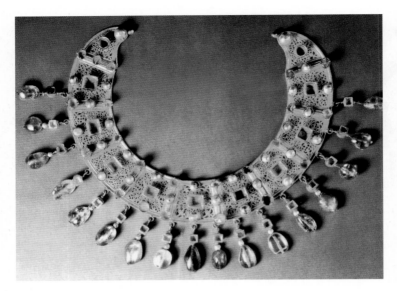

24 황금판에 보석으로 장식한 마니아키스(비잔틴 칼라)
11개의 장식판이 경첩으로 연결되어 있다. 7세기 초, 콘스탄티노폴리스에서 제작된 것으로 보인다.

25 비잔틴의 장신구 : 목걸이와 귀고리 세트 및 펜던트, 팔찌

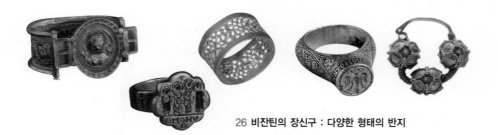

26 비잔틴의 장신구 : 다양한 형태의 반지

27 부적의 의미를 지닌 장신구 1

칠보와 에나멜 세공으로 성 게오르그와 성 디메트리오
스가 안팎으로 그려져 있는 금 펜던트이다.

28 부적의 의미를 지닌 장신구 2

성모 마리아가 그려진 청금석으로 만든
펜던트이다.

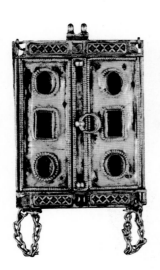

29 부적의 의미를 지닌 장신구 3

보석으로 치장한 금 성유물함 펜던트와 펼친 모습이
다. 펜던트의 문을 열면 예수, 성모 마리아, 바울, 베
드로 등을 칠보와 에나멜 장식으로 그린 십자가 형
태가 나타난다.

● 중세 초기 유럽 : 프랑크 왕국(샤를마뉴 대제, 814년)

북해
발트해
더블린
런던
삭소니아
슬라브
아헨 콜로뉴
파리
제르미뉴
네우스트리아
투르
샤를마뉴 제국
카롤링거 제국
레겐스부르크
아키텐
보르도
롱스보
부르고뉴 밀라노
베네치아
아바르
불가리아
플라스카
아스투리아 왕국
롬바르디아
프로방스
라벤나
세르비아
아드리아해
흑해
리스본
톨레도
바르셀로나
코르시카
로마
콘스탄티노플
니케아
아바스
코르도바칼리프
코르도바
사르디니아
베네벤토 공국
테살로니카
비잔틴 제국
대서양
시칠리아
지중해
크레테
키프로스

0 500miles
0 800km

● 중세 중기 유럽 : 12~13세기

노르웨이 왕국
베르겐
오슬로
스웨덴 왕국
핀란드
오보
레발
스코트랜드 왕국
더블린
아일랜드
웨일스 왕국
잉글랜드 왕국
덴마크 왕국
스톡홀름
모스크바
스몰렌스크
러시아 공국
브레멘 함부르크
튜턴기사단
런던
게르마니아 왕국
폴란드 왕국
키예프
나바르 왕국
파리
프랑스 왕국
생트
레겐스부르크
보헤미아 왕국
콘스탄츠
크라쿠프
레온 왕국
포르투갈 왕국
카스티야 왕국
프로방스
부르고뉴 왕국
이탈리아 왕국
리옹
빈
부다 페스트
헝가리 왕국
헤르손
카파
티플리스
아라곤 왕국
몽펠리에
제노바
베네치아
리스본
톨레도
마르세유
바르셀로나
피사
교황령
로마
콘스탄티노플
디케아
시노프
트레비존드
셀주크투르크
타브리즈
그라니다
시칠리아 왕국
팔레르모
코니아
에데사
튀니스
안티오크
알레포
바그다드
트리폴리
다미스쿠스
아크레
예루살렘
바르카
알렉산드리아
다미에타
카이로

0 500km

Chapter 6

중세 초·중기의 복식과 문화

시대적 배경

중앙아시아 훈(Hun)족의 압박으로 북쪽 지역에 거주하던 게르만(German)족이 대이동을 시작하여 서유럽에 정착하게 되었고, 이들이 서로마 제국을 멸망시킴으로써 중세 시대가 시작되었다. 서로마의 멸망 이후 서유럽에 국가의 형태가 잡히기 전인 10세기까지의 시기를 중세 초기로 구분한다. 이 시기 동안 서유럽에 정착한 게르만족은 50여 개의 부족국가로 나뉘어 분란이 계속되었으며 민족 대이동으로 강력한 정치 기반이 부족하여 문화 발달이 저해되었다.

그중 프랑크(Frank) 왕국은 로마 제국의 법, 행정, 관직을 유지하고 메로빙(Meroving) 왕조의 클로비스(Clovis) 왕이 기독교로 개종하여 로마 교회와 긴밀한 유대 관계를 가짐으로써 다른 부족에 비해 먼저 정치체제를 정비할 수 있었다. 또한 카롤링(Caroling) 왕조의 피핀(Pipin)과 샤를마뉴(Chalemagne) 대제의 왕국 통합과 강력한 정치에 의해 중세 초기의 유럽을 지배하게 되었다. 한편, 로마 가톨릭 교회는 프랑크 왕국의 지지를 받아 권위가 높아졌으며 그 후 점차 세력이 확대되어 유럽 중세 사회를 지탱하는 정신적 지주가 되었다.

샤를마뉴 대제가 죽은 후 프랑크 왕국은 다시 분열되어 10세기에 현재의 프랑스, 독일, 이탈리아의 기반이 만들어졌으나, 그 사이 정치적 분열과 무슬림, 마자르, 노르만 등 이민족의 침략으로 왕권이 약해지고 제후들의 세력은 강대해져 있었다. 한편, 9세기 말경 게르만족보다 늦게 이동을 시작한 노르만족은 프랑크의 노르망디(Normandie) 지방에 정착하였고, 11세기 후반에 노르망디 공 윌리엄(William)이 잉글랜드를 정복하여 노르망디 왕조를 세움으로써 영국이 서유럽 역사 무대에 등장하게 되었다.

사회적으로는 사회계층이 분화되기 시작하였으며 갈리아 지방에 먼저 정착해 있던 게르만족들은 로마 제국과 문화교류를 하면서 로마의 사회제도를 받아들이게 되었다. 게르만 사회는 원시적 씨족사회였으나 로마의 농업제도를 받아들여 장원제가 발전하게 되고 게르만의 종사제와 로마의 은대지 제도를 결합한 봉건제가 성립되어 신분제에 입각한 봉건사회가 형성되었다. 이러한 봉건제도와 자급자족적 장원체제에 의해 중세 초기 서유럽의 경제체제는 로마 제국에서의 화폐경제로부터 자연경제로 쇠퇴한 상태가 되었다.

1 중세 초기의 건축물

2 중세 초기에 건축된 성당의 실내

3 아헨(Aachen)의 샤를마뉴 대제의 궁전 예배당 실내
프랑크 왕국의 샤를마뉴 대제가 라벤나(Ravenna)의 산
비탈레(San Vitale) 교회당을 본따서 지었으며 이때부터
로마의 석조 건축물과 동로마 제국의 미의식이 서유럽에
전래되기 시작하였다.

10세기가 지나면서 봉건체제하에서 사회가 안정되면서 폐쇄적이고 농업의존적인 봉건제에서 탈피하여 상공업과 이에 따른 도시가 발달하고, 공업기술이 발달되는 등 혁신적인 변화가 일어났다. 도시의 인구가 늘어나고 경제활동이 활기를 띄면서 길드(Guild)가 발달하기 시작하였다.

문화·예술 면에서 중세 초기는 정치적 혼란으로 인해 문화가 발달하지 못하여 문화의 암흑기로 일컬어지나 기독교와 비잔틴 문화의 영향으로 완전히 정체된 것은 아니었다. 특히 기독교는 미개한 이교도의 계몽에 힘써 문학과 예술활동은 수도원을 중심으로 발달하였다. 이에 따라 게르만족의 문화요소와 그리스, 로마의 전통이 합쳐지고 여기에 기독교 정신과 비잔틴의 문화가 합쳐진 독특한 형태의 중세 문화를 만들어 가게 되었다. 또한, 프랑크 왕국의 샤를마뉴 대제가 주도한 카롤링거 르네상스(Carolingian Renaissance)는 로마 멸망 이후 침체되었던 서유럽의 문화를 발전시키는 계기가 되었다.

기독교가 공인된 이후에 나타난 초기 기독교 양식은 종교적 열망으로 지어진 웅장한 기둥과 바실리카형 건축, 모자이크, 프레스코 벽화 등 신의 권위를 알리기 위한 것을 특징으로 하였다. 모든 예술은 신앙의 테두리에서 제작되었으며 교회가 부와 세력을 얻게 되면서 호화로운 교회가 건축되었다.

중세 중기의 예술양식은 로마네스크 양식으로 대표되는데, 노르만인들에 의해 이탈리아와 남부 프랑스를 중심으로 일어났다. 건축의 특징은 로마 건축을 모방하여 기독교적 요구

4 장원경제에서의 소작농의 생활상

5 몽생미셀(Mont-Saint-Michel)

노르망디 해안의 바위섬에 축조된 수도원으로 1020년에 착공을 시작해서 약 5세기에 걸쳐 완성되었다. 노르만, 로마네스크, 고딕 양식이 혼합되어 있으며 중세 기독교의 이상을 가장 잘 구현한 것으로 평가받고 있다.

6 로마네스크 양식으로 지어진 생세린 성당

로마 건축의 반원과 원주를 응용한 십자형의 건물배열과 돔 지붕의 구조적 구상이 특징이다.

에 맞게 적용한 디자인으로 로마 건축의 반원과 원주를 응용하여 십자형의 건물 배열과 돔 지붕의 구조적인 구상이 나타났다. 부조와 벽화, 두꺼운 벽과 창문, 중후하고 소박한 양감 등을 특징으로 하며 교회 내부 장식은 성서의 장면을 사용한 교훈적인 내용과 금욕적인 인간상을 표현한 조각으로 구성되었다.

중세 시대에 일어난 가장 중요한 사건은 십자군 원정으로, 로마 교황 우르바노(Urbanus) 2세의 제창에 따라 서유럽의 국왕, 제후, 기사, 농민까지 힘을 합쳐 이슬람교도들로부터 성지를 회복하기 위한 전쟁을 일으키게 되었다. 그러나 전쟁의 내재된 이유는 교회의 권위를 부각시키고 영주들은 자신의 세력을 과시하며 인구 팽창 문제를 해결하고자 한 것이었다. 1095~1272년까지 계속된 이슬람 문화권과의 전쟁은 아홉 차례의 원정 결과 실패로 끝났으며 서유럽 사회의 변화를 촉진하는 요인으로 작용하게 되었다. 원정의 실패로 교회의 권위가 실추되어 수도원 운동과 교회개혁의 발단이 되었고, 영주와 기사계층의 몰락으로 봉건제도가 붕괴되었고 왕권이 강화되었으며 시민계급이 등장하였다.

십자군 원정은 동서의 문화·경제적 교류에 있어서도 중요한 의미를 갖는다. 동양문화와의 접촉을 통해 고대문화에 대해 관심을 갖게 되어 고딕 양식을 형성하는 계기가 되었으며 원정을 통해 알게 된 무슬림, 이집트, 비잔틴 제국의 다양한 문화와 새로운 복식과 직물, 제조기술 등을 서유럽으로 전파하게 되었다. 또한 이 무렵 이미 발달하기 시작한 상공업과 도시를 더욱 발전시켜, 이탈리아의 도시와 중동지역 간의 새로운 무역로를 개발하고 화폐경제를 발달시켰다.

의복의 종류와 특징

중세 서유럽의 복식은 기본적으로 로마로부터 전래된 튜닉(tunic)과 맨틀(mantle)을 둘러 입는 형태에 추위로부터 몸을 보호하기 위한 게르만족의 바지와 봉재의가 합쳐지고, 비잔틴의 화려함과 기독교의 문양과 금욕적인 요소가 결합되어 독특한 형태를 이루었다. 비잔틴의 의복을 받아들이기는 하였으나 초기에는 경제와 문화가 발달하지 못하여 재료와 장식 등이 조악하였다. 점차 재단기술이 발전함에 따라 몸에 잘 맞는 형태로 변화되고 십자군 원정의 영향으로 동방문화를 접하면서 다양한 형태의 의복이 등장하게 되었다. 중기에는 경제 규모가 확장되면서 농민의 지위가 향상되었고, 이에 따라 생활수준도 향상되면서 복식에 대한 관심이 높아지게 되었다.

7 프랑크족과 훈족의 모습

유럽 대륙에서 발견된 중세 시대 의복의 유물을 통해 복원시킨 모습이다. 거친 직물로 만들어진 짧고 몸에 잘 맞는 튜닉을 입고 어깨에 맨틀을 둘렀다. 허리에는 벨트를 묶어 칼이나 화살 등 무기를 휴대한 것을 볼 수 있다. 폭이 좁은 바지와 양말을 착용하고 끈으로 고정시켰으며 조야(粗野)한 가죽 신발을 착용하고 있다.

8 노르만족 귀족의 남녀 복식

남성은 좁고 긴 소매가 달린 무릎길이의 긴 바지를 착용하고 어깨에 맨틀을 둘렀다. 여성은 섬세한 직물의 긴 튜닉을 착용하고 그 위에 장신구와 화려한 직물을 둘러 장식한 것으로 보인다. 맨틀은 머리를 감싸고 목부분에서 고정하여 어깨에 둘렀다. 조야한 직물로 만들기는 하였으나 서민에 비해 화려한 의복을 착용한 것을 볼 수 있다.

9 무장한 앵글로색슨족의 왕의 모습

무릎길이의 튜닉과 좁고 긴 바지 위에 쇠사슬을 이어서 만든 갑옷을 입고 머리에는 정교하게 만든 헬멧을 썼다. 벨트의 버클과 칼, 방패에 지배 계급임을 알려주는 대담한 형태의 장식이 보인다.

의복 제작에서 숙련도가 더욱 요구되면서 의복제작은 여성의 가사에서 수공업자인 재단사의 일로 바뀌었다. 의복 제작은 가장 먼저 등장한 수공업의 하나였으며 13세기 초에는 재단사 동업조합(guild)이 남성복, 여성복, 외투, 예복, 수선공 등으로 세분화되었다.

튜닉(tunic)

- 중세 시대의 기본적 의복으로서, 초기의 튜닉은 거칠게 짠 직물로 만든 짧고 몸에 꼭 맞는 형태였으며 허리에는 벨트를 묶었던 것으로 보인다. 여성은 발을 덮는 긴 튜닉을 착용하였다. 초기에는 T자형의 단순한 형태였으나 차츰 몸에 잘 맞는 형태로 재단하고 폭을 넓게 하기 위해 무(gusset)를 대는 등 구성법이 발달하였다. 11세기 이후로 노르만인에 의해서 후드 달린 튜닉이 널리 착용되었는데, 이는 성직자의 옷을 일상복으로 받아들인 것이다.

- 지배계급 남성이 주로 착용하는 긴 튜닉은 사코즈(sacoz)로 불렸는데, 상체는 잘 맞고 아래 폭이 넓으며 소매 길이도 길고 끝부분이 넓어지는 형태이다.

- 기독교가 공인된 이후로 달마티카(dalmatica)의 착용이 보편화되었으며 보다 화려하고 장식적으로 변화하였다. 튜닉과 달마티카가 함께 착용되기도 하였는데, 소매와 폭이 좁은 긴 튜닉 위에 소매와 폭이 넓은 달마티카를 덧입는 방식이다.

맨틀(mantle)

로마와 비잔틴 제국의 팔리움과 같은 방식의 둘러 입는 의복이다. 초기의 게르만족은 동물 가죽을 그대로 두르거나 양털로 짠 것을 사용하기도 하였다. 지배계급에서는 공식복으로 비잔틴 제국의 팔루다멘튬(paludamentum)을 받아들여 착용하였다.

브레(braies)

게르만족의 의복인 바지를 하의로 착용하였다. 길이와 폭이 다양하여 발목 길이의 좁은 바지나 넓은 바지 등 여러 형태를 착용하였다. 브레 위에 양말을 신은 후 끈으로 발목부터 종아리까지 감아서 고정시켰다.

블리오(bliaud)

- 튜닉에서 발전되어 12세기에 남녀 모두 착용하던 의복이다. 상체는 꼭 맞고 스커트 부분은 주름이 많고 풍성한 형태이다. 허리 부분부터 스커트 옆선에 무를 대어서 폭을 넓게

10 가스펠 책 삽화에 표현된 오토(Otto) 1세

신성 로마 제국의 첫번째 황제인 오토 1세에게 성직자와 신하, 군인들이 경의를 표하고 있다. 오토 1세는 흰색의 슈미즈(언더튜닉), 붉은 자주색 바탕에 화려한 선 장식이 있는 사코즈와 맨틀을 착용하고 있다. 오른쪽의 군인은 무릎길이의 튜닉에 맨틀을 걸쳤으며 각반을 두르고 있다. 왼쪽의 성직자는 로마의 페누라(paenula)에서 발전된 천주교의 예복인 케수블(chesuble)을 착용하고 있다.

11 중세 초기의 여성 복식

오토 1세의 가스펠 책 삽화에 실린 '로마, 갈리아, 게르마니아, 슬라보니아가 오토 1세에게 경의를 표하다'에 표현된 중세 초기 여성의 모습이다. 튜닉에는 목둘레선, 앞중심선 등에 선 장식이 되어 있으며 맨틀은 머리에 쓰거나 몸에 두른 후 어깨에 걸쳐서 착용하였다. 머리에 비잔틴으로부터 영향을 받은 것으로 보이는 다양한 형태의 관을 쓰고 있다.

12 로제르(Roger) 2세의 대관식용 팔루다멘툼

황제의 권위를 상징하기 위한 붉은색 바탕에 금으로 자수를 놓아 화려하게 장식하였다.

하거나, 허리선에서 상체 부분과 분리하여 스커트 부분을 반원형으로 재단하여 풍성하게 하였다. 상체 부분을 잘 맞게 하기 위해서 뒷중심선이나 옆선을 따라 끈(lacing)으로 조여 주었는데, 이는 르네상스 시기부터 등장한 코르셋(corset)의 시초라고 할 수 있다. 때때로 아침에 옷을 입은 상태에서 박음질했다가 저녁에 다시 뜯었다는 기록도 있다. 소매는 바닥에 끌릴 정도로 긴 깔대기형 소매이거나 소매 끝부분만 길게 늘였다.

• 블리오 위에 몸에 꼭 맞는 엉덩이 길이의 코르사주(corsage)를 착용하여 상체가 꼭 맞는 것을 강조하기도 하였다. 허리띠를 허리에서 한 번 돌려 준 후 아랫배 밑부분에서 느슨하게 묶어서 아랫배를 불룩하게 강조하였다.

코트 (cotte)

블리오의 변형으로 13세기에 주로 착용하였다. 블리오와는 달리 단순하고 품이 헐렁한 형태이며 가는 허리띠를 허리에만 묶어 주었다. 소매는 전체적으로 꼭 맞거나, 진동 부분은 넓고 손목에서 좁아지는 두 가지 형태가 있었다.

13 샤를마뉴 대제의 것으로 추정되는 달마티카의 앞뒤 모습
전면에 기독교의 성화를 수놓은 달마티카이다. 기독교 공인 이후 화려해진 달마티카의 모습을 살펴볼 수 있다. 샤를마뉴 대제의 달마티카가 맞는지에 대해서는 아직도 명확히 밝혀지지 않았다.

14 샤르트르(Chartres) 대성당의 인물상

왼쪽의 여성은 블리오가 단순하게 변화된 코트를 착용하고 머리 장식으로는 친 밴드(chin band)로 턱을 가리고 필박스 해트(pillbox hat)를 쓰고 있다. 오른쪽의 남성은 후드 달린 튜닉 위에 쉬르코를 착용한 것으로 보인다. 어깨에 자연스럽게 늘어뜨린 머리 모양을 하였다.

15 샤르트르 대성당 외벽의 인물상

왼쪽 그림의 여성은 블리오 위에 엉덩이 길이의 코르사주를 덧입고 긴 장식적인 허리띠를 아랫배에서 한 번 더 묶어서 아랫배가 불룩해 보이는 모습이다. 오른쪽 그림의 여성이 착용한 블리오는 소매가 좁고 손목 부분에 긴 띠가 붙어 있으며, 블리오 위에 맨틀을 두른 것으로 보인다.

16 중세 시대의 이상적 신체미

이 그림에 표현된 여성의 모습을 통해 중세 시대의 이상적 신체미를 확인할 수 있다. 덜 자란 소녀의 모습으로, 마른 체형에 가슴이 발달되지 않았으며 배 부분이 불룩하게 강조되고 다리가 짧은 것을 볼 수 있다. 블리오는 발달되지 않은 작은 가슴과 불룩한 배 부분을 강조하는 의복이라고 할 수 있다.

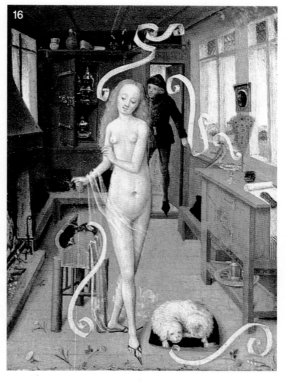

쉬르코(surcot)

십자군 전쟁에 의해서 생겨난 의복이다. 원래는 금속 갑옷이 햇빛을 반사하는 데서 오는 눈부심을 방지하기 위해 사용되었으나 일반인의 의복으로 전해졌다. 쉬르코를 튜닉 위에 착용하면서부터 튜닉은 일종의 속옷 역할을 하게 되었다. 쉬르코는 새마이트(samite : 금실 등을 섞어 짠 호화로운 견직물)와 같은 값비싼 직물로 만들어졌다.

쉬르코의 형태뿐만 아니라 십자군 전쟁에서 아군을 알아보기 위한 목적에서 사용하기 시작하였던 문장(heraldry)까지도 일상복으로 받아들임에 따라 장식적인 기능이 강해졌다. 여성들은 오른쪽에는 시집의 문장을, 왼쪽에는 친정의 문장을 장식하였다.

가르드코르(garde-corps), 가나슈(garnache)

맨틀 대신 외투로도 입을 수 있는 겉옷으로, 허리띠를 매지 않고 어깨에서 자연스럽게 내려뜨린 형태이며 후드가 달려 있다. 가르드코르는 풍성하고 주름진 넓은 소매가 달리기도 하지만 주로 헐렁하게 긴 소매의 진동 부분의 슬릿(slit)을 통해 팔을 내놓을 수 있는 형태였다. 가르드코르는 현재의 학위복으로 발전되었다. 가나슈는 가르드코르와 형태가 유사하나 헐렁하고 짧은 소매가 달려 있다.

17 십자군 병사의 복장

쇠사슬로 이어서 만든 갑옷을 입고 그 위에 눈부심 방지와 갑옷 보호를 위한 쉬르코를 착용한 모습을 볼 수 있다. 쉬르코에는 십자가 모양의 문장을 새겼다. 하의로는 폭이 좁은 브레를 입고 무릎길이의 부츠를 착용하였다. 십자군 전쟁을 통해 쉬르코와 문장이 일상복으로 전해지면서 14세기의 화려하고 장식적인 유행에 기여하였다.

18 코트, 맨틀, 쉬르코를 착용하고 있는 여성들

오른쪽의 여성은 코트 위에 모피로 안을 댄 맨틀을 착용하였다. 머리를 길게 땋아 내린 것으로 보아 결혼하지 않은 젊은 여성으로 보인다. 왼쪽의 여성은 언더튜닉 위에 쉬르코를 착용하였다. 앉아 있는 나이 든 여성은 윔플과 고젯으로 머리를 감싼 모습이다.

19 쉬르코와 코이프를 착용하고 있는 의식의 모습이 그려진 기도서 삽화와 의식용 코이프와 쉬르코의 실물

20 말, 깃발, 방패, 쉬르코 등을 문장으로 장식한 병사의 모습

갑옷 위에 쉬르코를 착용하고 머리에는 코이프(coif)를 쓰고 있다. 여성들은 쉬르코에 문장 장식을 하였는데 오른쪽에는
시집의 문장을, 왼쪽에는 친정의 문장을 장식하였다.

**21 제6차 십자군 원정을 떠나
는 루이(Louis) 9세의 삽화에
묘사된 쉬르코와 튜닉**

군인들은 갑옷 위에 쉬르코를
입었으며, 왕과 신하들은 성직
자의 옷으로부터 전해진 실용
적 의복인 후드 달린 튜닉을
입고 있다.

22 베이유 타피스트리(Bayeux Tapestry)에 표현된 남녀 복식

중세의 생활상과 전쟁 등을 아마포에 수를 놓아 묘사한 베이유 타피스트리에서 중세 중기의 남녀 복식을 볼 수 있다. 여성은 튜닉 위에 맨틀을 휘감고 있으며 머리에 웜플을 썼다. 남성은 무릎길이의 튜닉과 바지를 입고 맨틀을 둘렀으며 머리에는 스컬 캡을 쓴 것으로 보인다. 튜닉의 스커트 폭을 넓게 하기 위해 무(gusset)를 댄 것을 볼 수 있다.

23 소매가 좁은 튜닉 위에 가르드코르를 착용한 모습

가르드코르는 두꺼운 모직물로 만들고 후드가 달려 있어서 맨틀 대신 외투로도 사용하였다.

24 밀을 수확하는 농민

농민들의 복장은 매우 간소하여 무릎길이 정도의 짧은 튜닉과 브레를 착용하
였다. 튜닉의 스커트 부분의 앞중심선이 갈라져 있어 활동할 때 불편하지 않도
록 허리띠에 고정시킬 수 있도록 하였다. 오른쪽의 남성은 전형적인 농부의 밀
짚모자를 썼다.

**25 샤르트르 대성당의 인물상에 표
현된 양치기의 모습**

무릎길이의 튜닉에 맨틀을 두르거
나 어깨 길이의 작은 망토가 달린
후드를 썼다. 브레를 입은 후 끈으
로 묶어 주었다.

26 어린이의 튜닉

중세 유적지에서 출토된 어린이용 튜닉이다. 밑단을 넓게 하기 위해
옆선에 무를 댄 것을 볼 수 있다. 오른쪽의 후드가 달려 있는 튜닉은
성직자들의 의복을 노르만인들이 일상복으로 착용함으로써 유행했
던 것으로 알려져 있다.

장식의 종류와 특징

머리 장식

- 여성의 머리 모양은 길게 땋아서 늘어뜨리거나 머리 뒤쪽에 정리하여 붙이는(chignon) 형이 있었다. 머리를 정리한 후에 머리카락이 보이지 않도록 흰색 리넨 천으로 만든 윔플(wimple)로 목과 머리를 감싸서 얼굴만 내놓게 하였다. 턱을 감싸는 고젯(gorget)을 쓰기도 하였으며 장식적 화관인 다이아뎀(diadem)으로 고정시켰다. 윔플과 고젯은 이후 수녀의 머리 장식으로 자리 잡았다. 머리를 감싸는 스타일이 등장하면서 베일을 고정시키는 화관이 중요한 장신구가 되었으며 사회적 지위를 나타내기도 하였다.
- 12세기경에는 작은 상자를 얹어 놓은 듯한 필박스 해트(pillbox hat)라는 모자가 등장하였으며 턱을 가리는 친 밴드(chin band)로 턱에서 머리까지 두른 후 모자를 썼다. 또는 이마에 헤드레일(headrail)을 두르기도 하였다.
- 남성의 머리 모양은 짧게 자르거나 어깨까지 자연스럽게 늘어뜨리는 형이 있었다. 모자로는 후드(hood)를 주로 착용하거나 머리에 꼭 맞는 코이프(coif)를 착용하였다. 베레모(beret), 프리지안 보닛(phrygian bonnet), 스컬 캡(skull cap) 등도 착용하였다.

신 발

발을 덮는 신발과 부츠 종류를 주로 신었다. 동양의 영향을 받아 신발 끝이 뾰족한 것이 나타나기 시작하였으며 풀레느(poulaine)로 발전되었다. 재료는 가죽이나 두꺼운 실크, 벨벳 등을 사용하였으며 지배층에서는 금은사로 자수하거나 보석 장식을 하기도 하였다.

장신구

- 중세 초기의 장신구는 착용자의 신분을 상징하는 데 특히 중요했다. 금, 보석 등으로 세공된 버클, 피불라, 브로치, 펜던트 목걸이, 팔찌, 금관이 많이 사용되었으며 화려하고 크기가 큰 것을 선호하였다.
- 중세 중기에는 블리오와 함께 허리와 아랫배에 두르는 허리띠가 중요한 장신구가 되면서 보석으로 화려하게 장식하였으며 남성들도 허리띠에 칼을 매달거나 십자군 전쟁에서 유래된 주머니를 다는 등 실용적인 용도뿐만 아니라 신분을 나타내기 위해서 화려하게 치장된 벨트를 사용하였다. 여성들은 머리를 감싸는 스타일이 등장하면서 보석 장식된 화관(diadem)과 값비싼 천에 보석과 금사 자수로 치장된 베일(veil)을 선호하였다.
- 장신구의 디자인은 중세적인 신앙심에 의해 부적의 의미를 지니는 것과 신앙을 높여 주는 기독교의 상징성을 이용한 디자인이 발달하였다.

27 중세 초기와 중기 여성의 머리 장식

중세 초기에 여성들은 머리를 길게 땋아내렸으나, 중기에는 머리를 귀 옆으로 틀어올리고 베일을 착용하는 모습으로 변화되었다. 턱을 가리는 친밴드와 이마에 두른 헤드레일의 모습이 보인다.

28 생 제르맹(St. Germain)의 양말과 신발

7세기경 사용된 것으로 추정되는 양말과 신발이다. 양말은 편직을 이용하여 튜브 형태로 만들었으며 끝에 달린 끈으로 발목 또는 종아리에 고정시켜 착용하였다.

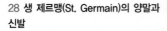

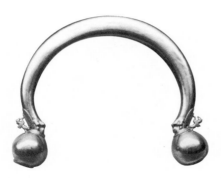

29 금으로 세공된 화관

여성들은 머리를 가지런히 정리한 후 베일을 쓰고 이를 머리에 고정시키기 위해 장식적인 화관인 다이아뎀 (diadem)을 머리에 썼다. 끝부분에는 동물 형상을 정교하게 세공하였다.

30 중세 초기의 금속 팔찌

금, 은, 청동으로 각기 제작되었다. 정교하고 세련된 세공기술은 부족한 것으로 보인다.

31 중세 초기 게르만족의 벨트

중세 초기 게르만족이 사용하던 벨트로서 매우 육중한 형태이다.

32 중세 시대의 신앙 장신구

성 카타리나 초상, 물고기 모양의 수정, 예수의 탄생 장면, 십자가에 못 박힌 예수 등 기독교를 상징하는 모양으로 만들어져 신앙심을 높여주는 의미를 지녔다.

33 주술적 의미의 반지

그리스도로부터의 보호와 부적 · 치유의 목적으로 사용된 중세 중기의 반지이다.

34 중세 초기 앵글로색슨족의 목걸이

35 보석으로 장식된 피불라와 칠보로 세공된 펜던트

36 금으로 세공된 여러 가지 버클
버클은 실용적인 용도로 사용되는 한편 지배계급의 부를 나타내는 중요한 장신구였다.

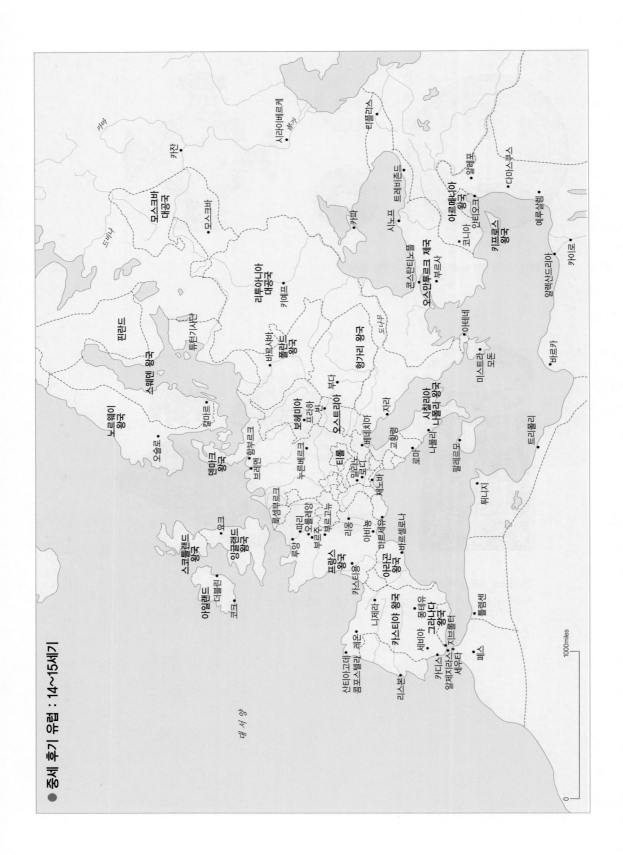

● 중세 후기 유럽 : 14~15세기

Chapter 7

중세 후기의 복식과 문화

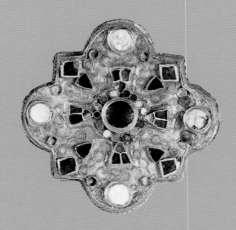

시대적 배경

시민계급의 성장과 십자군 전쟁의 결과로 봉건제가 약화되고 교회세력이 쇠퇴하면서 왕권이 강화되었으며, 왕은 행정, 사법, 징세, 군사 등의 권한을 되찾아 중앙집권적 체제를 확립하고자 하였다. 그러나 아직까지는 절대주의 국가로 이행하는 과도기적인 형태로서 신분제 성직자, 봉건영주, 시민의 세 신분의 바탕 위에 세워진 국가의 형태를 띠고 있었다. 14~15세기에 일어난 프랑스와 영국 간의 백년전쟁과 영국의 왕위 다툼인 장미전쟁은 민족의식의 고취와 봉건제후의 몰락을 가져옴으로써 프랑스와 영국이 근대적 국민국가로 발전하는 데 크게 기여하였다. 이베리아(Iberia) 반도에서는 15세기경 에스파냐와 포르투갈이 통일국가를 이루었으며, 독일과 이탈리아는 봉건제후의 세력이 강대하여 국민국가의 형성에서 뒤쳐지게 되었다.

중세 유럽인의 생활과 문화에 강력한 지배권을 행사하고 있던 교회의 세력은 13세기가 지나면서 차츰 쇠퇴의 경향을 나타내기 시작했다. 이는 로마 교회 자체가 세속화되고 십자군 전쟁의 실패로 민중의 신앙심이 식었으며, 봉건제후와 기사의 몰락으로 왕권이 강화됨에 따라 교황의 권위가 약화되었기 때문이다. 교회의 부패가 점차 심해지자 이에 대한 개혁운동도 끊임없이 계속되어 16세기의 종교개혁을 유발하게 되었다.

농업 생산의 증대, 상공업과 도시의 발달, 인구의 증가 등 12세기 이래 계속된 경제적 발전은 13세기 말부터 퇴조를 보이기 시작했다. 농업 생산성이 떨어지고 인구가 감소하면서 영주의 압박 및 농민 반란 등의 과정을 거치면서 결국 15세기 말경에는 대부분의 유럽 국가에서 농민이 부역으로부터 해방되었다. 도시에서도 흑사병에 의한 인구의 감소가 상품에 대한 수요와 노동인구의 감소, 그에 따른 임금의 상승을 가져왔으며 이는 길드 제도를 붕괴시키는 원인이 되었다.

중세 후기의 사회 불안과 경제적 쇠퇴는 위기상황에 대처하여 새로운 시장을 개척하고 대규모의 생산과 교역 경제활동에 눈을 돌리게 하였으며, 피렌체(Firenze)의 메디치(Medici)가, 독일의 푸거(Fugger)가와 같이 부를 축적한 상인과 은행가들이 유력 가문으로 성장하게 되었다. 이들은 국민국가의 형성과 르네상스 등 근대 유럽의 새로운 운동을 가능하게 하는 힘이 되었다.

1 중세 후기 고딕 양식의 건축물인 노트르담(Notre-Dame) 사원

2 노트르담 사원의 실내

3 샤르트르(Chartres) 대성당에 있는 장미창과 첨두창의
스테인드글라스

노동력과 기계에 의한 능률화로 홀랜드, 플랑드르, 이탈리아 등에서 직물공업이 크게 발달하였으며, 직물공업이 중세 경제의 중심 위치를 차지하였다. 생산의 증가로 효율성 증대를 위한 분업과 전문화가 요구되면서 다양한 직종이 파생되었다. 이전 시기에는 직물과 의복 생산을 집안에서 여성이 담당하였으나 13세기 초반에 남성 중심의 길드와 직조, 재단, 구성에서의 도제(徒弟) 시스템이 생겨나면서 여성의 역할이 줄어들게 되었고 여성의 작업은 주로 값이 싸고 적은 양의 직물, 즉 베일, 리본, 바인딩, 스카프 등에 한정되었다.

고딕(Gothic) 양식은 12세기경에 나타났는데 로마네스크(Romanesque) 양식이 수도원 공동체의 일부로서 지어진 반면, 고딕 양식은 도시교구를 이끌기 위해 만들어진 도회적 건물에 나타났다. 로마네스크 양식의 어두운 실내의 단점은 뾰족 아치(pointed arch)와 늑골로 짠 천정, 높이 뻗은 기둥, 공중부벽 등으로 건물을 높이 올리고 큰 창문을 낼 수 있게 하여 극복하였다. 로마네스크 건축물의 벽화는 스테인드글라스(stained glass)와 제단화로 대체되었다. 병풍 형식으로 이루어진 제단화는 주로 납화나 템페라화의 기법으로 제작되었다. 뾰족 아치와 찬란한 색유리창, 경건한 조각들로 장식된 장엄한 고딕 건축물은 천상을 향한 중세 유럽인의 염원을 표현한 것이었다.

십자군 전쟁의 실패로 중세적 기독교 관념으로부터 벗어나 인간적 즐거움에 관심을 가지려는 경향이 나타났는데, 예술의 표현에 있어서는 풍부한 인간적인 미를 표현하고 부드러운 선과 섬세한 묘사가 특징적이며 공상적 인물이나 동식물의 표현이 많이 나타났다.

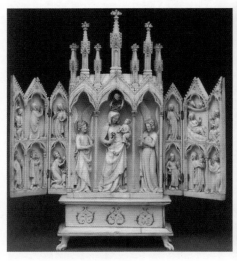

4 여행 시의 예배를 위한 제단
성화를 부조로 새겨 넣은 정교한 형태이다.

5 중세 시대 가옥의 형태를 그대로 보존하고 있는 독일의 엘리츠 성(Elitz Castle)의 부엌

커다란 화로가 중심에 있고 벽과 천장에 다양한 조리기구가 매달려 있다. 대개 부엌은 화재의 위험을 줄이기 위해 독립된 건물로 짓곤 하였다.

6 중세 시대 가옥의 형태를 그대로 보존하고 있는 독일의 엘리츠 성의 침실

계단 위에 침대가 놓여 있으며 양쪽으로 계단이 나 있다. 방문객이 함께 침실을 쓸 수 있도록 만든 여러 개의 보조침대가 보인다.

7 의복과 장신구의 생산자가 된 남성들

의류제조업의 분화를 통해 의복과 장신구의 생산자가 남성으로 바뀐 것을 보여 주는 삽화들이다.

의복의 종류와 특징

중세 후기에는 신흥 귀족계급을 형성한 상인들의 막대한 경제력과 국제 무역으로 복식재료가 풍부해지면서 극단적으로 화려하고 과장된 복식이 등장하였다. 이와 함께 전문화된 기술이 복식문화를 보다 창의성 있고 다양하게 발전시켜 14~15세기의 독특하고 과장된 유행 스타일이 생겨났다. 상술과 새로운 소재의 개발 등으로 현대적인 유행 체계를 가져올 수 있었으며 유행현상이 나타나기 시작하였다.

경제가 발전하면서 부역노동에서 해방되어 생활이 윤택해진 농민들도 귀족층의 복식을 모방하였는데, 장원 체제하에서 귀족층의 생활을 접할 수 있는 기회가 많기 때문에 모방이 가능했으며 농부와 영주 사이의 외모의 유사함 때문에 혼란이 생기곤 하였다. 이처럼 유행 상품에서 계급 구분이 어려워짐에 따라 1365년에 사치금지령이 내려지기도 하였다.

코트아르디 (cotehardie)

- 13세기의 튜닉인 코트(cotte)가 변형된 형태로 남성은 무릎 또는 짧은 길이를, 여성은 폭이 넓고 긴 길이를 착용하였다.
- 몸에 잘 맞는 형태이며 앞중심에 촘촘히 단추를 장식하였다. 소매는 폭이 좁고 길이는 손등을 덮을 정도로 길며 팔꿈치 부분에 티핏(tippet)이라는 긴 장식 천을 붙였다. 남성은 낮은 허리선 위치에 벨트를 두르고 주머니, 칼 등 필요한 물건을 매달아 사용하였다.

쉬르코투베르 (surcot-ouvert)

- 십자군 전쟁에 의해 등장한 의복인 쉬르코의 변형으로서 여성이 착용하는 화려한 의복으로 변화되었다. 앞면에 모피를 대고 여러 개의 보석단추를 앞중심선에 촘촘히 장식하였으며, 진동 부분이 엉덩이 선까지 넓고 깊게 파여 있어서 속에 입은 옷이 들여다 보이는 형태이다. 스커트 부분은 폭이 넓고 땅에 끌릴 정도로 길이가 길고 풍성하였다.
- 쉬르코투베르 속에는 소르케니(sorqueinee)를 함께 착용하였는데 엉덩이선까지는 몸에 꼭 맞고 스커트 부분은 풍성한 형태이며 좁고 긴 소매가 달려 있다.

쿠르테피 (courtepi)

- 젊은 남성들이 푸르푸앵 위에 착용하던 일종의 외투로써 쉬르코가 변형된 것으로 보고 있다.

8 코트아르디를 착용하고 있는 자유농민 헬리온(Walter Helyon)의 조각

무릎길이의 코트아르디를 입고 어깨에 짧은 후드를 착용하고 있다. 낮은 허리선 위치에 벨트를 두르고 주머니, 칼 등을 장식하였다. 조각이 만들어지던 당시로써는 코트아르디는 다소 유행이 지난 의복이었다.

9 코트아르디를 착용하고 있는 여성의 모습

잉글랜드의 에드워드 3세의 무덤에 새겨진 조각으로 여성용 코트아르디의 모습을 볼 수 있다. 소매에 긴 티핏이 달려 있고 스커트 부분에 손을 넣을 수 있는 슬릿이 있다. 머리는 양 갈래로 땋은 후 귀 옆에 붙여서 크리스핀(crespin) 속에 정리한 모습이다.

10 튜닉과 맨틀을 착용하고 있는 슈사트(Jean Choussat)

중세 초기부터 착용되던 기본적인 튜닉과 맨틀을 착용하고 있다. 정교한 장식의 육중한 벨트는 그 당시에 가장 값비싼 장신구의 하나였으며, 십자군 전쟁에 의해서 생겨난 주머니를 부착하고 있다.

11 미사를 올리고 있는 버틀러 가문 사람들

여성은 긴 티핏이 달린 풍성한 코트아르디를, 남성은 몸에 잘 맞는 짧은 코트아르디와 후드를 착용하고 있다. 벨트에 달린 주머니에는 칼을 차고 있다.

- 단순한 직사각형 직물의 앞뒤를 이어 붙인 형태이며 겉감과 반대되는 색상의 옷감이나 모피로 안을 대었다. 길이는 엉덩이부터 허벅지 길이까지의 짧은 형태였다.

푸르푸앵 (pourpoint)

- 십자군 전쟁에 의해 나타난 의복으로, 전쟁 당시 새로 등장한 금속판 갑옷이 피부에 상처를 줌에 따라 피부를 보호하기 위해 갑옷 밑에 착용하던 보호용 누빔 의복이다.
- 일반인에게 소개되면서 남성용 상의로 받아들여졌으며, 몸에 잘 맞게 인체공학적으로 재단되어 신체의 움직임이 편하도록 구성되었다. 길이는 엉덩이부터 허벅지까지 다양하였으며, 앞중심과 소매에 단추를 촘촘히 장식하였다. 안자락에 쇼스(chausse)를 고정하는 끈이 달려 있다.

우플랑드 (houppelande)

- 십자군 전쟁 때 동방으로부터 받아들인 의복으로서 품이 넓어서 허리띠로 묶었을 때 굵은 주름이 잡히는 풍성한 형태이다. 목둘레선이 높게 올라온 것이 특징이다. 깔대기형 소매이고 소매 끝을 꽃잎이나 톱니 형태로 장식(dagging)하였다. 후기에는 행잉 슬리브(hanging sleeve) 또는 소매 끝이 좁고 폭이 넓은 소매 등이 나타나기도 하였다.
- 14, 15세기에 작은 방울을 촘촘히 달아서 우플랑드의 어깨를 장식하거나 허리띠로 묶는 것이 유행하였다. 이 당시에 나타난 착용자의 부를 과시하기 위한 기이한 유행의 한 형태라고 할 수 있으며 주로 독일 지역에서 많이 유행하였다.

쇼스 (chausse)

중세 중기까지 남성의 하의로 착용되던 브레(braies)가 짧은 속옷으로 변형되고 양말인 호즈(hose)가 엉덩이 선까지 길어지면서 양말이 아닌 하의로 착용되기 시작하였다. 초기에는 튜브 형태로 튜닉이나 푸르푸앵의 안쪽에 달린 끈으로 고정시켜 입었으나 차츰 현재의 팬티스타킹과 같은 형태로 발전되었다. 양쪽 엉덩이를 가리는 부분과 성기를 가리는 부분(코드피스 : codpiece) 등 여러 조각으로 재단하여 몸에 잘 맞도록 구성하였다. 활동성을 위해 바이어스(bias) 재단을 하였다.

15세기경에는 이 시기의 기이한 유행 중의 하나인 미파르티(mi-parti)가 쇼스에도 나타났는데, 쇼스의 양쪽을 색을 다르게 하거나 한쪽 다리에서도 반반씩 다른 색으로 만들어 입음으로써 길이를 강조하는 효과를 내었다.

12 서민계급의 튜닉 차림

거친 옷감으로 만들어진 튜닉에 티핏이 달려 있는 형태를 착용하고, 머리에 후드 또는 보닛(로빈 후드 모자)을 쓴 모습이다. 서민들도 상류계급의 유행 스타일을 따른 것을 볼 수 있다.

**13 쟌느 드 부르봉(Jeanne de Bourbon)의
조각과 알렉산드리아의 성 카타리나의 성화에
나타난 쉬르코투베르의 착용 모습**

쉬르코의 변형인 쉬르코투베르를 착용하고 속에는 몸에 꼭 맞는 소르케니를 착용한 모습이다.

로브(robe)

우플랑드에서 발전된 여성용 의복으로서 길(bodice)과 스커트 부분을 따로 재단하였다. 길은 납작한 가슴을 강조하는 짧은 형태이며 스커트 부분은 땅에 끌릴 정도로 길고 넓다. 길 부분을 가슴 바로 아래에서 절개하여 넓은 벨트(bandier)를 하였다. V자형 목둘레에 뒤로 젖혀지는 르베(rever) 칼라를 달았으며 칼라와 안을 담비털로 장식하였다. 여성의 임신한 모습을 아름답게 생각하여 임신하지 않은 상태에서도 옷 속에 패드를 넣어 불룩하게 강조하였다.

14 쿠르테피와 미파르티(mi-parti)의 쇼스 차림

쿠르테피는 젊은 남성들이 푸르푸앵 위에 착용하던 일종의 겉옷으로 쉬르코로부터 변형된 것으로 보고 있다. 단순한 직사각형으로 이어 붙인 형태이며 겉감과 반대되는 색상의 옷감이나 모피로 안을 대었다. 또한 하의는 이 시기의 기이한 유행 중의 하나인 미파르티의 쇼스를 착용하고 있는데, 쇼스의 양쪽을 색을 다르게 하거나 한쪽 다리에서도 반반씩 다른 색으로 입음으로써 길이를 강조하는 효과를 내었다.

15 푸르푸앵 위에 타바드(tabard)를 입고 있는 모습

타바드는 쉬르코에서 변형된 것으로서 십자 모양의 천을 둘러 입는 것이다. 뒤에 앉아 있는 두 사람은 타바드를 옆으로 돌려 입은 모습이다.

16 짧은 푸르푸앵과 쇼스를 착용한 남성의 모습

남성이 엉덩이 길이의 짧은 푸르푸앵과 쇼스를 착용하고 있는 모습이다. 머리에는 슈거 로프 해트를 썼으며 미파르티의 풀렌느를 신고 있다. 여성은 로브, 슈거 로프 해트, 플렌느를 착용한 모습이다.

17 샤를르 드 블루아(Charles de Blois)의 푸르푸앵

푸르푸앵은 십자군 전쟁에 의해서 나타난 의복으로 몸에 잘 맞게 입체적으로 구성되어 있다.

18 우플랑드와 샤프롱을 착용하고 있는 모습

우플랑드는 십자군 전쟁 때 동방으로부터 받아들인 의복으로서 주름이 많이 잡힌 풍성한 형태, 깔대기형 소매, 높은 목둘레선을 특징으로 한다. 전쟁 시 옷이 칼에 찢긴 것에서 유래된 톱니 모양의 소맷단을 볼 수 있다. 샤프롱(chaperon)은 후드를 머리에 올려 놓고 후드의 긴 꼬리 부분으로 머리에 감아서 고정시켜 착용하였다.

19 우플랑드의 후기 형태

소매 형태가 백파이프처럼 손목 부분이 좁은 불룩한 모양으로 변화된 우플랑드의 후기 모습이다. 젊은 남성은 짧은 길이의 우플랑드를 상의로 쇼스와 함께 착용하였다. 남성의 머리 형태는 이 시기에 유행했던 주발을 엎어 놓은 듯한 짧은 스타일이다.

20 미파르티(mi-parti)의 쇼스와 우플랑드 차림

앞쪽에 서 있는 사람들은 가벼운 천으로 만들어진 헐렁한 형태의 우플랑드를 입고 미파르티의 쇼스를 신고 있다. 허리에
십자군 전쟁에 의해 등장한 주머니를 차고 있다.

21 초기 로브의 형태
길과 스커트가 따로 재단되지 않은 원피스형 로브를 착용하고 있다. 배 부분이 볼록하게 강조된 것을 볼 수 있다.

22 결혼식을 올리고 있는 남녀
얇은 실크로 보이는 천으로 만든 로브와 우플랑드를 착용한 모습이다.

23 그림 〈십자가에 못박힘(crucifixion)〉에 나타난 방울 장식의 의복

작은 방울을 우플랑드의 어깨에 촘촘히 두른 모습을 볼 수 있다. 착용자의 부를 과시하기 위한 기이한 유행의 한 형태로 14~15세기에 독일에서 특히 유행하였다.

24 방울 장식의 남성 의복

우플랑드 위에 방울 장식 허리띠를 두르고 있다. 방울 장식은 중세 후기 의복의 경박한 분위기를 고조시키는 것으로 평가된다.

25 쇼스의 초기 모습

중세 중기 이후 호즈가 길어지면서 바지인 브레(brais)가 점차 사라지고 쇼스가 남성복 하의로 착용되기 시작하였다. 쇼스의 초기 형태는 그림에서와 같이 튜브 형태로 튜닉이나 푸르푸앵의 안쪽에 달린 끈으로 고정시켜 입었으나 차츰 현재의 팬티스타킹과 같은 형태로 발전하였다.

26 환자를 진료 중인 의사를 표현한 삽화

의사는 가나슈(garnache)를 입고 머리에는 코이프(coif)와 스컬캡을 쓰고 있다. 환자의 걷어 올린 코트아르디 아래에는 쇼스가 속옷에 고정되어 있는 것이 보인다. 머리에는 후드를 착용한 모습이다.

27 15세기의 남녀 복식

남성은 푸르푸앵과 쇼스를 입고 당시의 설탕덩어리에서 유래된 슈거 로프 해트를 쓰고 있다. 여성은 로브를 입고 에넹을 쓴 모습이다. 결혼식 장면을 표현한 삽화를 통해 실내의 모습을 살펴볼 수 있다.

28 아르놀피니(Jan Arnolfini) 부부의 초상

남성은 쉬르코에서 변형된 모피 외투를 입고 있으며 여성은 모피로 안을 댄 로브를 착용하고 있다. 당시 부유한 상인들의 복식의 사치스러움을 엿볼 수 있다. 화가 반 아이크(Jan van Eyck)의 풍부한 상징으로도 유명한 그림이다.

29 하층민의 상류계급 복식 모방

서민계급 여성들도 배 부분이 불룩해 보이는 유행을 따르기 위해 로브를 위로 접어 올려서 착용한 모습이다.

장식의 종류와 특징

머리 장식

여성은 중세 시기 동안 머리카락을 겉으로 드러내지 않고 다양한 머리 장식을 사용하여 가렸다. 머리 장식으로 머리를 감쌀 때 이마 또는 목덜미의 머리카락이 보이지 않도록 뽑거나 면도를 하였다. 남성은 주발을 엎어 놓은 듯한 짧은 머리(bowl crop)를 하고 목 뒷부분과 귀 옆부분을 면도하였다. 15세기경에는 우플랑드의 목둘레선이 낮아지면서 자연스러운 단발 길이의 스타일이 유행하였다.

- **템플러(templer)** : 머리를 양 갈래로 땋아 올린 후 귀 옆에서 망으로 감쌌으며 가발을 이용해서 부풀리기도 하였다. 앞쪽에 다이아뎀(diadem)을 두르거나 망에 보석 등으로 치장하였다.
- **부르렛(bourrelet)** : 템플러 위에 얹는 머리 장식으로서 벨벳 등을 사용하여 푹신한 모양으로 만들고 화려하게 보석으로 치장하였다. 부르렛은 당시의 가장 값비싼 장식품 중 하나로 알려져 있다.
- **에냉(hennin)** : 머리카락이 보이지 않게 착용한 높은 고깔모자로 끝에 흰 베일을 늘어뜨려 장식하였다. 길이가 10피트까지 길어진 경우도 있었으며 착용 시 균형을 유지하기 위해 앞쪽에 조정하는 고리를 달기도 하였다. 끝이 뭉뚝하게 잘린 형태도 있었다.
- **에스코피온(escorpion)** : 에냉에서 변형된 낮은 고깔이 양쪽으로 달린 머리 장식이다. 에냉에 비해 길이가 짧으며 양쪽 고깔 끝에 흰 베일로 장식하였다.
- **후드(hood)** : 14세기 동안 가장 유행한 남성의 머리 장식으로 후드의 뾰족한 끝부분이 10~12인치 정도로 길어져서 릴리피프(liripipe)로 불리기도 하였다. 후드를 쓰지 않고 머리에 얹어서 릴리피프로 돌려 감아 고정시키는 샤프롱(chaperon), 푹신한 도넛 모양에 케이프와 꼬리 부분이 장식된 런들렛(roundlet) 등으로 변형되었다.
- **보닛(bonnet)** : 14세기 말경에 나타난 남성용 모자로, 로빈 후드 모자로도 알려져 있다. 운두가 원추형이고 앞이 뾰족한 챙을 접어 올려서 착용하였다.
- **슈거 로프 해트(sugar loaf hat)** : 15세기 후반에 나타난 높이를 강조한 모자로, 당시의 설탕 덩어리의 형태에서 유래되었다. 13세기 중반부터 유입되기 시작한 설탕은 상류계급의 요리 관습에 큰 영향을 미쳤으며, 설탕 덩어리는 신분 상징의 의미를 지니게 되었다.

30 중세 후기 여성의 머리 장식

템플러로 머리를 감싼 뒤 리본, 베일 등으로 장식하였다. 다양한 길이와 장식의 목걸이를 착용한 모습을 볼 수 있다.

31 템플러로 머리를 감싸고 베일을 쓴 모습

머리를 양쪽 귀 위로 올려서 템플러로 감싸고 그 위에 흰색 베일을 쓴 모습이다. 베일은 에스코피온처럼 정수리 부분에서 양쪽으로 갈라진 형태를 나타내며, 같은 직물로 만든 고젯을 턱에 두르고 있다.

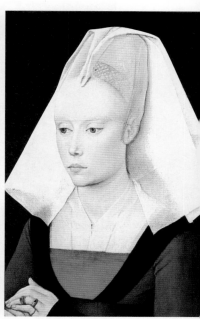

32 템플러로 머리를 감싼 뒤 화관을 쓴 모습

33 다양한 형태의 에냉을 착용한 모습

신 발

- 중세 후기의 대표적인 신발은 풀레느(poulaine)로, 굽이 없고 끝이 뾰족한 형태이며 동방에서 영향을 받은 것이다. 가죽으로 만들었으며 발에 잘 맞게 하고자 옆에 여밈을 만들어 끈으로 조여 신었다.
- 뾰족한 신발 끝은 차츰 길어져 1피트 이상 길어지기도 하였다. 길어진 앞 끝을 유지하기 위해 짚을 채워 넣기도 하였으며 사슬을 이용하여 발목에 감아서 끝을 들어 올리기도 하였다. 신발창을 보호하기 위해 나막신인 파탕(patten)을 함께 착용하였다.

장신구

- 허리띠는 기능적으로나 장식적으로나 중세 후기 복식의 주요 부분을 차지하였다. 사람들은 넓은 벨트를 선호하였으며 보석 등으로 화려하게 장식하였다. 벨트에 십자군 전쟁에서 유래된 주머니 또는 칼을 매달기도 하였다.
- 목걸이, 펜던트, 팔찌, 귀고리, 반지 등 여러 개의 장신구를 동시에 착용하였다. 디자인은 다양하여 동물이나 인물의 모습을 섬세하게 세공한 형태도 많이 사용되었다.

34 샤를 7세 왕비인 바바리아의 이자벨에게 시집을 헌정하는 크리스틴 드 피장

왕비는 머리를 양쪽 귀 위 망으로 감싸 올린 후 보석 등으로 화려하게 장식한 부르렛을 쓰고 있다. 담비털로 안을 댄 화려한 직물의 로브를 착용한 모습을 볼 수 있다. 크리스틴 드 피장은 흰색 베일이 장식된 에스코피온을 쓰고 있다.

35 릴리피프

후드의 끝이 뾰족하게 길어진 릴리피프이다. 오른쪽 그림은 릴리피프를 착용한 후 긴 꼬리부분으로 머리를 돌려 감은 모습이다. 케이프 끝 부분의 꽃잎 형태의 장식(dagging)을 볼 수 있다.

36 샤프롱을 착용하고 있는 모습

샤프롱은 릴리피프에서 변형된 것으로, 머리에 얹는 부분을 만든 후 후드의 케이프 부분과 릴리피프 부분을 장식으로 부착하였다.

37 다양한 형태의 런들렛을 착용한 모습

런들렛은 샤프롱의 머리에 얹는 부분이 푹신한 도넛 모양으로 변화된 것으로, 후드의 긴 꼬리 부분과 케이프 부분의 형태에 따라 다양한 모습으로 착용되었다. 장식적인 런들렛을 착용하고 있는 여성의 모습도 보인다.

38 풀레느와 파탕을 신은 모습

젊은 남성들은 엉덩이부터 무릎길이 정도의 짧은 우플랑드를 쇼스 위에 입는 상의로 착용하였다. 신발은 풀레느를 신고 이를 보호하기 위한 파탕을 신은 모습이다.

39 앞 끝이 뾰족하게 길어진 풀레느

옆쪽에 끈으로 여미는 부분이 보인다.

40 풀레느와 풀레느의 바닥을 보호하기 위해 착용하던 나막신인 파탕

41 다양한 디자인의 풀레느

42 그리스도의 보호를 기원하는 의미로 사용된 펜던트와 반지

43 금세공의 목걸이, 브로치, 펜던트, 반지

44 보석으로 화려하게 세
공된 피불라

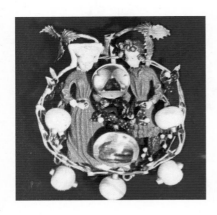

45 신랑·신부를 묘사한 진주와 청
금석으로 정교하게 세공한 펜던트

46 성혼식에서 반지를 끼워 주는 모습을 표현한 삽화와 결혼반지

47 트리스탄(Tristan)과 이졸데(Isolde)가 체스를 두고 있는 모습이 표현된 14세기 중엽의 보석상자

48 고딕 건축물 모양의 장식이 달린 지갑

Part **III**

절대주의 시대의
복식과 문화

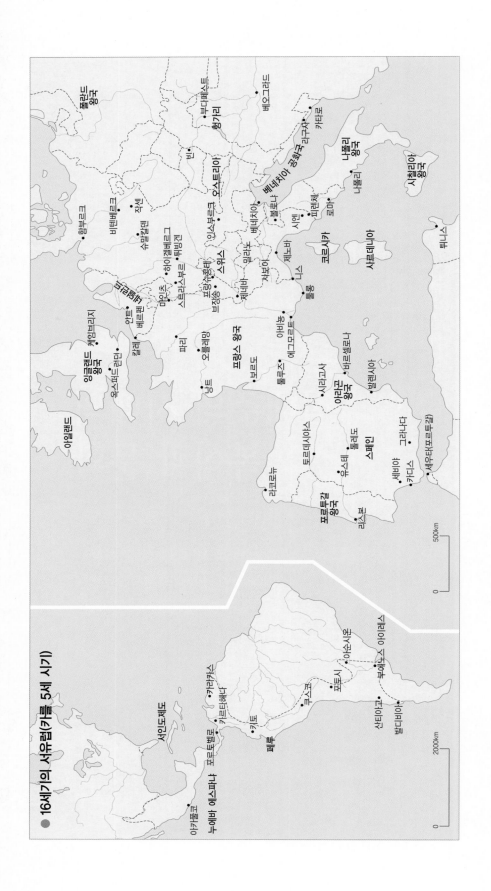

● 16세기의 서유럽(카를 5세 시기)

Chapter 8

16세기의 복식과 문화

시대적 배경

서유럽 사회는 14~15세기에 봉건사회가 무너지고 본격적으로 근대적 발전이 시작되었으나 16세기까지는 봉건적 잔재가 많이 남아 있었다. 절대왕권은 이러한 낡은 세력과 새로운 세력의 균형 위에 존립하면서 국가 체계를 확립시켜 가는 과도기적인 단계였으므로 정치적으로는 여전히 혼란스러웠다.

강력한 군주 체제의 유지를 통해서만 평화가 지속될 수 있었으며, 특히 영국의 엘리자베스(Elizabeth) 여왕은 신체가 왜소한 여성 군주라는 취약점을 극복하기 위해 과도한 소비와 사치로 권력을 상징하면서 왕권을 유지한 것으로 유명하다. 경제적으로 부강한 국가가 국제 정치를 주도하였으며 이에 따라 복식의 유행 중심지도 이동하였다. 이탈리아를 시작으로 스페인을 거쳐 프랑스가 유행의 중심지가 되었다.

15~16세기에 유럽은 아메리카 대륙을 발견하여 식민지를 건설하고, 인도에 이르는 신항로를 개척하였다. 동양의 여러 나라들과 유리한 교역관계를 수립하였으므로, 아시아 무역의 주도권을 장악하는 등 세계의 다른 지역에 대하여 정치적 지배권과 경제·문화적 우월권을 차지하게 될 터전을 마련하였다. 세계 무역항로 개척으로 지중해 무역에서 대양 무역으로 발전하였으며, 무역의 중심지도 베네치아에서 서유럽으로 변화하였다. 이에 따라 프랑스와 네덜란드가 산업을 주도하기 시작하였다.

제품의 생산은 가내 수공업에서 도부상 체제를 거쳐 공장제 수공업 형태로 바뀌었으며 점차 자본가와 임금 노동자에 의한 자본주의가 싹트기 시작하였다. 서유럽의 복식문화는 왕실과 재산을 가진 귀족 중심으로 발달하였으며 부의 축적으로 의복과 장신구는 보다 화려하고 다양해졌다. 경제적 풍요는 복식의 대중화를 이루었다. 특히 부를 축적한 상인들이 새로운 귀족층을 형성하기 시작하였으며, 이들은 전통 귀족에 뒤지지 않는 화려한 복식으로 유행을 이끌어 갔다. 국가 간 무역으로 다양한 문화가 융합되었으며, 국가 간 정략결혼으로 복식의 국가 간 차이가 차츰 사라지게 되었다.

이탈리아를 중심으로 르네상스가 이루어지는 동안 북유럽에서는 사회비판적이며 종교적인 개혁운동으로 나타났는데, 이는 북유럽이 봉건 체제의 뿌리가 깊고 로마 가톨릭 교회의

1 서쪽에서 바라본 성 베드로 성당
2 르네상스 양식의 교회 내부

세력이 강하여 신흥세력의 발전을 막았기 때문이다. 종교개혁은 로마 교황의 권위를 부정하고 성경과 신앙의 우위성을 확립하려는 운동이었으나 봉건적 구속에서 벗어나려는 욕구와 결부하여 세속적인 사회운동, 민족운동으로 발전하였다.

종교개혁 운동은 합리적인 종교관을 나타내는 개신(Protestant) 교회를 성립시킴으로써 가톨릭 교회의 권위를 약화시켰고 사람들은 신 중심의 생활에서 벗어나 인간 중심적인 사고를 중시하게 되었다. 영국에서는 헨리 8세가 자신의 결혼 문제로 영국 교회를 분리시키면서 교회의 권위는 더욱 약화되었다.

르네상스(renaissance)란 '재생'을 뜻하는 말로, 14세기 무렵부터 16세기에 걸쳐 피렌체 등 이탈리아의 도시국가에서 시작하여 전 유럽으로 퍼져 나간 문화운동이다. 이는 고대 그리스와 로마 문화의 부흥을 발판으로 인문주의적 근대 문화의 창조를 지향하는 문화운동이었다. 또한 비잔틴 제국의 멸망으로 학자·과학자가 서유럽으로 탈출하여 학문을 전해줌으로써 고전에 대한 연구와 과학의 발전이 급속히 이루어졌다. 정치적으로 독립된 이탈리아의 도시들과 신흥계층은 십자군 전쟁과 지중해 무역을 통해 축적한 부를 토대로 하여 새로운 사회와 문화의 형성에서도 주도적 역할을 맡게 되었다.

봉건제도가 무너지고 교회 세력이 약화되자 사람들은 새로운 문화에 관심을 갖고 기독교에 의하여 윤색되지 않은 고전을 연구하기 시작하여 그리스 철학에 대한 새로운 인식으로 현세를 즐기고 풍부한 인간성과 개성을 발휘하려는 움직임이 나타났다. 개인주의와 자유주의 사상이 등장하였으며, 인간 중심의 순수한 미의식을 추구하였다.

복식에서는 복식의 조화와 균형미를 추구하고 의복으로 남녀의 인체 특징을 표현하고자 하였다. 후기에는 인체에 대한 강조가 지나쳐 과장된 실루엣이 등장하기도 하였다.

3 르네상스 양식의 실내 디자인
빌라 바르바로(Villa Barbaro)의 실내 모습이다. 그림과 실물을 구별할 수 없을 정도로 완벽한 원근법을 표현하였고 고대의 건축양식을 활용하였다.

4 르네상스 양식의 건축물

르네상스 양식의 건축물은 고대 건축에서 보이는 원주와 좌
우대칭의 건물 배치 등이 특징이다.

5 르네상스 양식의 실내 모습

실내는 대개 어두웠으며 다양한 생활 목적에 부합하도록 넓은 공간에서 가구와 공간 배치가 이루어졌다.

여성 의복의 종류와 특징

가운(gown)

- 여성 의복의 대표 명칭으로 로브(robe)라고도 불렸으며 길(bodice)과 스커트 부분을 따로 재단하는 2부식 재단 방식의 원피스 드레스 형태이다.
- 허리를 가늘게 조이기 위해 철제 코르셋을 착용하였으며 가운의 앞부분은 앞중심선이 뾰족하게 내려온 예각 허리선의 스토마커(stomacher)를 장식하여 가는 허리를 강조하였다. 초기에는 목둘레선이 사각형으로 파였으며 얇은 파틀렛(partlet)을 안에 장식하여 목을 가리기도 하였다. 후에는 높은 목둘레선에 프릴 칼라를 장식하다가 러프(ruff)와 메디치 칼라(medici collar) 등이 등장하였다.
- 스커트 부분은 원추형으로 뻗치게 하였는데 이를 유지하기 위해 스커트 버팀대인 파팅게일(farthingale)을 착용하였다. 때로는 스커트의 앞을 열어 속에 있는 장식적인 언더스커트를 보이기도 하였다. 후기에는 허리선에서 직각으로 퍼지는 원통형의 스커트를 착용하였으며 버팀대로서 스커트 밑에 휠 파팅게일(wheel farthingale)을 착용하고 원통형의 스커트를 강조하기 위해 러플 스커트(ruffle skirt)를 위에 덧붙였다.
- 소매는 주로 양다리형(leg-of-mutton)의 부피가 큰 소매 또는 행잉슬리브(hanging sleeve)를 달았다. 소매 끝에는 넓은 커프스를 장식하였다. 소매를 봉재하지 않고 끈(points)으로 길에 고정시켰기 때문에 이를 감추기 위해 어깨에 에폴렛(epaulet) 장식을 하였다. 에폴렛은 초기에는 작은 초승달 모양으로 소매를 고정시킨 어깨 부분을 가리는 형태였으나 차츰 크기가 커지고 장식성이 높아졌다.

오버 가운(over gown)

가운 위에 덧입는 일종의 외투로, 스패니시 로파(spanish roppa)라고도 하였다. 짧은 소매가 달려 있으며, 허리선이 강조되지 않은 디자인이다. 겨울에는 안에 모피를 대었다.

6 카를(Charles) 5세의 왕비 이사벨라(Isabella)의 초상

스페인식 초기 가운의 형태는 사각형의 목둘레선에 가슴을 납작하게 하는 스토마커와 땅에 끌릴 정도로 길고 넓은 소매가 특징이다. 가운의 스커트를 벌려서 속에 입은 언더스커트를 보이게 하였으며 장식적인 벨트를 길게 늘여 예각의 허리선이 강조되도록 하였다.

7 스페인식 디자인의 여성 가운

스토마커에 보석으로 장식한 길의 허리선 예각이 보다 뚜렷해진 것을 볼 수 있다. 원추형의 스커트는 속에 파팅게일을 입음으로써 견고한 느낌을 준다. 목까지 감싸는 형태로 길게 끌리는 행잉슬리브가 달려 있다.

8 시드니(Mary Sidney) 공작부인의 초상

검은색 벨벳의 스페인식 가운으로 언더스커트는 검은색과 보라색의 브로케이드로 만든 것으로 보인다. 소매는 끝부분만 넓어지는 형태이며, 속의 소매에는 슬래시와 퍼프 장식을 하여 금사 자수의 장식적인 천이 보이도록 하였다. 머리에는 프랑스식 후드를 쓰고 있다.

9 타피스트리에 묘사된 여성의 모습

초기 영국식 가운이다. 머리에는 프랑스식 후드를 착용하고 있고 아랫부분이 넓어지는 형태의 소매는 위로 접어 올려 장식적인 안감이 보인다. 스커트 부분은 속에 파팅게일을 입지 않는 자연스러운 형태가 특징이다.

10 영국식 가운과 게이블 후드를 쓰고 있는 제인 세이모어 (Jane Seymour)의 초상

사각형의 깊은 목둘레션의 단단한 스토마커와 화려한 목걸이와 펜던트가 스토마커, 후드와 벨트의 장식으로 이어진 것을 볼 수 있다. 접어 올린 겉소매의 안감은 가운의 가장자리 장식으로 이어진다. 게이블 후드(gabled hood)에 달린 패널을 머리 위로 올린 모습을 볼 수 있다.

11 이름이 알려지지 않은 여인의 초상

길(bodice)의 스토마커를 두 쪽으로 만들어 앞중심에서 여미도록 한 독특한 형태이며, 과장된 크기의 슬래시와 퍼프로 장식된 에폴렛이 소매 연결 부분에 붙어 있다. 여러 줄의 굵은 금 체인 목걸이를 스토마커에 연결해 장식한 모습이다.

12 엘리자베스 1세 여왕의 초상 1

엘리자베스 1세 여왕에 의해 유행된 후기 디자인의 가운으로, 허리선의 예각이 과장되고 스커트 부분은 원통형으로 부풀렸다. 양다리형 소매와 행잉슬리브로 어깨 부분을 과장하여 허리가 더욱 가늘어 보이도록 한 것을 볼 수 있다.

13 엘리자베스 1세 여왕의 초상 2

후기 디자인의 가운을 착용하고 있다. 스토마커와 언더스커트를 동·식물 문양의 화려한 직물로 만들었으며 러프가 스토마커 끝부터 이어지는 형태이다. 가운뿐만 아니라 러프와 머리, 장갑까지 과도한 보석으로 장식하였다.

14 메리 커즌(Mary Curzon)의 초상

후기 디자인의 가운을 착용한 모습이다. 원통형 스커트를 강조하기 위해 넓은 러플 스커트를 위에 덧입었다. 가운의 길이가 신발이 보일 정도로 짧아진 것을 볼 수 있다. 러프와 같은 소재로 소매 커프스를 장식하고 있다.

15 스쿠더모어(Scudamore) 공작부인의 초상

스페니시 로파로 불리는 오버 가운을 착용하고 있다. 가운은 두블레와 스커트로 구성된 형태로 보인다. 얇은 리넨으로 만든 단순한 러프를 두르고 머리에는 마리 스튜어트 후드를 착용하고 있다.

16 마거릿 라톤(Margaret Laton)의 초상과 두블레의 실물

두블레 위에 스커트를 입고 그 위에 오버 가운을 착용하고 있는 모습의 초상화와 두블레의 실물 사진이다. 이를 통해 두블레와 스커트로 구성된 가운의 착용 방식을 알 수 있다.

남성 의복의 종류와 특징

두블레(doublet)
- 대표적인 남성용 상의로 중세 후기의 푸르푸앵(pourpoint)에서 발전하여 겉옷으로 입게 되었다. 초기에는 사각 또는 타원형 목둘레였으나 낮은 스탠딩 칼라로 바뀌었다. 소매는 좁은 형태 또는 양다리형(leg-of-mutton)이 주를 이루었다.
- 허리선에 짧은 스커트를 부착하였으며 여성 가운의 실루엣처럼 허리가 가늘고 예각 허리 선을 갖는 것으로 구성되었다. 가슴을 넓게 강조하기 위해 패드를 속에 넣어 불룩하게 만들었다. 피스코드벨리(peascod-belly)로 불리는, 배 아랫부분을 앞으로 불룩하게 만드는 것이 유행이었다.

제르킨(jerkin)
두블레 위에 입던 겉옷으로 소매 없이 조끼와 같은 형태 또는 두블레와 유사한 형태가 있다. 가죽으로 만들기도 하였다.

스패니시 케이프(spanish cape)
두블레 위에 입던 일종의 외투로, 엉덩이 길이이며 소매 없이 어깨에 둘러 입는 형태이다. 장식적 용도로 사용할 때에는 왼쪽 어깨에만 걸치고 안쪽에 연결된 끈으로 오른팔 아래에서 고정시켜 착용하였다.

가운(gown)
넓이를 강조하는 르네상스 양식의 특성에 따라 어깨와 가슴을 넓게 강조한 풍성한 남성용 외투이다. 주로 짧은 소매가 달려 있으며 길이는 대퇴부 정도까지 온다.

트렁크 호즈(trunk hose)
펌킨 브리치즈(pumpkin breeches)라고도 하며 남성용 바지의 대표 명칭이다. 중세 후기의 호즈(hose) 또는 쇼스(chausse)에서 변형되었다. 호즈에 슬래시 장식이 유행하면서 지나친 슬래시로 인해 착용이 불편해짐에 따라 바지와 호즈로 분리되었다. 트렁크 호즈를 하의로 착용하기 시작하면서 다양한 형태가 등장하였다. 좁은 직물 조각을 옆으로 이어서 만드는 페인드(paned) 방식의 트렁크 호즈가 등장하였는데 직물 조각 사이의 안감이 보이면서 르네상스 복식의 화려함을 더하였다. 15세기에 나타난 코드피스(codpiece)는 더욱 과장되게 하여 장식하였다.

- 베니션(venetian) : 무릎길이의 위는 풍성하고 무릎에서 여미는 바지이다.
- 카니옹(canions) : 몸에 꼭 맞는 무릎길이의 바지이다. 엉덩이 길이의 짧은 트렁크 호즈 (trousse)와 함께 착용하였다.
- 트루스(trousse) : 큐롯(culots)이라는 명칭도 있으며 패드를 넣어 크게 부풀린 엉덩이 길이의 짧은 형태이다.
- 갈리가스킨즈(galligaskins) : 폭이 매우 넓은 독일식 바지이다. 독일 이외의 국가에서 는 거의 착용되지 않았다.

베이시즈(bases)
두블레 아래 트렁크 호즈 위에 걸치는 무릎길이의 스커트형 의복으로 밀리터리 스커트 (military skirt)로 일컬어졌다. 원형으로 재단되어 굵은 주름을 잡았으며 허리에 둘러 입었다.

어린이 의복의 특징

- 10세 미만의 남자 어린이는 어른의 의복을 따르지 않고 여자 가운 형태의 의복을 착용하 였다. 허리선이 여자 의복처럼 과장적이지는 않으며 칼집을 허리에 둘렀다.
- 여자 어린이는 어른과 똑같은 형태로 가운을 착용하였다.

17 렐리(Walter Raleigh) 경과 그의 아들의 초상
두블레 위에 조끼 형태의 제르킨을 입고 하의로는 대퇴부 길이
의 트렁크 호즈와 카니옹을 착용하고 있다. 아들이 입고 있는 트
렁크 호즈는 베니션이다.

18 에섹스 백작(Robert Devereux, 2nd Earl of Essex)의 초상
가슴과 양다리형 소매에 패드를 넣어 불룩하게 한 두블레, 엉덩
이 길이의 트루스와 카니옹을 입고 있다. 두블레는 아랫배를 불
룩하게 하는 피스코드벨리 형태이며 예각 허리선이 보인다. 벨
트에 칼집을 묶고 있다.

19 두블레, 페인드 호즈, 가운을 착용한 모습

두블레는 피스코드벨리 형태이며 슬래시 장식을 하였다. 페인드 (paned) 호즈의 안감이 겉으로 나와서 장식적인 효과를 준다. 코드피스는 과장적으로 장식되어 있으며 신발에도 슬래시 장식이 되어 있다.

20 페인드 호즈를 입고 있는 군인의 모습

폭이 넓은 트렁크 호즈에 적은 수의 직물조각(pane)이 연결되어 안감이 밖으로 많이 드러나 있다.

21 카를(Charles) 5세의 초상

두블레 위에 가죽 제르킨을 입고 그 위에 모피로 장식된 가운을 입은 모습이다. 제르킨과 신발에 슬래시 장식이 되어 있다. 카니옹에 코드피스가 달린 것을 볼 수 있다.

22 카를(Charles) 9세의 초상

긴 슬래시 장식이 되어 있는 피스코드벨리의 두블레와 트루스를 착용하고 장식적인 안감의 스패니시 케이프를 두르고 있다. 레이스로 만든 기본적인 원형의 작은 러프를 두르고 보석장식된 운두가 높은 보닛을 쓰고 있다.

23 렐리(Walter Raleigh) 경의 초상

은사로 장식된 천으로 만든 두블레 위에 모피로 안을 대고 은자수와 보석 장식된 스페니시 케이프를 왼쪽 팔에 두르고 있는 모습이다.

24 독일식 갈리가스킨즈를 착용한 모습

남성이 착용하고 있는 트렁크 호즈는 독일식의 풍성한 바지인 갈리가스킨즈이다. 여성은 메디치 칼라가 달린 가운을 착용하고 있다.

25 헨리(Henry) 8세의 초상

슬래시와 퍼프 장식을 한 두블레 위에 모피 장식의 가운을 입고 베이시즈를 착용한 모습이다. 머리에 깃털 장식된 넓은 챙의 보닛을 쓰고 있다.

26 두블레와 베이시즈를 착용한 모습과 베이시즈의 실물 사진

베이시즈는 긴 천에 둥근 주름을 잡은 것을 허리선에 둘러 입는 것으로 주름 형태를 유지하도록 안쪽에서 고정시켰 다. 목둘레선이 낮은 두블레 밑으로 속에 입은 셔츠가 보 인다.

27 갑옷을 착용하고 있는 에섹스(Essex) 백작의 모습

스커트처럼 넓게 퍼진 트렁크 호즈까지 갑옷으로 만들어진 모습이다. 옆에 놓인 투구는 얼굴을 가리는 부분을 위로 올린 모습이다.

28 컴벌랜드(Cumberland) 백작의 갑옷의 실물

몸 전체를 감쌀 수 있는 갑옷은 두블레의 몸판, 소매, 장갑, 호즈, 각반, 투구 등으로 구성되어 있다. 트렁크 호즈는 직물로 만들어진 것을 착용했다.

29 다양한 방법으로 갑옷을 착용한 모습

몸에 잘 맞도록 여러 부분으로 나뉘어 구성된 갑옷을 다양한 방법으로 갖추어 입은 것을 볼 수 있다.

30 레이세스터(Leicester) 백작의 부인과 여섯 자녀의 초상

남자 어린이가 여성의 가운과 유사한 형태의 의복을 착용하고 칼을 차고 있으며, 손에 깃털로 장식된 토크를 들고 있다.

31 아라벨라 스튜어트(Arabella Stuart)의 초상

머리 장식과 의복의 세부 장식까지도 어른의 의복과 같은 디자인의 가운을 착용하였다. 어른의 모습을 한 인형을 들고 있다.

32 남자 아기의 복장
아기에게는 가운을 입힌 후 앞치마를 둘렀다.

33 포프(Pope) 공작부인과 자녀들의 모습
남자 어린이는 두블레와 유사하지만 길이가 긴 가운 형태의
의복을 착용하였으며, 여자 어린이는 어른과 똑같은 형태의
가운을 입고 있다.

장식의 종류와 특징

슬래시(slash)**와 퍼프**(puff)

겉옷을 찢은(slash) 후 속옷 자락을 겉으로 빼내는(puff) 장식으로 이 시기 복식의 화려함에 기여하였다. 전쟁에서 돌아온 군인의 옷이 찢어진 것에서 유래되었다.

러프(ruff)

르네상스의 대표적인 장식의 하나로서 원래 남성 셔츠의 목둘레선의 프릴에서 발전된 칼라이다. 르네상스 초기의 두블레(doublet)는 낮은 목둘레선이었는데 이때 속에 입던 셔츠는 간단한 T자형 재단을 하였으나 두블레에 스탠드 칼라(stand collar)가 생기면서 셔츠의 목 부분을 잘 맞게 하기 위해 주름을 잡게 되었다. 셔츠의 폭이 지나치게 넓어지는 불편함을 없애기 위해 목부분의 러플(ruffle)을 따로 재단하여 달기 시작했는데 여기서 러프가 발전되었다.

이것은 긴 레이스 천에 풀을 먹인 후 S자 모양으로 주름을 잡아서 목에 둘렀다. 주름의 크기와 갯수, 천의 종류에 따라 다양한 형태가 나타났다. 목의 앞부분은 열려 있고 머리 뒤로 높이 솟은 메디치 칼라(medici collar)도 나타났다. 러프를 목에 두른 후 형태를 유지하기 위해 서포타스(supportasse)라 불리는 철사틀을 러프 아래에 착용하였다.

머리 장식

여성들은 머리를 단정하게 정리하였으며 고딕 시대에 보이던 높이를 강조하는 모자 또는 장식 대신 낮은 형태의 장식을 하였다. 남성들은 초기에는 어깨 길이 정도로 머리를 길렀으나 후에는 짧게 하였고, 턱수염을 길렀다.

- 프랑스식 후드 : 머리와 목 뒤를 가리는 장식이다. 검은색 벨벳으로 만들어 머리의 뒷부분을 가리며 앞에 둥근 모양의 틀을 부착하여 형태를 유지하였다.
- 영국식 후드 : 앞이 뾰족한 창문 모양의 후드로 게이블 후드(gabled hood)라고 불리기도 하였다. 머리 뒤를 감싸는 부분이 붙어 있고 양쪽에 긴 띠가 달려 있다. 띠를 머리 위로 접어 올려서 착용하기도 하였다.
- 마리 스튜어트 후드(Marie Stuart hood) : 원형의 흰색 레이스 천으로 만든 머리 장식으로서 앞이마를 둥글게 가리고 옆부분이 불룩하게 퍼지는 형태이다.
- 발조(balzo) : 터번형의 여성 모자이다.
- 보닛(bonnet) · 바레트(barret) : 주로 남성들이 착용하던 납작한 베레모로, 깃털로 장식

하였다.
- 토크(toque) : 운두가 높고 작은 챙이 달린 모자로 크기가 작아서 머리에 얹는 형태였다.

신 발
- 덕스 빌(duck's bill) : 오리 주둥이 모양의 납작한 신발이다. 길이를 강조하던 고딕 시기와 달리 르네상스에서는 넓이를 강조하여 신발도 옆이 넓은 형태를 신었다. 초기에는 발 모양대로 만들어졌으나 차츰 과장되어 옆으로 넓은 형태로 변화하였다. 신발에도 슬래시 장식을 하였다.
- 쇼핀(chopines) : 상류층에서 신던 굽이 높은 여성용 신발이다. 옆에서 부축하지 않으면 걷지 못할 정도로 과장되기도 하였다.

장신구
16세기에는 보석이 과도하게 많이 사용되었다. 남녀 모두 정교하게 세공된 굵은 사슬 모양의 목걸이나 보석 박힌 펜던트, 귀고리, 팔찌, 반지 등을 즐겨 착용하였으며 의복 자체에 수를 놓듯이 보석 장식을 하였다.

액세서리로는 화려하게 장식된 장갑, 부채, 손수건 등이 사용되었다. 여성들은 장식적인 허리띠를 두르고 끝에 거울, 부채 등 필요한 물건을 매달기도 하였으며 허리띠가 처진 형태에 의해 예각 허리선이 강조되기도 하였다.

34 15세기 후반경에 호즈를 착용한 모습
15세기 후반에 호즈는 엉덩이 부분을 감싸는 현재의 팬티 스타킹 형태로 발전하게 된다. 짧은 상의와 함께 착용된 모습의 삽화를 통해 호즈의 코드피스와 엉덩이부분이 다양하게 장식된 것을 볼 수 있다.

35 독특한 슬래시와 퍼프 장식이 되어 있는 호즈를 착용한 앙리 (Henry) 3세

작은 슬래시 장식이 촘촘히 되어 있는 두블레와 긴 길이의 가운을 착용하고 있다. 호즈의 슬래시와 퍼프 장식이 매우 독특하다. 머리에 챙이 큰 바레트를 쓰고 있다.

36 슬래시 장식의 호즈를 착용하고 있는 어린 앙리 4세

37 색소니(Henry of Saxony) 공작의 초상

과장된 슬래시 장식의 두블레, 호즈, 가운을 착용하고 있다. 독일에서는 특히 슬래시 장식이 유행하였는데 가로 방향의 긴 슬래시를 넣고 다시 세로 방향의 작은 슬래시를 촘촘히 넣어 착용하는 데 불편할 정도로 과도하게 장식하였다.

38 다양한 형태의 러프를 두른 모습

러프는 셔츠의 목둘레에 달린 작은 러플에서 시작되어 얇은 리넨에 S자 주름을 잡은 원형의 러프로 발전하였다. 점차 크기가 거대해지고 주름의 크기와 개수가 다양해졌으며, 두 개의 원형 러프를 겹쳐서 두르기도 하였다. 주름을 잡지 않은 원형의 레이스 러프, 머리 뒤로 뺀 메디치 칼라 등 다양한 형태를 볼 수 있다.

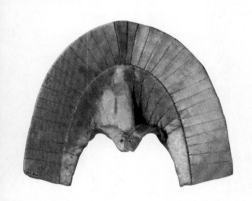

39 러프와 러프 받침대를 하고 있는 모습과 서포타스의 실물

레이스 직물에 S자형 주름을 잡은 원형 러프를 슈미즈에 부착하였으며 러프 밑에 받침대인 서포타스를 하고 있다. 가장자리에 섬세하게 보석이 장식되어 있는 것을 볼 수 있다. 어깨에 넓게 두르는 보석과 소매에 보석 펜던트 장식을 하고 있다. 서포타스는 철사틀로 만들거나 리넨 직물 사이에 철사를 넣어 만들었다.

40 보닛(bonnet)을 착용한 남녀의 모습

보닛은 좁은 챙이 달린 작은 베레모 형태이며 깃털 장식을 하였다. 독일에서는 챙을 크게 과장하거나 깃털을 과도하게 장식한 형태를 착용하는 경우가 많았다. 색소니(Henry of Saxony) 공작의 부인은 그물망으로 머리를 감싼 후 깃털이 과도하게 장식된 보닛을 쓰고 있다.

41 프랑스식 후드를 착용한 모습

프랑스식 후드는 둥근 틀을 머리에 쓰고 뒤에 벨벳 직물을 늘어뜨려 머리를 감싸는 형태이며 주머니 형태로 머리를 감싸기도 하였다. 주로 검은색을 사용하였으나 밝은 색상도 있었으며 틀의 형태와 길이, 장식 방법이 다양하였다.

42 영국식 후드를 착용한 앞과 뒤의 모습

영국식 게이블 후드는 창문 모양의 틀로 얼굴을 감싸고 뒤에 머리를 감싸는 검은색의 사각형 주머니가 달려 있으며 두 개의 긴 자락이 달렸다.

43 토크(toque)를 착용한 남녀의 모습

토크는 운두가 높고 작은 챙이 달린 모자로 크기가 작아 머리에 얹는 형태였다. 깃털 장식의 색상이 다양한 것을 볼 수 있다.

44 발조(balzo)를 착용한 모습

45 페로니에르(ferronire)를 착용한 모습

결혼하지 않은 여성들은 머리를 길게 땋아 내리고 앞 이마에 페로니에르를 장식하였다. 어깨에 길과 소매를 연결하는 리본 끈(points)을 묶은 것을 볼 수 있다.

46 상 중에 사용된 검은색 후드

상 중에는 검은색 가운을 입고 검은색 후드를 착용하였다.
후드의 형태는 다양하였으며 검은색 베일이 달려 있다.

47 바르브를 착용한 모습

바르브(barbe)는 미망인이 주로 착용하던 머리 장식으로
단순한 리넨으로 머리와 목을 감싸는 형태였다.

48 남성 신발

16세기에는 발에 잘 맞고 굽이 없는 가죽
신발(duck's bill)을 신었으며 크고 작은 여
러 개의 슬래시 장식이 있는 모습이다.

49 쇼핀(chopin)의 실물

쇼핀은 이탈리아 여성들이 신었던 굽이 있는 슬리퍼형 신발이다. 양쪽에
서 부축해야 할 정도로 굽높이가 과장되기도 하였다.

50 허리에 기도책을 매단 모습과 기도책, 모자 장신구의 실물

스토마커 끝에 달린 장식띠에 기도책을 매단 모습이다. 세 줄의 굵은 금목걸이와 소매에 펜던트를 장식한 것을 볼 수 있다. 기도책과 모자 장신구는 에나멜 세공으로 만들었다.

51 다양한 디자인의 펜던트와 어깨에 걸치는 굵은 목걸이에 펜던트를 단 모습

● 17세기의 유럽(30년 전쟁 직후)

노르웨이 왕국
오슬로
스웨덴 왕국
스톡홀름
라트비아
예테보리
발트해
리가
스코틀랜드 왕국
북해
덴마크 왕국
프로이센 공국
쾨니히스베르크
폴란드 왕국
아일랜드
스트랄준트
브란덴부르크
더블린
잉글랜드 왕국
네덜란드 공화국
브레멘
브란덴부르크
바르샤바
베스트팔렌
베를린
위트레흐트
런던
마그데부르크
덴케르크
브레다
보헤미아
대서양
신성로마 제국
프라하
트리어
오스트리아
몰도바
노르망디
파리
베르됭
빈
페스트
트란실바니아
프랑스 왕국
바이에른
부다
프랑슈 콩테
스위스
트리엔트
베네치아
왈라키아
라 로셸
브루아주
밀라노
카살레
알레
피네롤
만토바
베오그라드
아비뇽
제노바
오스만투르크 제국
페르피냥
토스카나
교황령
스페인 왕국
카탈루냐
지중해
로마
나폴리 왕국
마드리드
바르셀로나
나폴리
0   500km
사르데냐

Chapter 9

17세기의 복식과 문화

시대적 배경

17세기는 절대주의가 완성된 시기이며 유럽 내의 세력은 각 국가의 정치·사회적 상황에 따라 세력의 중심이 이동하였다. 프랑스는 30년 전쟁에서 승리하고 재상인 콜베르(Colbert)가 체계적으로 중상주의를 실시함에 따라 막대한 부를 축적하고 국제적 우위를 점하게 되었다. 이로써 17세기 후반 루이(Louis) 14세 시대에 절대왕정이 절정에 달해 유럽의 패권을 장악하였다. 영국은 지난 세기에 일어난 백년 전쟁과 장미 전쟁으로 봉건제후가 몰락하고 절대왕정을 중심으로 한 국민국가의 기초를 완성하였으나 청교도혁명과 명예혁명을 통해 절대왕정이 무너지고 의회 중심의 입헌정치를 시작함으로써 의회가 우위를 지니는 민주주의가 가장 먼저 발달하였다.

독일은 30년 전쟁을 치르는 동안 국토가 황폐화되고 제후가 득세하여 통일이 늦어지게 되었다. 포르투갈과 스페인은 신항로의 개척으로 16세기에 가장 먼저 경제적 번영을 누리고 막강한 세력을 나타내었으나 봉건세력의 잔재가 사회경제 발전의 장애요인이 되었고, 가톨릭으로 종교적 통합을 달성하려는 펠리페(Felipe) 2세의 통치이념으로 신교를 압박함으로써 분쟁을 겪었으며 이로 인해 크게 쇠퇴하였다.

네덜란드는 스페인의 종교 탄압을 피해 옮긴 사람들을 중심으로 세워진 국가로서 시민계급이 성장해 있었으며 칼뱅 신앙이 널리 퍼져 있었다. 자유로운 정치 체제의 영향으로 17세기 초반에 신흥 상공업 국가로서 해외무역에서 현저한 발전을 이루었다. 스페인의 종교탄압과 경제적 압박에 대항하여 네덜란드 연방국가로 독립을 선언, 1648년에 국제적 승인을 받았다.

경제 면에서는 농업의 자본주의화가 나타나기 시작했으며 중상주의에 따라 국내 공업을 발전시키기 위한 식민지 정책을 전개하였다. 17세기 후반부터 프랑스와 영국이 해외 발전의 패권을 놓고 각축전을 벌이게 되었다. 절대왕정이 국가 수입을 위해 경제적 특권을 남발하는 등 정치 권력과 경제활동이 결탁하여 자유민주주의의 발달을 저해하기도 했으나 영국의 모험상인조합과 같이 독점권을 통해 해외 시장을 개척함으로써 자국 내 공업과 국부를 증대시키기도 하였다.

1 베르사유(Versaille) 궁전

2 베르사유 궁전 내 거울의 방

바로크 양식은 절대주의의 궁정과 기독교의 권위를 세우려는 반 종교개혁의 정신을 모태로 하여 나타난 양식으로 로마를 중심으로 하여 전 유럽에 퍼졌다. 바로크 예술은 르네상스가 계승·발전된 것이나 르네상스 예술의 고전주의적 균형과 조화를 무시하는 부조화, 불합리, 기괴함, 동적, 정열적, 감각적인 특성을 나타내었다. 복식에 있어서는 다채롭고 환상적인 복식 소재를 사용하고 유동적인 분위기를 나타내었다. 이 시기에는 르네상스에서 추구했던 조화와 균형에 의한 아름다움을 의도적으로 배제하고 동적이고 부조화된 의복 장식이 특히 두드러졌다.

3 바로크 양식의 실내 디자인

4 바로크 양식의 가구

금으로 도금된 화려한 가구로 과감한 곡선, 그로테스크
(grotesque)한 조각장식 등이 특징이다.

5 바로크 양식의 침실

여성 의복의 종류와 특징

초기의 가운

- 초기(1620~1640)의 가운은 16세기 후기의 지나친 화려함과 인체의 과장이 사라졌으며 네덜란드의 영향을 받은 비교적 소박한 형태를 특징으로 한다. 스커트는 파팅게일(farthingale)로 부풀리지 않고 자연스러운 실루엣을 나타내었다. 길(bodice)의 예각 허리선이 없어졌으며 제 허리선에서 둥글게 절개되었고, 속에 코르셋을 입지 않아 편안하게 맞는 형태를 이루었다.
- 어깨선에서 약간 내려 온 드롭 숄더(drop shoulder)에 짧은 길이의 큰 퍼프(puff) 소매를 달았으며 동일한 소재로 칼라와 커프스를 달았다.

중기의 가운

- 중기(1650~1660)는 가장 바로크적인 특징을 나타내는 시기로 허리를 다시 코르셋으로 조이고 예각 허리선을 나타내었으며 스커트를 부풀렸다. 파팅게일과 같은 스커트 버팀대는 사용하지 않고 여러 겹의 페티코트(petticoat)를 착용하였으며 가운 스커트를 옆으로 걷어내어 속에 장식적인 언더스커트가 보이도록 하였다. 가운의 스커트 뒷자락은 길게 늘어뜨려 트레인(train)을 만들었다. 목둘레선은 옆으로 넓게 파인 보트(boat) 네크라인을 하였다.
- 팔꿈치 길이의 소매에 레이스 커프스를 하였으며 가운에 리본 또는 레이스를 과다하게 장식하였다.

후기의 가운

- 후기(1670~1690)의 가운은 예각 허리선의 스토마커(stomacher), 깊은 사각 목둘레선, 아래로 퍼지는 형태의 파고다(pagoda) 소매와 여러 겹의 레이스 장식 등을 특징으로 한다. 가운의 스커트 자락을 뒤로 모아서 버슬(bustle) 실루엣을 만들었으며 뒷자락을 길게(train) 늘어뜨렸다.
- 가운의 스커트 자락을 뒤로 보내면서 언더스커트가 보이게 되자 언더스커트에 화려한 장식을 하였다. 여러 층의 플라운스(flounce) 장식을 하기도 하였다.

6 앙리에타 마리아(Henrietta Maria) 왕비의 초상

찰스 1세의 왕비인 마리아 왕비가 초기의 여성 가운을 착용하고 있는 모습이다. 허리선의 길, 편안한 실루엣의 스커트, 짧은 길이의 큰 퍼프 소매 등을 특징으로 한다.

7 초기 복장을 한 젊은 여성

17세기 초기의 전형적 가운을 입고 있다. 목에 플랫 칼라를 달았으며 같은 소재의 커프스를 볼 수 있다. 머리는 헐루벌루 스타일이다.

8 앙리에타 마리아 왕비의 초상

사각형의 네크라인을 파틀렛(partlet)으로 가린 모습이다.

9 네덜란드인의 남녀 의복

네덜란드의 청교도적인 소박한 복장은 바로크 초기의 복장에 특히 많은 영향을 미쳤다. 짙은 색의 과장되고 장식이 없는 의복과 목을 감싸는 흰색 칼라가 특징이다.

10 젊은 여성의 초상

가운의 상체를 조이면서 예각의 허리선이 다시 나타났다. 가운의 스커트 자락을 끌어올린 모습과 넓은 보트 네크라인과 어깨를 덮는 파틀렛을 볼 수 있다. 옆머리는 가는 컬로 치장하였다.

11 마리 드 샹탈(Marie de Rabutin-Chantal)의 초상

넓은 보트 네크라인의 가운 위에 장식적 소재의 케이프를 두르고 있다. 앞중심선과 소매선을 따라 과다하게 보석 장식을 한 것이 보인다.

12 드 뤼터(Michiel de Ruyter) 장군 가족의 초상화 일부
중기 가운의 특징인 예각 허리선과 겉 스커트 속에 있는 화려한
장식의 언더스커트를 볼 수 있다.

13 중기의 가운을 입고 있는 모습

중기의 가운에서는 코르셋으로 몸을
조이고 예각 허리선이 다시 나타났으
며 스커트는 여러 겹의 페티코트로 부
풀렸다. 앞여밈선과 허리선을 따라 보
석으로 장식한 것을 볼 수 있다.

14 막스 엠마누엘(Max Emanuel) 왕자와 누이의 초상

17세기 중기의 남녀 의복을 착용한 모습이다. 중기의 여성 가운은 가늘게 조인 예각 허리선의 길과 겉 스커트를 길게 늘어뜨리고(train) 화려하게 장식된 언더스커트를 입는 것이 특징이었다.

15 앤 마리 드 메디치(Anne-Marie-Louise de Medici)의 초상

17세기 중기의 남자 상의인 로쉐와 리본 루프를 가운 디자인에 응용하였다.

16 마리 드 메디치와 어린 루이 15세의 모습

보석으로 화려하게 치장된 궁정복(court dress)으로, 중기 가운의 전형적인 모습을 볼 수 있다.

17 마르가리타(Margarita) 공주의 초상

프랑스식 유행과 달리 스페인에서 착용하던 스커트 버팀대를 착용한 넓게 퍼진 가운을 입고 있다. 17세기부터는 유행의 중심지가 프랑스로 옮겨 갔으며 국가의 세력에 따라 유행을 받아들이는 시기에 차이가 있었다.

18 제임스 스튜어트(James Stuart)와 여동생의 초상

17세기 후기의 남녀 의복을 입고 있는 모습이다. 여자는 버슬 실루엣의 가운을 입고 퐁탕주 머리 장식을 했으며 남자는 쥐스토코르와 퀼로트를 입고 크라바트 장식을 하였다. 손에는 깃털로 장식된 비버 해트를 들고 있다.

19 버슬 실루엣의 가운과 퐁탕주를 착용한 뒷모습

겉 스커트의 자락을 뒤로 가지런히 모은 버슬 실루엣의 초기 형태를 볼 수 있다. 퐁탕주 뒤에 달린 주머니에 머리를 모두 감싸 넣은 모습이며, 양옆에 있는 레이스 자락이 장식되어 있다.

20 화려한 언더스커트와 퐁탕주 머리 장식

겉 스커트 자락을 뒤로 모으는 버슬 실루엣의 유행으로 언더스커트는 더욱 화려해졌다. 퐁탕주는 이 시기의 특징적인 머리 장식이다.
여성의 얼굴에서는 검은색 공단조각인 패치 (patch)가 붙어 있는 모습을 볼 수 있다. 패치를 붙이는 것은 두통을 없애 주는 민간요법이었으나 차츰 장식적인 용도로 사용되었다.

21 후기의 가운을 입고 있는 모습

겉 스커트 자락을 뒤로 넘겨서 엉덩이를 강조하는 버슬 스타일과 긴 트레인을 볼 수 있다. 머리에는 둥근 형태의 퐁탕주 장식을 하고 있다.

22 사냥을 위한 복장을 입은 모습

승마나 사냥과 같은 남성적 활동을 위한 의복에는 남성복의 디자인을 활용한 것을 볼 수 있다. 모자와 목 장식 등도 남성과 같이 크라바트, 비버 해트를 착용하였다.

23 후기 가운의 버슬 실루엣 뒷모습

여성의 긴 트레인 자락이 바닥에 끌리지 않도록 하인이 들고 가는 모습이다.

남성 의복의 종류와 특징

두블레(doublet)

17세기 초기의 남성 상의로서 16세기에 비해 예각 허리선이 없어지고 길(bodice)이 짧아졌으며 스커트 부분이 길어졌다. 전반적으로 편안하게 맞는 실루엣이 나타났다. 르네상스 시기에 장식적 효과를 주었던 슬래시와 퍼프는 긴 슬래시 형태로 바뀌었다.

브리치즈(breeches)

초기 남성 바지의 명칭이다. 16세기의 다양한 형태의 트렁크 호즈는 패드, 슬래시, 페인드(paned) 구성방식이 없는 단순하고 풍성한 종아리 길이의 바지로 변화하였으며 코드피스(codpiece)의 형태도 사라졌다.

카발리에(cavalier)

기사 복장으로 1630~1640년대에 유행했던 남성 의복 스타일을 의미한다. 엉덩이 길이 정도의 편안한 형태의 두블레와 브리치즈를 착용하고 러프 대신 플랫 칼라를 장식하였다. 머리는 어깨 길이에 한쪽 머리 자락만 길게 기른 러브록(lovelock)으로 하고, 오른쪽 어깨에 수대(baldric)를 차고 장식적인 부츠와 부츠 호즈를 착용하였다.

로쉐(rochet)

바로크 양식의 영향을 가장 잘 나타내는 17세기 중기(1650~1660)의 남성 상의이다. 폭이 좁고 짧은 볼레로 형태이며 팔꿈치 정도의 짧은 소매가 달려 있고 리본 다발로 과다하게 장식하였다. 속에는 풍성한 셔츠를 착용하였는데, 짧은 상의 밖으로 드러나 보였기 때문에 복장에서 중요한 부분을 차지하였다.

랭그라브(rhingrave)

17세기 중기의 남성 바지이다. 좁은 스커트와 풍성한 바지를 속에 입는 형태, 스커트만 입는 형태, 넓은 반바지 형태 등 다양하였다. 양옆에 리본 다발을 장식하였으며 앞중심의 여밈 부분에 브레유(braye) 장식을 하였다. 로쉐와 랭그라브 차림이 동적이고 과다하게 화려한 바로크적 특징을 가장 잘 나타낸다.

24 도르세 백작(Richard Sackville, 3rd Earl of Dorset)의 초상

르네상스에서 바로크로 넘어가는 시기의 남성복을 볼 수 있다. 두블레에 패드를 넣어지 않아 편안한 모습이며 휘스크 칼라를 하고 있다. 커다란 꽃 모양의 가터(garter)와 두블레, 같은 소재의 장갑이 특징이다.

25 파커(Thomas Parker) 경의 초상

17세기 초기의 몸에 편안하게 맞는 두블레, 폭이 넓은 무릎길이의 바지, 폴링 러프의 복장을 볼 수 있다. 가터와 신발의 리본 장식이 독특하다.

26 긴 슬래시 장식의 두블레의 실물과 착용한 모습의 초상화 일부

17세기로 넘어가면서 두블레의 허리선이 올라가고 스커트 부분이 길어졌으며, 착용한 모습에서 스커트의 이어지는 부분에 리본으로 장식된 것을 볼 수 있다. 이전 시기에 유행하였던 러프를 착용하고 있다.

쥐스토코르 (justaucorps)

17세기 후기(1670~1690)의 남성 상의로서, 현재 남성복 재킷의 원형이라고 할 수 있다. 서민의복인 캐속(cassock)에서 발전되었다. 직선적인 실루엣에 무릎길이이며 목둘레선이 둥글다. 앞에 촘촘히 단추 장식을 하였으며 잘 맞는 소매에 넓은 커프스를 장식하였다. 속에 베스트(veste, waistcoat)를 착용하였는데 쥐스토코르와 형태가 동일하며 길이만 약간 짧은 형태로 좀 더 장식성 있는 직물로 만들기도 하였다.

퀼로트 (culotte)

17세기 후기의 남성 바지로, 무릎길이의 몸에 꼭 맞는 형태이다. 쥐스토코르, 베스트, 퀼로트 차림은 이후 18세기 남성 복장으로 이어진다.

27 해밀턴 공작(Duke of Hamilton)의 초상

초기의 기사(cavalier)복장을 하고 있다. 두블레의 몸판과 스커트 자락을 잇는 리본 끈(point)을 볼 수 있다.

28 기사 복장의 실물

촘촘히 슬래시되어 있는 새틴(satin)으로 만든 두블레, 브리치즈, 클럭을 착용한 모습이다. 칼라, 소매 커프스, 부츠 호즈를 동일한 레이스로 만든 것이 보인다.

29 장식적인 기사 복장의 모습
정교한 레이스의 플랫 칼라, 허리선의 리본 꽃 장식, 독특
한 무릎 장식과 커다란 신발 장식 등 화려하게 꾸며진 기사
복장이다.

30 홀랜드 백작(Henry Rich, First Earl of Holland)의 초상
허리선이 매우 짧아지고 긴 슬래시 장식이 되어 있다. 소매는
긴 직물조각(pane)을 이어서 만들었다.

31 구스타프 아돌프(Gustav Adolph) 왕자의 초상
가장자리에 화려한 자수 장식이 되어 있는 로쉐와 랭그라브를
착용하고 있는 모습이다. 바지 앞부분에는 브레유(braye) 장식
을 하였다.

32 단순한 장식의 로쉐와 랭그라브
칼라와 소매 커프스의 레이스 장식(parchment lace)을 제외하
고는 거의 장식이 없는 형태의 로쉐와 랭그라브를 볼 수 있다. 카
농(conons)도 단순한 흰색 직물로 만든 모습이다.

33 검은색의 17세기 중기 복장

짧고 작은 형태의 로쉐와 풍성한 스커트 형태의 랭그라브를 착용
한 모습이다. 이 시기에는 검은색이 유행했으며, 목 장식은 긴 머
리에 의해 앞을 강조하는 형태로 바뀌었다.

34 레이스와 리본 다발로 정교하게 치장한 17세기 중기의 남성 복장

레이스와 리본 다발로 정교하게 치장한 흰색의 로쉐와 랭그라
브를 입고 흰색 레이스로 장식된 검은색 케이프를 두른 모습이
다. 머리가 길어지면서 넓게 퍼지는 형태의 칼라가 앞으로 길게
내려오는 베니션 그로스 포인트 칼라로 바뀌게 되었다.

35 17세기 중기의 남녀 복장의 모습

허리와 바지 끝부분은 여러 가지 색상의 리본 다발로 장식하였다. 양말의 윗부분에는 카농 장식을 하였다. 바로크 예술 양식의 특징이 잘 반영된 의복장식을 볼 수 있다.

36 스위스 대사를 맞이하는 루이 14세

당시 가장 발전한 국가인 프랑스는 바로크 양식의 로쉐와 랭그라브를 입었으나, 다른 국가들은 르네상스 양식의 복장을 입고 있다. 17세기 중기부터 긴 곱슬머리의 가발(periwig)을 착용하기 시작하였다.

37 17세기 후기의 복장을 한 루이 14세

후기에는 서민의 의복인 캐속(cassock)으로부터 온 쥐스토코르와 베스트, 퀼로트 차림을 하였다. 목에는 정교하게 장식된 크라바트를 하고 있다.

38 매튜 프라이어(Matthew Prior)의 초상

레이스와 자수 장식된 쥐스토코르와 퀼로트, 장식적인 직물의 베스트를 입고 있다.

39 후기의 복장을 한 어린이의 모습

어린이의 의복도 어른 의복의 쥐스토코르, 베스트, 퀼로트 차림을 그대로 따르고 있다. 스타인커크 목 장식을 볼 수 있다.

40 루이 14세와 가족들의 초상

화려한 색상의 후기 남성 의복을 볼 수 있다. 여성은 긴 트레인이 달린 버슬 실루엣의 가운을 입고 검은색 퐁탕주를 한 모습이다.

41 17세기 중기의 의복 스타일을 따른 서민 의복
대개 서민층의 의복은 크게 변화하지 않는 소박하고 실용적인 형태이나, 남자 어린이가 입은 로쉐와 랭그라브와 같이 당시
상류계급의 의복 형태를 따랐다.

42 서민의 의복인 캐속(cassock)

서민들이 여행할 때 주로 착용했던 실용적인 상의였으나 지배계급의 의복으로 받아들여지면서 화려한 쥐스토코르로 변화되었다.

43 서민 여성의 복장

서민들도 값싼 소재의 의복이기는 하나 몸을 조이는 길과 파고다 소매 형태, 버슬 실루엣을 위해 스커트 자락을 걷어 올리는 등 상류층 의복 유행을 모방한 것을 볼 수 있다. 앞치마는 서민들의 소박한 의복이었으나 지배계급에 전해져서 후기에 유행하였다.

44 겨울 방한복 차림의 모습

외투로는 주로 케이프를 착용하였으며 모피 목도리와 후드를 쓰고 얼굴에 마스크를 썼다. 검은색 겉 스커트 자락을 들어 올린 모습을 볼 수 있다.

장식의 종류와 특징

머리 장식

초기의 여성 머리는 헐루벌루(hulubulu)로 불렸던 옆으로 부풀려서 흐트러뜨리는 단발머리 형태가 유행하였다. 바로크 양식의 특징이 가장 잘 나타난 중기에는 컬을 가늘게 하여 옆머리를 부풀려서 정교하게 치장하고 뒷머리는 틀어 올리는(chignon) 스타일이 등장하였다. 후기에는 퐁탕주(fontange) 장식을 하였는데, 레이스를 층층이 쌓아 올리고 뒷머리는 퐁탕주 뒤에 붙은 주머니에 감추는 스타일이었다. 레이스 층의 모양과 개수, 앞머리의 형태에 따라 다양한 이름이 붙었다. 머리 모양을 퐁탕주를 쓴 것과 같은 형태로 리본, 레이스 등의 장식과 함께 층층이 쌓아 올리는 형태도 유행하였다.

초기의 남성 머리 모양은 자연스럽게 곱슬거리는 어깨 길이의 머리에 한쪽 머리 자락만 길게 길러서 리본 등으로 장식하는 러브록(lovelock)이 기사 복장의 한 부분을 차지했으며, 1650년경부터 가발(periwig)이 등장하여 후기까지 이어졌다. 머리의 윗부분의 높이와 형태, 곱슬거리는 정도에 따라 다양한 이름이 붙었다.

45 초기의 헐루벌루 스타일

46 중기의 정교한 곱슬머리 스타일

47 퐁탕주를 쓰기 위해 머리를 정리하는 모습
앞머리는 빗어 올리고 나머지 머리는 잘 묶어서 퐁탕주의 주머니 속에 정리하였다.

48 후기의 퐁탕주 스타일

49 퐁탕주를 쓴 듯한 모습의 머리 장식과 벨벳 퐁탕주 장식

50 남성의 머리 모양과 목 장식

17세기는 시기마다 의복 스타일이 크게 변하였으며 이와 함께 머리 모양과 목 장식도 변화하였다. 르네상스의 영향이 남아 있는 초기의 짧은 머리와 폴링 러프, 휘스크, 초기 기사 복장의 러브록 스타일과 플랫 칼라, 중기 이후의 풍성한 가발(periwig)과 크라바트를 볼 수 있다.

목 장식

16세기에 처음 시작되었던 목 장식은 17세기에 와서 시기별로 의복과 머리 모양에 따라 디자인이 변화되었다.

- 초기에는 러프에서 변형된 휘스크(whisk), 폴링 밴드(falling band), 플랫 칼라(flat collar) 등의 목을 감싸거나 어깨를 감싸는 넓은 형태의 목 장식을 하였다.
- 중기에는 머리가 길어짐에 따라 옆으로 넓은 칼라가 아닌 앞으로 길게 내리는 칼라가 등장하였으며, 베니스에서 제작된 레이스 칼라를 매우 선호하였다.
- 후기에는 크라바트(cravat)를 착용하였는데 긴 레이스 천을 리본을 이용해서 목에서 묶어주는 형태였다. 이후 스타인커크(steinkirk)가 등장하였는데 이는 전쟁터에서 우연히 시작되어 유행하게 된 것으로, 크라바트를 정교하게 리본을 이용해서 묶는 것이 아니라 두 가닥을 두세 번 꼬아서 쥐스토코르의 단춧구멍에 집어 넣어 묶는 방식이다.

신 발

초기에는 남성들이 부츠(boots)를 많이 착용하였다. 부츠는 기사(cavalier) 복장의 한 부분을 차지하였는데, 무릎길이의 부츠를 반대색의 안감을 넣고 접어 내려 장식적 효과를 주었으며 속에 화려한 부츠 호즈(boots hose)를 신었다. 부츠의 뒷굽에는 박차가 달려 있어서 움직일 때마다 요란한 소리가 났다. 중기에는 구두 형태에 굽이 달린 것을 선호하였으며 화려하게 꽃 모양 등으로 발등을 장식하였다. 무릎 밑에 리본 가터(garter)를 묶거나 카농(canons)이라 불리는 원형의 레이스 장식을 하기도 하였다. 후기에 들어서 여성스럽고 화려하게 장식되지 않은 비교적 현대화된 구두의 형태가 나타났으며 장식도 단순하게 변화하였다.

여성들의 신발 형태는 시기에 따라 큰 차이 없이 실크, 브로케이드(brocade), 벨벳 등으로 만든 굽이 달린 뮬(mule) 형태를 주로 착용하였다. 여기에 화려하게 자수를 놓거나 리본 등으로 장식하였다.

장신구

목걸이, 귀고리, 팔찌, 반지 등 화려하게 세공된 보석 장신구를 과다하게 사용하였으며 가운의 길(bodice) 부분에 장식하는 보석 장신구가 발달하였다. 목걸이는 길게 늘어뜨리는 형태보다는 목에 잘 맞는 형태를 선호한 것으로 보인다.

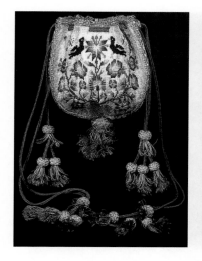

51 여성용 주머니

52 신부 주머니

신랑이 결혼 생활 동안 신부를 책임지겠다는 증표로 결혼식 때 신부에게 증정했던 신부 주머니이다. 에나멜 공예로 그린 신랑·신부의 초상을 주머니 앞뒤에 넣었다.

53 17세기 중기의 남녀 신발

54 펜던트 목걸이와 길에 다는 장신구, 귀고리, 의복에 장식하는 브로치

55 화려하고 정교하게 세공된 목걸이

56 죽은 사람을 애도하는 의미로 사용되던 반지와 펜던트

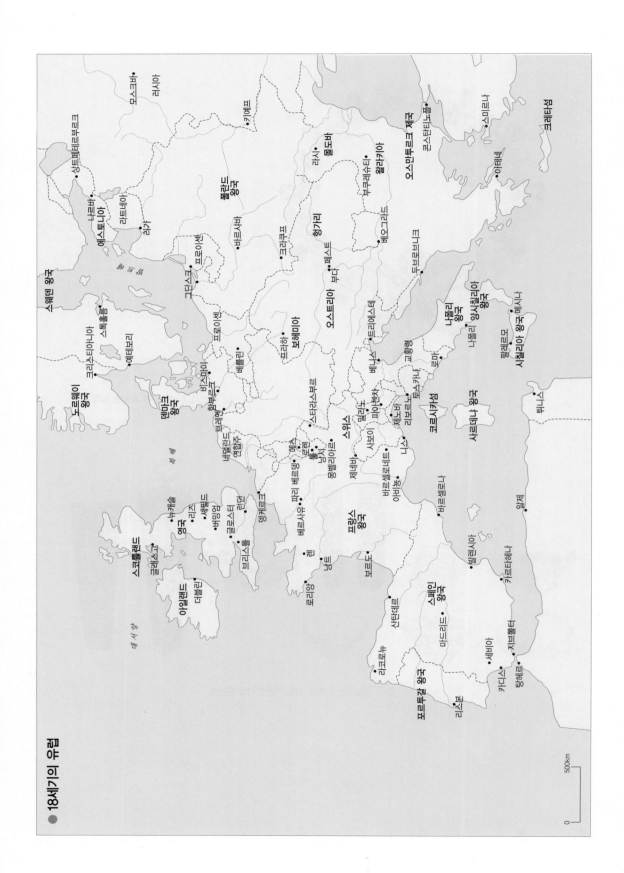

● 18세기의 유럽

모스크바 · 러시아

상트페테르부르크 · 에스토니아
나르바 · 라트비아
라가

스웨덴 왕국
스톡홀름 크리스티아니아
에테보리

노르웨이 왕국

키예프

몰도바

라시
루크레슈티 왕국
불가리아
베오그라드
두브로브니크

오스만투르크 제국
콘스탄티노플

스미르나

아테네

크레타섬

폴란드 왕국

크라쿠프
부다 헝가리

오스트리아
보헤미아

프로이센
단치히

모라하
포츠담

베를린

프라이스마이아
비스마르
함부르크
브레멘
메클렌부르크

덴마크 왕국

독일 왕국
네덜란드 연합주
헤이그

트리에스테
베네치아
밀라노
파르마 피아첸차
토스카나
제노바 리보르노

교황령
로마

나폴리 왕국
나폴리

사르데냐 왕국

팔레르모
시칠리아 왕국 메시나

튀니스

프랑크푸르트 아우크스부르크

스위스
바젤
취리히 로잔
샤프이
뮌헨
제네바

모딜리아르트
바르셀로나트
아비뇽
바르셀로나

스페인 왕국

알렌시아
카르타헤나

마드리드

세비야 지브롤터
카디스
탕헤르 리스본

포르투갈 왕국

라코루냐
산탄데르

영국
뉴캐슬
리즈
셰필드
버밍엄
브리스틀
글로스터
런던

맨체스터

스코틀랜드
글래스고

아일랜드
더블린

대 서 양

프랑스 왕국
낭트
렌
보르도
리옹

파리 베르망
베르사유

북 해

발트 해

0   500km

Chapter 10

18세기의 복식과 문화

시대적 배경

18세기는 왕권신수설에 의해 17세기에 이어 절대군주제를 유지하였으나 한편으로 정치와 경제 면에서 낡은 세력을 비판하는 새로운 사상이 등장해 있었다. 프랑스는 태양왕 루이 (Louis) 14세의 적극적인 대외정책이 실패를 거듭하면서 결과적으로 국력이 쇠약해졌으며, 영국과 프랑스의 식민지 쟁취전에서 영국이 우위를 가짐으로써 유럽 내의 세력균형이 이루어졌다. 영국에서는 가장 먼저 산업혁명이 진행되면서 이어지는 빅토리아 여왕 시기에 강대국으로서 등장할 수 있는 기틀을 마련하였다. 한편, 프로이센과 러시아가 강대국의 대열에 합류하게 되었다. 프로이센은 원래 독일 기사단의 영지였으나 18세기 초에 왕국이 되었으며 프리드리히 대왕에 의해 강대국으로 등장하였다. 러시아는 9세기에 세워진 키에프 공국이 이반(Ivan) 3세에 의해 러시아로 통합되고 17세기 말 표트르(Pyotr) 대제에 의해 농노제에 기반한 절대왕정의 근대 국가로 발전하였다.

경제적으로 프랑스는 중농주의를 실천하여 노동의 능률 향상을 위한 분업화를 이루었다. 산업혁명에 의한 기계공업의 발달로 면직물의 대량생산이 가능해졌으며 이에 따라 대중의 의생활도 향상되었다. 또한 리본과 레이스 직기, 날염법의 발달로 다양한 장식이 가능해졌고 과학적 색채감각으로 색채 조화가 세련되어지면서 프린트 직물이 의복에 많이 사용되었으며 복식이 더욱 화려해졌다.

18세기의 과학 혁명은 학문의 체계를 완성시킴으로써 근대 사회로의 변혁을 불러왔고 루소, 로크 등의 계몽주의 사상은 이성을 중시하고 인간의 자유평등사상을 고취시킴으로써 프랑스 혁명의 사상적 기틀을 마련하였다. 문학과 예술에서는 고전주의가 다시 나타나 18세기 후반부의 예술에 영향을 미쳤다.

18세기 예술의 중심이 되는 로코코(Rococo) 양식은 바로크 양식에서 변화되어 주로 생활에 관련된 장식 분야를 중심으로 발달하였으며, 건물의 외관보다는 성, 별장, 교회의 실내장식에서 많이 나타났다. 로코코 시기의 사람들은 바로크의 무겁고 화려하며 장중한 형식 대신 인간의 내재된 감정을 섬세하게 표현하였다. 안락함보다는 예술에 대한 요구가 높아 작은 일용품까지도 예술품으로 만들었으며 바로크의 경직된 에티켓 형식과 호화롭고 웅장한 실내장식에서 벗어나 작은 살롱의 쾌적하고 친밀한 사적 공간을 아름답게 치장하는 데 공을 들였다. 장엄한 규모의 바로크 양식과 비교하였을 때 작은 규모의 섬세한 로코코 양식을 절대왕정이 기울어지는 시대적 특성을 반영하는 것으로 보기도 한다.

1 로코코 양식의 장식 디자인을 볼 수 있는 빈(Vienne)의 성 보로메우스(St. Charles Borromaeus) 성당의 파사드(Facade)

2 로코코 양식으로 꾸며진 독일 뷔르츠버그(Residenz of Würeburg)의 황제 알현실의 내부
18세기 중반에 유행하던 흰색, 금색, 파스텔 색조로 구성되었다.

3 호가스(Hogarth)의 유행에 따른 결혼 시리즈 중 결혼 전에 신부의 지참금을 양쪽 집안에서 상의하는 모습을 표현한 그림

액자로 빈틈없이 벽을 꾸민 귀족계급 집의 실내장식을 살펴볼 수 있다. 나이가 많은 남성들은 바로크식의 풍성한 가발을, 젊은 남성은 로코코식의 카도간 위그를 착용하고 있다.

4 중류계급 가정집의 실내

자녀들을 직접 돌보며 함께 아침을 먹는 모습을 묘사한 그림을 통해, 주택의 실내가 큰 창문과 거울로 장식되어 있는 것을 알 수 있다.

5 18세기 후기의 신고전주의 양식의 영향을 받은 실내디자인과 가구

6 마리 앙투아네트의 방

정교하게 장식된 방으로 전기 신고전주의 양식을 나타낸다. 폼페이에서 발견된 실내장식으로부터 디자인되었다.

7 중국 취향의 실내장식

8 마리 앙투아네트(Marie Antoinette)의 일본풍 화장도구와 자기로 만든 향수병

18세기에는 도자기 공예가 특히 발달하여 다양한 일상용품에 자기를 사용하였다. 심지어 실내 정원을 자기로 만든 인공 꽃밭으로 꾸미기도 하였다.

여성 의복의 종류와 특징

로브 아 라 프랑세즈(robe à la française)
- 18세기 전기에 프랑스를 중심으로 유행한 여성용 가운으로 와토(Watteau)의 그림에 많이 등장하여 와토 가운(Watteau gown)으로 불리기도 한다. 여성적 섬세함과 화려함을 특징으로 한다.
- 길(bodice)은 속에 코르셋을 착용하여 몸에 꼭 맞는 형태이며, 스토마커(stomacher)는 예각 허리선으로 앞중심을 길게 하였고 리본을 층층이 장식한 에셸(échelle)을 부착하였다.
- 가슴이 보일 정도로 목둘레선을 깊은 사각 형태로 팠으며 목에는 레이스 장식을 하였다. 뒷목선에는 두 개의 커다란 맞주름인 와토 플리츠(Watteau pleats)를 잡아서 가운의 뒷부분이 풍성하게 만들었다.
- 소매는 윗부분은 잘 맞고 밑으로 넓어지는 파고다(pagoda) 소매로 하였고 소매 끝에 앙가장트(engageantes)라고 불리는 여러 겹의 레이스 장식을 하였다.
- 스커트 부분은 앞뒤가 납작하고 양옆이 부풀린 형태로서 스커트 버팀대인 파니에(panier)로 스커트를 양옆으로 부풀렸다. 스커트는 꽃줄, 레이스, 리본 등으로 화려하게 장식하였으며, 앞중심을 열어 속에 입은 언더스커트가 보이도록 하였고 언더스커트도 여러 겹의 플라운스(flounce), 팔발라(falbala) 등으로 화려하게 장식하였다.

로브 아 랑글레즈(robe à l'anglaise)
- 영국을 중심으로 착용한 가운으로 로브 아 라 프랑세즈에 비해 검소하고 간단한 형태이다.
- 몸에 꼭 맞는 길로 특히 뒤 목둘레선에 맞주름을 넣지 않고 몸에 꼭 끼게 만들었으며 앞뒤 허리선이 모두 예각으로 뾰족한 형태였다.
- 앞 목둘레선을 깊은 사각형으로 팠으나 얇은 천으로 만든 피슈(fichu)를 목 앞에 불룩하게 장식하거나 스탠딩 프릴을 장식하기도 하였다.
- 소매는 좁고 긴 형태가 주를 이루었다.
- 스커트 속에는 파니에를 착용하지 않았으며 스커트에 주름을 많이 잡아 폭을 풍성하게 하고 엉덩이 부분을 불룩하게 강조하였다.

로브 볼랑(robe volante)

- 여성 가운으로서 색 가운(sack gown)으로 불리기도 한다. 당시에 공연되었던 연극에서 아드리엔느(adrienne) 역할을 맡은 배우가 입었다고 해서 아드리엔느 가운(adrienne gown)으로 불리기도 하였다. 실내복이나 산책복, 여행용으로 주로 착용하였다.
- 어깨선부터 아랫단까지 텐트처럼 넓게 퍼지는 형태이며 목둘레선이 넓게 파이고 뒷목둘레선에 와토 플리츠를 잡았다. 파고다(pagoda) 소매에 레이스 장식을 하였다.

로브 아 라 폴로네즈(robe à la polonaise)

- 1770~1780년대까지 많이 착용된 가운으로 겉 스커트 자락을 걷어 올려 뒷중심과 양옆에 커다란 세 개의 퍼프(puff)가 형성되도록 한 것이 특징이다.
- 길이 꼭 맞고 목둘레선이 넓게 파였으며 뒷목둘레선도 다른 로브에 비해 많이 파인 형태이다. 소매는 팔꿈치 길이의 파고다 소매에 레이스 장식의 앙가장트나 퍼프를 달았다.
- 겉스커트 자락을 걷어 올려 속에 입은 언더스커트가 드러나게 되었고 다양한 형태의 장식적인 언더스커트가 등장하였다. 스커트의 길이는 발이 보일 정도로 짧아졌으며 폭도 좁아졌다.

로브 아 라 시르카시엔느(robe à la circasienne)

로브 아 라 폴로네즈와 유사하나 뒷목둘레선을 깊게 파고 스탠딩 프릴(standing frill)을 달아 좁은 러프처럼 보이게 했으며, 스커트의 길이가 발목이 보일 정도로 짧은 것이 특징이다.

로브 아 라 카라코(robe à la caraco)

- 로브 아 랑글레즈에서 변형된 것으로 투피스 형태로 된 것이 특징이다.
- 재킷은 앞이 짧고 뒤가 긴 형태이며 페플럼(peplum)이 달려 있으며 가운의 겉 스커트 자락은 뒤쪽만 있어 엉덩이 부분이 불룩하게 버슬(bustle) 실루엣을 이루었다.
- 목둘레선을 넓고 깊게 팠으며 러플을 달거나 목에 피슈 장식을 하였다. 소매는 좁고 길게 달거나 팔꿈치 길이의 소매에 앙가장트를 장식하기도 하였다.

9 로브 아 라 프랑세즈를 착용하고 있는 마담 퐁파두르(Mme. Pompadour)

로코코 초기의 로브 아 라 프랑세즈의 전형적인 모습을 볼 수 있다. 마담 퐁파두르의 고상한 취향에 의해 이 시기의 여성복에서는 화려하지만 섬세한 아름다움을 찾아볼 수 있다.

10 꽃무늬 직물로 만든 로브 아 라 프랑세즈를 착용한 마담 퐁파두르

로코코 시기에는 색채 감각과 염색법이 크게 발달하여 다양한 식물 문양이 염색된 의복용 직물이 등장하였다.

슈미즈 아 라 레느(chemise à la reine)

- 마리 앙투아네트가 처음으로 입기 시작한 가운으로 1780년대에 유행하였다. 18세기에 유행된 장식적인 가운들과 달리 고전주의의 영향으로 단순하고 소박한 형태를 띠는 것이 특징이며, 얇고 가벼운 실크나 면직물로 만들었다.
- 신체 보정을 위한 코르셋과 파니에를 착용하지 않아 자연스럽게 흘러내리는 실루엣이 나타난다. 허리선에 풍성한 주름을 잡았으며 허리에 넓은 천을 둘러 뒤에 큰 리본을 매어 늘어뜨렸다. 스커트 단에 플라운스(flounce) 장식을 하였다.
- 목둘레선은 앞뒤로 넓게 파여진 형태이며 목둘레선에 러플 칼라를 달았다. 소매는 주로 풍성한 형태를 중간에 한두 번 오므려서 퍼프 형태를 만들었다.

만투아(mantua)

- 1740년경부터 영국에서 등장한 형태로써 주로 궁정에서 착용된 것으로 보인다.
- 스커트 폭이 최대로 넓어진 형태이며 스커트가 허리선부터 옆으로 직각으로 퍼지고 앞뒤는 납작한 것이 특징이다.
- 길은 앞뒤 모두 몸에 꼭 맞으며 페플럼(peplum)이 달려 있어 스커트 위에 재킷을 입은 것 같은 형태를 나타낸다.

외 투

- 18세기의 여성 가운은 스커트의 폭이 넓게 과장되어 이러한 실루엣에 적합한 외투의 형태가 개발되지 못하였다. 따라서 방한용으로는 맨틀(mantle)이나 케이프(cape)형 외투를 주로 착용하였다.
- 케이프는 허리 길이, 엉덩이 길이, 종아리 길이에 이르기까지 다양하였고, 풍성하고 화려한 가운 형태에 맞춰서 헐렁하였으며 모피로 가장자리를 두르거나 안을 넣기도 하였다.
- 플리스(pelisse)는 1770년대 이후에 유행하였으며 플랫 칼라 또는 후드를 달았고 모피로 가장자리를 장식하였다. 손을 내놓을 수 있는 슬릿(slit)이 있었다.

11 와토 플리츠를 잡은 로브의 뒷모습

로브 아 라 프랑세즈와 로브 볼랑의 뒷목둘레선에 풍성한 맞주름을 잡아 걸을 때마다 풍성한 옷자락이 아름답게 너울거리도록 하였다. 앉아 있는 여성의 모습에서 로브 볼랑의 앞 형태를 볼 수 있다.

12 로브 아 라 프랑세즈의 옆모습

와토 플리츠 속으로 앞판과 뒤판이 연결된 모습을 볼 수 있다.

13 장식 끈으로 묶은 길의 로브를 입고 있는 모습

뒤에서 졸라매는 길이나 코르셋과는 달리 끈을 엇갈려서 묶었기(lacing) 때문에 다른 보조장치 없이 로브를 몸에 꼭 맞게 할 수 있었다. 끈을 끼우기 위한 금속고리가 달려 있다.

14 과장된 후기의 로브 아 라 프랑세즈를 입고 있는 마리 앙투아네트

마리 앙투아네트가 유행을 주도한 후기의 여성 복식은 지나친 사치와 과장을 특징으로 한다. 파니에 두블(panier double)을 속에 착용하여 스커트를 양옆으로 거대하게 부풀렸으며, 머리는 과도하게 치장하였다.

15 팔꿈치를 올려놓을 수 있는 스커트 버팀대인 파니에 아 쿠드(panier à coude) 위에 로브 아 라 프랑세즈를 착용한 모습

16 만투아(Mantua)의 실물

조지(George) 2세의 궁정에서 공식 복으로 입었던 것으로 보이는 만투아의 모습이다. 붉은색 실크에 환상적인 꽃과 열매가 달린 나무의 모습을 은사 자수로 표현하였다.

17 파니에의 폭이 최대로 과장된 로브 아 라 프랑세즈를 입고 앉아 있는 모습

스커트의 옆부분이 앞으로 들려 올려진 것을 볼 수 있다. 활동의 편리함을 위해 파니에의 양옆을 앞으로 꺾을 수 있게 만든 형태도 등장하였다.

18 로브 아 라 폴로네즈

로브 아 라 폴로네즈의 특징인 퍼프는 스커트 안쪽에
끈을 삽입하여 끈을 잡아당겨 올리거나, 허리선에 달
려 있는 리본으로 스커트 자락을 묶거나, 뒷허리선
겉쪽과 안쪽에 고리와 단추를 달아서 묶는 등 다양한
방법으로 만들었다.

19 로브 아 라 폴로네즈를 착용한 뒷모습

20 로브 아 라 시르카시엔느를 착용한 모습

21 로브 아 랑글레즈를 입은 모습

꼭 맞는 길과 좁고 긴 소매, 엉덩이 쪽이 풍성한 스커트가 보인다.

22 로브 아 랑글레즈의 뒷모습

뒷중심선이 뾰족한 예각 형태이다.

23 로브 아 라 카라코를 입고 있는 마리 앙투아네트

24 로브 아 라 카라코 형태의 하녀 복장

25 슈미즈 아 라 레느를 입은 마리 앙투아네트
머리에 깃털 장식의 밀짚모자를 쓰고 있다.

26 슈미즈 아 라 레느를 입은 모습
슈미즈 가운이라고도 하며, 얇은 직물로 만들어진 풍성하고 편안한 실루엣으로 허리에 넓은 천으로 리본 장식을 하였다. 넓게 파인 목둘레선에 러플을 달았으며 소매는 팔꿈치 길이의 풍성한 소매의 중간에서 묶어 두 개의 퍼프를 이루었다.

27 모피로 가장자리를 장식한 엉덩이 길이의 플리스
보온을 위해 같은 모피로 만든 토시를 사용하기도 하였다.

28 얇은 소재의 플리스
방한성보다 장식적 요소가 강한 외출용 외투로 보인다. 같은 소재의 프릴로 가장자리를 장식한 것을 볼 수 있다.

29 플리스 위에 외출용 모자와 가면을 착용한 모습

남성 의복의 종류와 특징

아비 아 라 프랑세즈(habit à la française)

- 궁정의 남성용 공식복장으로서 쥐스토코르(justaucorps), 베스트(veste), 퀼로트(culottes)의 한 벌로 이루어져 있다.
- 쥐스토코르는 몸에 꼭 맞으며, 길고 좁은 소매에 접어 올리는 넓은 커프스를 달려 있다. 초기에는 쥐스토코르와 베스트의 스커트 부분에 주름을 넣어 여성적 실루엣의 풍성한 형태였으나 후기에는 폭이 좁고 직선적인 형태로 바뀌었다.
- 베스트는 초기에 쥐스토코르와 동일한 형태였으나 후기로 가면서 점차 길이가 짧아졌다.
- 쥐스토코르와 베스트의 전면에는 화려한 자수 장식을 하였으며, 목에는 화려한 리본의 자보(jabot) 장식을 하였다.
- 퀼로트(바지)는 무릎길이의 꼭 맞는 형태를 착용하였다.

프락 아비에(frac habillé)

- 루이 16세가 영국 평민들 사이에서 입혀지던 실용 의복인 프락(frock)을 받아들여 변형한 공식복장으로 프락(frac), 질레(gilet), 퀼로트의 한 벌로 구성되어 있다.
- 프락은 후기의 쥐스토코르와 같이 직선적인 실루엣을 나타내며, 앞자락이 사선 방향으로 잘려 있다. 불필요한 여유분을 제거하여 활동적인 형태를 띤다. 또한 아비 아 라 프랑세즈의 화려한 자수 장식을 배제하고 단순한 브레이드(braid)를 장식하여 실용적인 모습이었다.
- 질레는 아비 아 라 프랑세즈의 베스트와는 달리 길이가 허리선까지 짧아지고 소매가 없어지면서 현대의 조끼 형태로 변화되었다.
- 목 장식으로는 단순한 형태의 스톡(stock)을 사용하였다.

르댕고트(redingote)

- 승마용 라이딩 코트(riding coat)에서 유래된 것으로 18세기의 대표적인 외투이다.
- 여성용 가운에도 르댕고트의 디자인을 이용하여 승마용으로 착용하였으며, 가운 디자인에 응용하여 재킷과 스커트를 착용한 모습처럼 만들기도 하였다.

30 초기의 쥐스토코르를 착용한 모습

여성복의 실루엣과 유사한 쥐스토코르와 길이가 긴 베스트를 입고 있다.

31 초기의 아비 아 라 프랑세즈를 착용한 모습

쥐스토코르의 스커트 부분이 여성복의 실루엣과 유사하게 펴져 있다.

32 후기의 쥐스토코르를 착용한 워크워스 (Warkworth) 경의 초상

한 가지 소재로 만든 쥐스토코르, 베스트, 퀼로트를 착용한 모습이다. 금색의 브레이드와 금색 단추로 단순하게 장식하였으며 베스트는 쥐스토코르의 안감과 같은 색상으로 만든 것이 보인다. 트리코르느를 쓰고, 단순한 금버클로 장식한 검은색 구두를 신었다.

33 아비 아 라 프랑세즈의 후기 형태

34 프락 아비에

35 르댕고트를 착용한 모습

영국에서 처음 입기 시작한 승마용 코트에서 유래된 것으로, 그
레이트 코트라고도 한다. 보통 세 겹의 칼라가 달려 풍성하고 길
이가 길다.

36 승마복을 착용하고 있는 드 보스(Sophia Marie de Voss) 백작부인의 초상

르댕고트를 응용한 여성 승마복장에 남성용 모자인 트리코르느(tricorne)를 쓰고 목 장식을 하였다.

37 후기 스타일의 승마복을 착용한 모습

남성복의 프락 아비에와 같이 장식성이 적어지고 단순한 스타일이다. 머리 모양도 남성의 카도간 위 그 형태이며 목에 자보를 장식하고 있다.

어린이 의복의 특징

계몽주의의 영향으로 어린이의 신체에 적합하고 활동에 편안한 형태로 변화되었다. 어른의 의복 실루엣을 따르기는 하나 몸을 압박하지 않는 느슨한 형태이며 거추장스러운 장식이 많이 제거되었다.

38 남녀 어린이의 복장

남자 어린이는 아비 아 라 프랑세즈를, 여자 어린이는 로브 아 라 프랑세즈 형태의 복장을 입고 있다. 장식은 단순하나 가늘게 조인 예각 허리선의 길이 어른의 의복과 동일하다.

39 로브 아 라 렌느 차림의 여자 어린이

40 남자 어린이의 의복 1

스페인 백작의 아들인 돈 마뉴엘 오소리오의 초상화로, 발목길이의 어린이용 바지인 스켈레톤(skeleton)을 입고 있다.

41 남자 어린이의 의복 2

계몽주의 영향으로 보다 활동적인 형태의 바지와 윗옷을 입고 있는 모습이다.

장식의 종류와 특징

머리 장식

여성들은 초기에는 머리를 단정하게 빗어 넘겨 부풀리지 않았으며 뒷머리에 커다란 리본을 달거나 레이스로 만든 작은 란제리 캡(lingerie cap)을 썼다. 이외에 꽃, 리본, 보석 등을 장식하기도 하였다. 후기에는 점차 머리를 위로 부풀리기 시작하면서 화려하게 치장하였고, 거대한 구조물의 머리 모양이 등장하였다. 가발을 리본, 꽃, 깃털 등으로 화려하게 장식하였을 뿐만 아니라 머리 위를 정원처럼 꾸미거나 새를 올려놓기도 하고 당시의 사회적 사건을 기념하는 구조물을 올리기도 하였다.

남성들은 17세기 바로크 양식의 풍성한 가발 대신 정교하고 섬세한 형태의 다양한 가발을 착용하였다. 흰 머리를 지혜를 상징으로 여겼기 때문에, 흰 가발을 만들기 위해 가발에 밀가루 등을 뿌리는 것이 유행하였다.

- **카도간 위그(cadogan wig)** : 뒷머리를 검은색 리본으로 묶은 후 남은 띠로 앞 목에서 리본을 묶었다.
- **백 위그(bag wig)** : 뒷머리를 검은색 주머니에 넣고 리본으로 장식하였다.
- **라밀리 위그(ramillies wig)** : 뒷머리를 길게 땋고 위아래에 리본을 장식하였다.
- **피그테일 위그(pigtail wig)** : 길게 땋은 머리에 검은색 리본으로 감았다.
- **헤지호그 위그(hedgehog wig)** : 고슴도치 모양으로 윗머리를 짧게 자르고 뒷머리는 길게 땋았다.
- **란제리 캡(lingerie cap)** : 초기에 유행한 여성 머리 장식이다. 얇은 레이스 천으로 만들었으며 머리에 잘 맞을 정도로 작은 형태이다. 가장자리를 레이스 러플로 장식하거나 양 옆으로 길게 장식 천을 늘이기도 하였다.
- **레그혼(leghorn)** : 후기에는 머리 모양이 거대해지면서 머리 장식의 크기도 커졌다. 레그혼은 얇은 면직물, 공단, 벨벳, 밀짚 등의 다양한 재료로 만들었으며 챙이 넓고 리본, 꽃, 깃털 등으로 화려하게 장식하였다.
- **칼래시(calash)** : 머리형을 보호하기 위해 정교하게 만든 머리 장식으로 얇은 마직물이나 실크로 풍성하게 만들었으며 철사로 골격을 만들어 포장마차처럼 접고 펼 수 있게 하였다.
- **바이콘(bicorn)** : 비버 해트의 챙을 양옆으로 접어 올려 반으로 접히게 만든 모자이다. 로코코 말기에 나타나 나폴레옹 1세 시기에 주로 착용되었다.
- **트리코르느(tricorne)** : 운두가 낮고 챙이 넓은 남성 모자인 비버 해트(beaver hat)를 세 개의

42 초기의 머리 모양

초기에는 머리를 단정히 빗어 넘기고, 레이스로 만든 작은 란제리 캡을 쓰거나 뒷머리에 밝은 색상의 다양한 리본을 달았다.

43 후기의 여성 머리 모양

후기에는 의복의 과장과 함께 머리 모양도 과장되었으며 머리에 쓰는 보닛인 레그혼도 과장된 형태였다. 얇은 면직물, 공단, 벨벳 또는 밀짚으로 만들었으며 깃털, 리본, 꽃줄 등으로 화려하게 장식하였다.

모서리가 생기도록 챙을 접어 올린 형태이다. 이마 앞쪽으로 뾰족한 각이 보이도록 착용하였다.

- 마카로니(macaroni) : 매우 작은 크기의 트리코르느를 의미한다. 주로 18세기의 남색 취향의 멋쟁이 젊은이들이 착용하였기 때문에 이들을 의미하는 말로도 사용되었다. 마카로니는 당시의 단순하고 직선적인 남성복 대신 여성적 실루엣의 화려한 의복을 착용하고, 여성 가발처럼 높게 만든 가발 위에 작은 크기의 마카로니를 얹고 다니는 것이 특징적이었다. 이는 영국의 산업혁명기 남성에게 기대하는 새로운 역할에 적응하지 못한 젊은이들 사이에서 착용된 것으로 보인다.

신 발

- 남성들은 초기에 바로크 시기에 유행하였던 사각형 앞부리에 굽이 높은 구두를 착용했으나, 점차 부드러운 가죽이나 공단에 정교하게 자수를 놓은 굽이 낮은 펌프스(pumps)를 신게 되었다. 실내에서는 굽이 있는 비단 직물의 화려한 뮬(mule) 슬리퍼를 신었으며, 여행이나 사냥과 같은 활동적 용도로 무릎길이 정도의 조키(jockey) 부츠를 주로 착용하였다. 부츠는 바로크 시기에 비해 단순하고 실용적으로 변화하였다.
- 여성 신발로는 가죽, 벨벳, 공단 등에 자수나 보석 장식을 한 높은 굽이 달린 펌프스와 슬리퍼가 있었다. 외출 시에는 구두를 보호하기 위해 나막신(클로그 : clog)을 덧신었다.

장신구

- 로코코 양식의 영향으로 섬세하고 우아한 보석을 많이 사용했다. 정교하게 세공된 목걸이나 보석이 박힌 펜던트, 귀고리, 팔찌, 반지 등을 즐겨 사용하였으며 길과 로브의 스커트에 섬세하게 보석 장식을 하였다.
- 액세서리로는 화려하게 장식된 장갑, 부채, 손수건 등이 사용되었다. 보온을 위한 목적과 함께 부의 상징으로 토시(muff)를 사용하였다. 토시 속에 작은 강아지를 넣고 다니면서 살롱에서 강아지에게 먹이를 주는 등 여성다움을 과시하기도 하였다.
- 남성들은 외출 시 정교하게 세공된 장식용 지팡이를 들고 다니는 것을 즐겼으며 회중시계가 부의 상징으로 인기가 있었다.
- 여성들이 애교점(mouche, beauty patch)을 얼굴에 붙이는 것이 널리 유행하였다. 이는 두통을 없애기 위한 민간요법으로 동그란 검은색 실크조각을 이마에 붙이던 것에서 유래되어 장식적인 용도로 사용되었다. 다양한 형태가 등장하였으며 모양과 붙이는 위치에 따라 의미를 가지기도 하였다.

44 거대한 머리 장식을 한 모습

마리 앙투와네트는 거대한 머리 장식을 하는 것으로 유명했으며, 그로 인해 조롱거리의 대상이 되곤 하였다. 그림은 프랑스가 해전에서 승리한 것을 기념하여 머리 위에 배 모형을 장식한 모습이다.

45 칼래시와 테레즈를 착용한 모습

칼래시는 정교하게 만든 머리 모양이 바람에 흐트러지는 것을 막기 위해 쓴 일종의 보호용 모자로, 얇은 천으로 풍성하게 만들었으며 철사틀로 고정하여 접고 펼 수 있게 하였다. 테레즈는 철사 틀 없이 풍성하게 만들어서 머리모양을 보호하는 형태이다.

46 남성의 다양한 머리 모양

백 위그(a)와 함께 머리 위에 트리코르느를 쓴 모습, 피그테일 위그(b), 카도간 위그(c)를 쓴 모습을 볼 수 있다.

47 가발에 흰 가루를 뿌리는 모습

18세기에는 흰 머리가 지혜의 상징으로 여겨져 남녀를
불문하고 머리에 흰 가루를 뿌리는 것이 유행하였다.

48 마카로니

이탈리아로 그랜드 투어(Grand Tour)를 다녀온 아들의 최신 유행 옷차
림을 보고 놀라는 아버지의 모습이다. 이를 통해 당시 젊은이 사이에서 유
행했던 경박한 차림과 마카로니를 살펴볼 수 있다. 오른쪽에 있는 아들은
거대한 가발 위에 작은 트리코르느인 마카로니를 얹어놓고 있다. 마카로
니는 당시 여성적인 취향의 남성을 일컫는 말로 사용되기도 하였다.

49 남성용 모자인 트리코르느와 바이콘

비버 해트의 챙을 세 모서리가 생기도록 접어 올린 트리코르느(a), 양옆을 접어 올린 바이콘(b), 여성이 착용한 트리코르느
(c)의 모습이다.

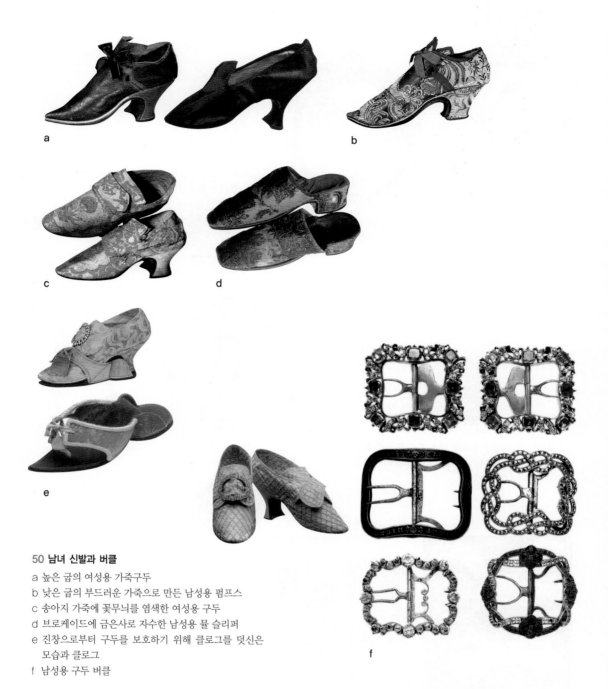

50 남녀 신발과 버클

a 높은 굽의 여성용 가죽구두
b 낮은 굽의 부드러운 가죽으로 만든 남성용 펌프스
c 송아지 가죽에 꽃무늬를 염색한 여성용 구두
d 브로케이드에 금은사로 자수한 남성용 뮬 슬리퍼
e 진창으로부터 구두를 보호하기 위해 클로그를 덧신은
　모습과 클로그
f 남성용 구두 버클

51 미니어처 초상화가 그려진 펜던트
여성들은 목에 두르는 단순한 형태의 목걸이를 선호하
였으며 정교하게 그린 초상화를 목걸이 펜던트로 사용
하는 것이 크게 유행하였다.

52 남성용 회중시계와 옷에 걸 수 있도록 만든 장식

53 여성의 일상용품을 로브에 달 수 있도록 만든 장신구
열쇠, 향수병, 돋보기 등 다양한 일상용품이 달려 있다.

54 길(bodice)용 보석 장신구
스토마커(stomacher) 위에 장식하던 보
석 장신구로 역삼각형에 맞게 디자인되
어 있다.

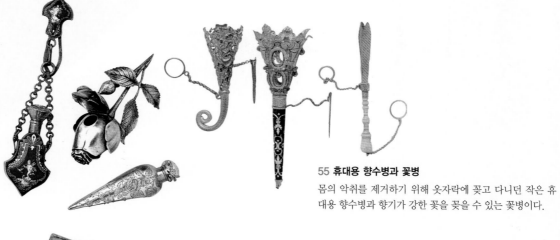

55 휴대용 향수병과 꽃병
몸의 악취를 제거하기 위해 옷자락에 꽂고 다니던 작은 휴
대용 향수병과 향기가 강한 꽃을 꽂을 수 있는 꽃병이다.

56 애교점(beauty patch)과 패치박스
얼굴에 장식하던 패치와 패치의 휴대용
박스이다. 작은 거울과 접착제가 함께 들
어 있다.

57 프랑스 궁정에서 각국으로 보내던 패션 인형
서유럽 패션의 중심지인 프랑스에서는 왕과 왕비를 위한 새로운 패션이 완성되면, 패션 인형(fashion doll)에 입혀서 각국에
보내 새로운 패션이 퍼질 수 있게 했다. 크기는 대개 인체의 1/2 정도였다.

Part **IV**

근대의 복식과 문화

● 나폴레옹 1세 시기의 유럽

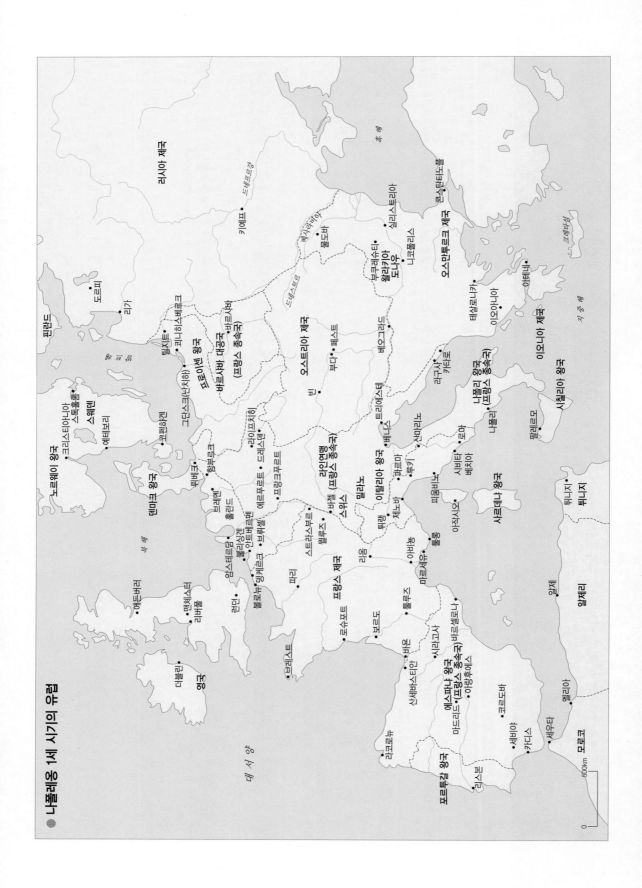

Chapter 11

나폴레옹 1세 시기의 복식과 문화

프랑스 혁명기의 시대적 배경

프랑스 혁명은 전형적인 시민혁명으로 근본적인 원인은 구제도의 모순에 있었다. 혁명 전의 프랑스 사회는 봉건적인 중세의 신분 구별에 의한 특권계급과 평민 사이의 불평등이 심화되어 있었다. 즉, 중세 말기부터 급성장한 시민계급(부르주아)은 사회 발전에 필수적인 재력과 재능을 갖춘 중요한 집단이었음에도 권력으로부터 배재당하였으며 농민은 농노 신분에서 해방되었지만 과중한 세금 부담과 무보수의 노동력 제공에 대해 큰 불만을 품고 있었다. 또한, 경제 면에서 길드 제도와 같은 봉건적 잔재가 시민계급의 자유로운 활동과 자본주의의 발전을 저해하고 있었다. 따라서 시민계급은 이러한 구제도의 모순을 타파하고 새로운 사회를 건설하고자 하였으며 17세기부터 등장한 계몽주의는 이들에게 사상적 근거를 제공하였다.

혁명의 직접적인 원인은 왕실의 재정 위기가 제공하였다. 미국 독립전쟁 참전으로 인해 심화된 재정 위기를 극복하기 위한 개혁안이 무산되고 귀족층의 요구로 소집된 삼부회에서 시민계급이 주도한 국민의회를 탄압하려 하자 이를 저지하기 위해 파리의 민중이 봉기하여 1789년 7월 14일에 무기를 확보할 목적으로 바스티유(Bastille) 요새를 점령하면서 혁명이 시작되었다. 국민의회는 '인간과 시민의 권리선언'을 채택하여 인권 선언을 하고, 헌법을 재정하여 입헌군주제를 표방하였으며 경제 개혁을 단행하고자 하였다.

혁명의 원인이 된 재정난이 해소되지 않은 가운데 국내외적으로 반혁명세력에 대한 우려가 커지면서 1793년 6월 로베스피에르(Robespierre)를 중심으로 한 급진파 자코뱅당이 권력을 잡고 국민공회를 시작하였다. 이들은 공화정을 성립하고 공안위원회를 통해 급진적인 공포정치를 진행하였으며 반혁명세력에 대한 전세가 호전되고 경제도 안정세를 보이기 시작하였다. 그러나 지나친 공포정치에 대한 반감이 커지면서 1794년 '테르미도르(Thermidor)의 반동'으로 급진파들이 제거되고 간접선거를 통해 5명으로 구성된 총재정부(Directoire)에 행정권을 부여했다. 총재정부는 자유주의 경제정책을 시행하였으나 유럽의 여러 국가들과의 전쟁을 치르면서 경제난·재정난에 시달렸으며 정치세력이 미약하였다.

총재정부의 무능한 정치력과 혁명기간 동안 지친 시민계급과 농민들이 강력한 지도자를 원하는 상황을 이용하여 1799년 브뤼메르(Brumaire)의 쿠데타를 통해 나폴레옹(Napoleon)

1 볼티모어 성당(Baltimore Cathedral)

2 로툰다(Rotunda)

토머스 제퍼슨(Thomas Jefferson)이
미국 최초의 주립대학인 버니지아 대학
교(University of Virginia)에 세운 신
고전주의 양식의 도서관이다.

이 정권을 장악하여 통령정부(Consulat)를 세움으로써 프랑스 혁명이 끝나게 되었다.

프랑스 혁명은 근대 시민사회 성립의 가장 중요한 계기가 된 전형적인 시민혁명으로 자유와 평등의 이념으로 시민계급과 하층의 민중이 정치세력으로 등장하였으며, 봉건적이고 귀족 중심의 구제도와 절대왕정의 전제정치를 무너뜨리고 산업혁명과 함께 근대적인 시민사회를 확립하는 데 기여했다는 점에서 의의를 갖는다. 또한 민족주의 사상이 고취되어 이후 유럽 각국에서 일어난 민족주의적 혁명의 모태가 되었다.

나폴레옹 1세 시기의 시대적 배경

프랑스는 1804년 나폴레옹 1세가 황제에 즉위해 제정을 시작하면서 강력한 중앙집권 국가 체제를 이루었다. 나폴레옹 1세는 언론과 출판을 통제하는 등 독재정치를 실시했으나 혁명 후의 혼란을 수습하여 질서를 바로잡았다. 또한, 프랑스 은행을 설립하여 화폐 유통을 안정시켰으며 효율적인 행정 체계를 구성하고 지방적 폐쇄성을 타파하였다. 국가에서 교육기관을 감독하여 새로운 교육제도를 실천에 옮겼다. 근대 민법의 모범이 된 〈나폴레옹 법전〉은 구체제의 불평등을 일소하고 중산층이 성장할 수 있는 토대를 마련하였다.

프랑스는 1802년부터 1808년의 기간 동안 오스트리아, 프로이센, 러시아를 굴복시키고 신성 로마 제국을 해체하는 등 유럽 대륙에서의 패권을 장악하였다. 그러나 영국을 굴복시키기 위한 대륙봉쇄령으로 유럽 각국의 항구와 산업이 쇠퇴하고 민중생활이 위협받자 유럽 국가들이 대 프랑스 동맹을 결성하였다. 이에 나폴레옹은 1812년 러시아 원정에 나섰으나 실패하고 라이프치히(Leipzig)에서 대 프랑스 동맹군에 패배함으로써 몰락하였다. 그러나 나폴레옹의 유럽대륙 정복은 프랑스 혁명의 이념을 전 유럽에 전파시켜 자유민주주의와 민족주의를 일깨워 전제정치와 구체제를 붕괴시키는 계기를 마련하였다.

경제 면에서는 18세기부터 진행된 산업혁명으로 증기기관이 발명되면서 공장제 기계공업으로 변화되었으며 육로교통과 대양항해에서의 혁명을 이루었다. 의생활에 있어서도 산업혁명의 주도적인 역할을 담당한 면직물공업의 발달로 의복재료를 대량생산함으로써 낮은 계층에서도 다양한 의복을 누릴 수 있게 되었다.

예술 분야에서는 고전주의 양식이 절정을 이루는 한편 낭만주의가 시작되었다. 낭만주의는 종교와 정치 분야의 확립된 질서에 대한 반감으로 자연에 대한 숭배와 반체제적 개인을 추구하였으며 야성적인 것, 기묘하고 괴이한 것, 우울한 것에 대한 선호와 옛 양식에 대한 선호로 표현되었다.

3 볼티모어 성당의 내부

로마의 돔 천장을 응용한 천장의 모습이 보인다.

4 네로(Nero) 황제 시기의 실내를 모방한 장식

신고전주의 양식의 실내디자인으로 로마 건축물의 실내를 응용하였다.

5 조세핀(Josephine) 황후의 침실

나폴레옹 1세는 황제의 상징으로서 빨간색과 금색을 사용하였다. 가구에는 조세핀 황후의 상징물인 백조를 모티프로 하여 장식하였다.

프랑스 혁명기의 의복의 종류와 특징

프랑스 혁명이 일어난 후 나폴레옹 1세가 집권하기 전까지 입던 의복은 정치적 의미의 의복 사용을 잘 보여 준다. 혁명세력의 상징과 당시의 예술적 이념이 더해졌던 이 시기의 의복은 이후의 복식에도 영향을 미치게 되었다.

로브 아 랑글레즈 (robe à l'anglaise)
혁명기 동안에는 여성들의 궁정과 귀족층을 상징하는 로브 아 라 프랑세즈(robe a la française) 착용이 금지되었다. 대신 실용적이고 단순한 영국식 가운인 로브 아 랑글레즈가 받아들여졌다.

상퀼로트 (sans-culotte)
혁명세력의 옷차림을 의미하는 것으로, 귀족층의 바지인 퀼로트(culotte)를 착용하지 않는 (sans-culotte) 민중을 상징한다. 헐렁하고 단순한 짧은 재킷인 카르마뇰(carmagnole)과 서민들이 착용하던 통 넓은 긴 바지인 판탈롱(pantaloon)으로 구성되어 있다. 머리에는 혁명의 상징으로 프리지안 보닛(phrygian bonnet)을 착용하였다.

메르베이웨즈 (merveilleuses)
총재정부(Directoire)를 지지하는 여성들을 의미하는 단어이다. 18세기 후반부터 나타난 고전주의 예술양식의 영향으로 고대 그리스 · 로마의 복식을 완벽하게 모방한 외양이 특징이다. 이들은 키톤(chiton)을 모방한 얇은 면 모슬린(muslin)으로 만든 높은 허리선(high-waistline)의 슈미즈 가운(chemise gown)을 입고 샌들을 신었으며 고대 그리스식 머리 스타일을 연출하였다. 겨울에도 보온을 위해 간단한 숄만을 둘렀기 때문에 얇은 옷으로 인해 감기와 폐렴으로 사망하기도 해서 모슬린 디시즈(muslin disease)라는 명칭까지 생겨났다.

앵크루아야블 (incroyables)
총재정부를 지지하는 남성들을 의미하는 단어이다. 혁명세력과는 달리 부르주아층으로 구성되어 있어 루이 16세 시기의 귀족계급의 의복을 받아들였으나 착용 방식에서의 과장된 왜곡이 특징이다. 라펠(lapel)이 어깨에 닿을 정도로 큰 코트와 몸에 꼭 끼는 퀼로트, 턱까지 올라오게 묶은 스톡(stock), 부츠, 지팡이, 헝클어진 머리가 이들의 전형적인 모습이었다.

6 혁명 중 공포정치를 주도한 로베스피에르의 초상화

7 프랑스 혁명 세력인 민중을 나타내는 상퀼로트

헐렁한 재킷인 카르마뇰과 폭이 넓고 긴 바지인 판탈롱을 입고 있다. 혁명 세력을 상징하는 삼색기를 들고 있다. 삼색기는 이후 프랑스의 국기로 발전되었다.

8 급진주의 혁명세력인 자코뱅 당원의 연설 모습

프랑스 혁명 세력의 상징인 헐렁한 바지 판탈롱과 프리지안 보닛을 착용하고 있다.

9 프랑스 혁명의 주체 세력을 상징하는 남녀의 모습

혁명세력의 복장은 남성의 경우 판탈롱, 여성의 경우 로브 아 랑글레즈가 상징이었다. 혁명기에는 귀족적인 로브 아 라 프랑세즈의 착용이 금지되었다.

10 혁명 지지자의 삼색 패션

혁명 당시 민중을 상징하는 삼색기를 사용하였으며 혁명군이 승리하자 이를 기념하기 위해 삼색 패션이 지지자들 사이에 유행되었다. 빨간색과 파란색의 줄무늬 직물을 사용하거나, 파란색 옷에 빨간색의 가장자리 장식을 한 것을 볼 수 있다.

11 프랑스 혁명의 정신을 지지하기 위해 혁명군의 휘장을 장식한 물

12 앵크루아야블과 메르베이웨즈의 모습
남성은 넓은 라펠이 달린 긴 코트와 퀼로트를
입고 목에는 스톡을 턱이 가릴 정도로 여러
번 묶고 있다. 여성은 고대 그리스의 키톤을
모방한 얇은 모슬린으로 만들어진 슈미즈 가
운을 입고 샌들을 신었다.

**13 앵크루와야블과 메르베
이웨즈의 모습**

14 메르베이웨즈의 모습
그리스 키톤을 모방한 슈
미즈 드레스를 입고 위에
히마티온을 모방한 숄을 둘
렀으며 샌들을 신고 있다.

15 앵크루아야블의 모습
머리에 바이콘을 쓰고, 꽃무늬 조끼와 술(tassel) 달린 무릎길이의
스타킹 등 독특한 차림을 하고 있다.

16 과장된 형태의 테일 코트를 착용한 모습
라펠이 어깨에 닿을 정도로 크고 허리선보다 높게 옆자락을 잘
라 낸 코트를 착용한 모습으로, 앵크루아야블의 복장에서 영향
을 받은 것으로 보인다.

나폴레옹 1세 시기 여성 의복의 종류와 특징

슈미즈 가운(chemise gown)
혁명기부터 입었던 고대 그리스의 키톤을 모방한 여성용 가운이다. 가슴 밑의 높은 허리선(high-waistline)에 스커트 버팀대를 착용하지 않아서 H라인의 날씬한 실루엣이 나타난다. 목둘레선을 깊이 파고 허리선을 가슴 바로 밑에 오도록 하여 길(bodice) 부분이 매우 짧은 형태이다. 얇고 가벼운 직물로 만들어졌으며, 작은 퍼프 소매 또는 작은 퍼프가 연결된 마멜루크(mameluke) 소매를 달았다.

시스 가운(sheath gown)
후기에 주로 착용된 벨벳, 새틴(satin) 등 고급 직물로 만든 가운으로 실루엣은 슈미즈 가운과 같으나 화려한 장식을 하고 긴 트레인을 따로 뒷허리선에 붙였다. 스커트 밑단에는 여러 겹의 러플을 장식하였으며 목에는 르네상스의 러프가 변형된 콜레트(collerette) 장식을 하였다.

스펜서 재킷(spencer jacket)
허리 길이의 몸에 꼭 맞는 재킷으로 18세기 말엽에 스펜서라는 사람에 의해 우연히 만들어진 남성용 재킷의 일종이나 여성들도 착용하였다. 주로 검은색을 착용하였으며 더블 브레스티드(double breasted) 여밈에 좁고 긴 소매가 달렸다. 여성용은 가운의 허리선이 하이 웨이스트 라인이기 때문에 가슴만 가릴 정도의 짧은 길이가 특징이다.

칸주(canezou)
스펜서에서 변형된, 좀 더 장식적인 여성용 재킷이다. 소매가 짧으며 소매끝과 아랫단을 프릴로 장식하였다.

숄(shawl)
슈미즈 가운 또는 시스 가운 위에 그리스 히마티온(himation)을 모방한 숄을 착용하였다. 초기에는 얇은 직물로 만든 단순한 형태였으나 실크나 모직물로 만들고 정교한 자수 장식을 하였다. 조세핀(Josephine) 황후에 의해 널리 유행되었다.

17 나폴레옹 1세의 첫 번째 부인인 조세핀(Jo-sephine) 황후의 초상

슈미즈 가운의 전형적인 모습을 볼 수 있다. 히마티온을 모방한 숄을 걸쳤다.

18 모이엔(Mlles Mollien)의 초상

슈미즈 가운을 입고 숄을 두른 모습이다. 손의 형태대로 만든 긴 장갑과 보닛이 보인다.

19 나폴레옹 1세의 두 번째 부인인 마리 루이즈 (Marie Louise) 황후의 초상

어깨 부분에 러플 장식을 하고 화려하게 금사로 자수 장식하였다. 뒷허리선에 긴 트레인이 붙어 있다. 나폴레옹이 제정시대를 연 이후, 고전주의 양식의 복장은 권력을 상징하기 위한 화려한 복장으로 변화되었다.

20 르네상스의 의복 디테일이 장식된 슈미즈 가운

얇은 모슬린의 슈미즈 가운에 마멜루크 소매와 슬래시와 퍼프를 모방한 디테일이 장식된 것을 볼 수 있다.

21 스펜서 재킷

붉은색 벨벳 옷감을 파이핑과 단추로 장식하였다. 챙이 넓은 보닛을 쓴 모습이 보인다.

22 고대 그리스식 슈미즈 가운을 입은 모습

서 있는 여성은 고대 그리스의 도릭아식 키톤과 매우 유사한 형태의 가운을 입었다. 머리 모양도 고대 그리스식으로 모방하였다. 앉아 있는 여성은 슈미즈 가운 위에 스펜서 재킷을 입고 있다. 허리 선 길이의 이 재킷은 가운의 허리선에 맞추어 매우 짧은 형태이다.

23 칸주를 입고 있는 모습

스펜서 재킷이 좀 더 여성적이고 장식적으로 변화된 칸주를 입고 있다. 소매 끝, 허리선 등을 러플로 장식하였다. 높은 깃털 장식의 머리 장식을 볼 수 있다.

24 시스 가운과 숄을 착용한 모습

콜레트(collerette)와 장식적인 퍼프 소매를 볼 수 있다.
조세핀 황후에 의해 유행된 카슈미르(Kashmir)가 변형
된 화려한 자수 장식의 모직 숄을 두르고 있다.

25 코트를 입은 것처럼 디자인된 시스 가운

슈미즈 가운 위에 르댕고트를 입은 것 같은 느낌의 시스
가운을 입고 있다. 고급 직물을 사용하고 아랫단에 넓은
장식을 하였다.

26 르네상스의 의복 디테일을 사용한 시스 가운

슬래시와 퍼프를 소매 디자인에 응용했으며, 목에는 러프를 모
방한 콜레트를 장식하고 있다. 벨벳으로 만들어졌으며 길 부분
이 매우 짧은 것을 볼 수 있다.

27 스펜서 재킷과 스커트로 구성된 산책복

리본 장식과 걷어 올린듯한 방식으로 마멜루크 소매의 느낌을 준 디자인이 독특한 스펜서 재킷이다. 스커트의 형태를 유지할 수 있도록 스커트 아랫단을 견고하게 장식하였다.

28 패션 잡지(fashion plate)에 묘사된 남녀 복장

남성은 테일 코트와 판탈롱을 착용하고 있다. 여성은 보온을 위해 르댕고트를 착용하거나 긴 장갑을 꼈다.

29 보온을 위한 모피 숄, 머프

30 체형 보정물을 입고 있는 모습

나폴레옹 1세 시기에는 코르셋이나 스커트 버팀대를 사용하지 않았으나 여성적인 체형이 선호되어 가슴이 커 보이도록 보정물을 사용하였음을 알 수 있다.

나폴레옹 1세 시기 남성 의복의 종류와 특징

데가제 (dégagé)
남성용 재킷으로 무릎길이이며 앞자락이 사선으로 잘려진 형태이다. 싱글 또는 더블 브레스티드(double breasted) 여밈이다.

테일 코트 (tail coat)
앞자락은 허리 길이로 옆선까지 잘리고 뒷자락만 있는 연미복이다. 싱글 또는 더블 브레스티드 여밈이고 좁고 긴 소매가 달렸으며, 스탠드 또는 롤 칼라가 달렸다.

19세기 말부터 격식차린 용도로만 사용되기 시작했으며 현재도 가장 격식을 갖춘 복장으로 착용되고 있다.

스펜서 재킷 (spencer jacket)
허리선 길이의 짧은 재킷으로서 폭이 좁은 긴 소매에 스탠딩 칼라가 달려 있으며 모슬린(muslin), 벨벳, 실크 등의 소재를 사용하였다. 18세기 말엽에 재킷의 뒷자락이 찢어지는 우연한 사건에 의해 유행되기 시작한 형태이며 나폴레옹 1세 시기에도 지속적으로 착용되었다.

판탈롱 (pantaloon)
혁명의 상징인 긴 바지를 받아들여 대부분의 용도에 착용하였으며, 퀼로트는 궁중에서만 의식용으로 사용하였다. 혁명기에 서민층에서 입혀지던 형태에 비해 몸에 잘 맞고 통이 좁으며 발목 정도의 길이이다. 또한 위사르드(hussarde)가 등장했는데, 이는 판탈롱과 퀼로트를 합친 형태로서 종아리 길이의 몸에 꼭 맞는 바지였다.

캐릭 (carrick)
길고 풍성한 외투로 영국에서는 그레이트 코트로 불렸다. 넓고 높게 세운 칼라를 달았으며 어깨를 덮는 허리 길이의 케이프를 3~5겹 달았다. 여성용은 하이 웨이스트 라인에 맞추어서 케이프 길이도 짧게 달았다.

르댕고트 (redingote)
이전 시기부터 입었던 르댕고트를 계속 외투로 착용하였다. 몸판을 여러 부분으로 재단하여 허리는 잘 맞고 스커트 부분은 넓은 형태이다.

31 테일 코트와 위사르드를 착용한 모습
앞자락을 완전히 잘라 낸 더블 브레스티드의 몸에 꼭 끼는 테일 코트를 입고 있다. 스톡을 턱에 닿을 정도로 높이 묶었다.

32 테일 코트와 긴 바지를 착용한 모습
바지가 각반을 두른 듯 독특한 형태이다.

33 **데가제와 위사르드, 조키부츠를 착용한 모습**
남성복 바지의 여밈 방식을 살펴볼 수 있다.

34 과장된 크기의 바이콘을 착용하고 있는 모습
테일 코트와 위사르드 아래에 흰색 양말을 신고 그 위에 각반이 달린 신발을 신었다.

35 테일 코트와 위사르드를 착용한 모습

테일 코트와 위사르드를 착용하고 속에 허리 길이의 조끼를 착용한 모습을 볼 수 있다. 여성의 슈미즈 가운에 르네상스 시대의 퍼프 소매의 변형인 마멜루크 소매가 달려 있다.

36 스펜서 재킷을 착용한 안드리웨(Bertrand Andrieu)의 초상

스펜서 재킷은 뒷자락이 없이 앞뒤가 모두 허리 길이이다.

37 군복 차림의 나폴레옹 1세

재킷의 앞자락이 과장되어 사선으로 잘린 형태이다. 혁명의 상징인 삼색을 사용하였으며 견장과 단추 모두 금색으로 장식하였다.

38 남성용 캐릭

칼라가 높게 올라와 있고 다섯 겹의 케이프
가 달렸으며 품이 풍성하고 긴 형태로 인해
착용자가 파묻힌 듯한 모습이다.

39 여성용 캐릭

품이 풍성하고 긴 형태이다. 허리선이 짧기 때
문에 어깨 케이프의 길이도 짧은 것을 볼 수
있다.

40 여성용 르댕고트

여성 가운의 실루엣에 맞추어서 하이 웨이스
트 라인으로 디자인되어 있다. 앞선에 단추
여밈 장식이 되어 있다.

어린이 의복의 특징

- 어린이 의복은 계몽주의의 영향으로 어린이의 신체와 활동에 적합한 형태로 변화되었다. 여자 어린이는 어른의 슈미즈 가운과 같은 형태이나 길이가 종아리 정도로 짧으며 속에 헐렁하고 긴바지인 판탈레츠(pantalettes)를 착용하여 활동이 편하도록 하였다.
- 남자 어린이는 바지 위에 재킷 대신 무릎 깊이의 원피스 형태의 의복을 입었다.

41 남녀 어린이의 의복
계몽주의의 영향으로 어린이들은 활동성을 위해 짧은 원피스에 판탈레츠를 입고 있다. 남자 어린이도 원피스형 의복을 입었다. 르네상스의 퍼프 소매를 응용한 마멜루크 소매를 볼 수 있다.

장식의 종류와 특징

머리 장식

여성들은 단정하게 빗어 넘겨서 틀어 올린 형태가 주를 이루며 곱슬거리는 앞머리를 내리기도 하였다. 남성들은 자연스러운 곱슬머리로 길이는 짧게 했으며 볼 수염을 길렀다.

- 바이콘(bicorn) : 비버 해트(beaver hat)의 챙을 두 개로 접어 올린 모자이다.
- 오페라 해트(opera hat) : 운두가 높고 챙이 좁은 정장용 모자이다. 실크 해트(silk hat)라고도 한다.
- 보닛(bonnet) : 앞쪽에 넓은 챙이 달린 여성용 모자이다. 면, 견직물, 밀집 등을 사용하였으며 꽃, 리본, 레이스로 화려하게 장식하였다.

신 발

- 부츠(boots) : 남성은 헤시안 부츠(hessian boots), 웰링턴 부츠(wellington boots), 조키 부츠(jockey boots) 등 다양한 형태의 부츠를 착용하였다. 부츠 대신 바지 위에 각반을 두르기도 하였으며, 정장용으로는 낮은 구두를 착용하였다.
- 샌들(sandal) : 여성은 주로 그리스 샌들을 모방한 신발을 착용하였다. 굽이 없으며 끈으로 발등과 발목을 고정시킨 형태였다. 또는 발끝만 감쌀 정도로 앞부분이 짧은 굽 없는 펌프스(pumps)를 착용하였다.

장신구

- 장신구는 많이 사용하지 않았으며 화려하지 않은 디자인의 목걸이, 화관, 귀고리, 펜던트 등을 간단히 장식하는 정도였다.
- 액세서리로는 회중시계를 늘어뜨리거나 지팡이, 파라솔 등을 사용하였다. 여성들은 고전주의 양식 르네상스 시기의 손가방을 모방한 레티큘(reticule)을 들었다.

42 프랑스 혁명기의 정치적 사건에서 영감을 얻어 유행한 머리 장식

자코뱅당의 지도자 마라(Marat)가 욕실에서 살해당한 것을 계기로, 목욕수건 형태의 머리 장식이 유행하였다. 기요
틴으로 처형할 때 사형수의 뒷머리를 바짝 잘라낸 것에서 유래된 과장된 긴 챙이 달린 보닛에 대한 풍자화도 있다.

43 나폴레옹 1시 시기의 남녀 신발

나폴레옹 1세 시대에는 주로 굽이 없는 납작한 가죽 신발을 착용하였다.

44 여성용 손가방인 레티큘의 실물

신고전주의의 영향으로 고대 그리스의 항아리를 모방한 형태와 당시의 가구 장식과 유사한 자개로 장식된 형태를 볼 수 있다. 편지봉투 형태의 가방도 있었다.

고대 그리스 복장으로 차려입은 여성이 작은 주머니 형태의 레티큘을 들고 있는 모습이다.

45 신고전주의 양식의 화려하지 않은 장신구

목걸이, 머리 장식, 귀고리, 회중시계 등을 볼 수 있다. 고대 그리스, 로마에서의 헤어스타일을 한 모습이다.

46 조세핀(Josephine) 황후의 장신구

나폴레옹 1세 시기의 화려한 장신구로서, 조세핀이 매우 선호한 것으로 알려진 카르넬리안 인타글리오(carnelian intaglio)로 장식된 다이아뎀, 브로치, 귀고리이다.

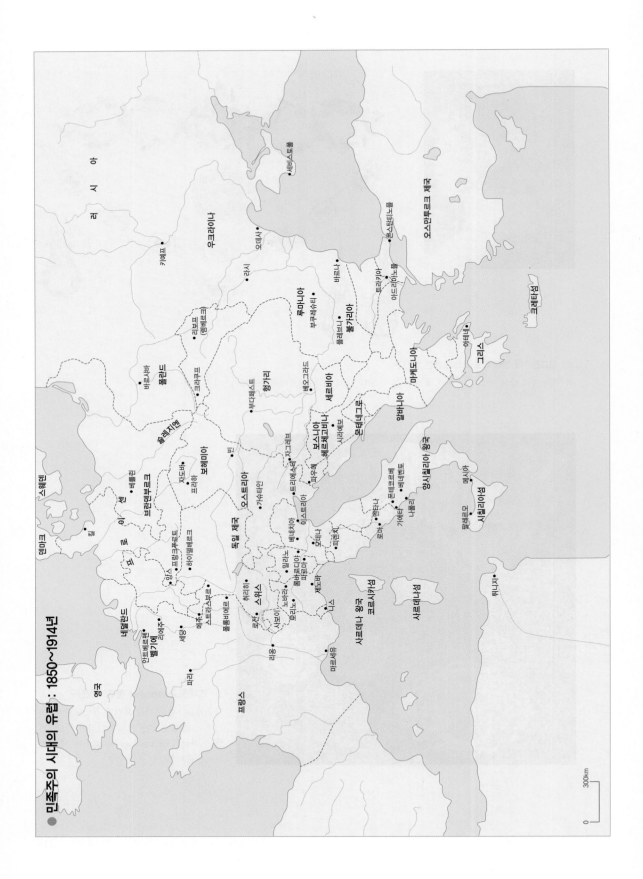

민족주의 시대의 유럽: 1850~1914년

스웨덴

덴마크

영국

네덜란드
인트베르펜
벨기에
리에주
세당

프랑스
파리

뫼즈

로렌
알사스
스트라스부르
뮐루즈

취리히
스위스

론
리옹
사보이
니스
마르세이

사르데냐 왕국

코르시카섬

튀니지

플로렌스

나폴리

시칠리아섬
메시아

팔레르모

양시칠리아 왕국

로마
교황령

오스트리아

독일 제국
베를린
엘베
바르샤바
오데르

브란덴부르크
작도바
모라비아
프로이센

보헤미아
프라하

프랑크푸르트
하이델베르크
뷔르템베르크
바이에른
뮌헨

빈
오스트리아

슐레지엔

폴란드
크라쿠프
크라쿠프
프셰미슬
(렘베르크)

갈리치아

부다페스트
헝가리

자그레브
류블랴나
크로아티아

보스니아
헤르체고비나
사라예보
베오그라드
세르비아

몬테네그로

우크라이나
키예프

오데사

러시아

루마니아
부쿠레슈티
바르나

불가리아
소피아
플로브디프

트라키아
아드리아노플
콘스탄티노플

마케도니아

알바니아

그리스
아테네

오스만투르크 제국

세바스토폴

흑해

크레타

300km
0

Chapter 12

왕정복고와 나폴레옹 3세 시기의
복식과 문화

시대적 배경

1814년 유럽 정상들의 빈 회의에서 나폴레옹 1세를 추방하고 정통주의와 복고주의로 돌아가기로 결정함으로써 군주권과 귀족 지배가 부활하였다. 나폴레옹(Napoleon) 실각 이후 프랑스에서 제2제정이 열리기 전까지 루이(Louis) 18세에서 샤를(Charles) 10세로 이어지는 시기를 왕정복고 시기로 분류한다. 왕정 체제는 1830년의 7월 혁명과 1848년의 2월 혁명에 의해 붕괴되었으며, 2월 혁명을 통해 등장한 나폴레옹 3세가 1852년 제2제정을 세우고 독재정치를 시작하였다. 나폴레옹 3세는 정치·사회적으로 안정을 유지하고 경제를 육성하는 등의 많은 업적을 세웠다. 그러나 무리한 대외 원정으로 1870년 나폴레옹 3세가 실각하고 1875년 제3공화정이 수립되었다.

영국은 경제대국을 이루었으며 1837년 빅토리아 여왕이 즉위하면서 제국주의 시대를 이끌었다. 아울러 부르주아 계층이 정치적 영향력을 구사하였다. 프랑스는 군주제로 돌아갔으나 프랑스 대혁명으로 고취된 민족주의 사상에 의해 유럽의 다른 나라의 민족주의적 정치 혁명이 진행되었다. 독일과 이탈리아는 민족주의에 의한 통일을 이루었으며 이에 따라 유럽의 혁신적인 정치 발전이 이루어졌다. 미국은 남북전쟁의 결과 중산층이 부상하고 값싼 노동력과 기계에 의한 산업 발달이 진행되었다.

18세기 동안 영국뿐만 아니라 유럽 대륙의 각 국가에서도 산업혁명이 진행되었다. 프랑스는 1830년경 경공업을 중심으로 혁신적인 발달을 나타내기 시작했으며 독일은 1837년 관세동맹을 체결하고 1870년경에는 산업혁명이 본격화되었다. 유럽 대륙에서 산업혁명이 진행됨에 따라 획기적인 경제발전이 이루어졌다.

산업이 발달함에 따라 시민계급의 지위가 향상되는 반면 노동자 대 자본가의 대립이라는 사회문제가 대두되었다. 왕정체제의 부르주아 위주의 정책은 점차 경제의 부조화와 서민들의 생활고를 심화시켰다. 이는 잦은 유혈폭동으로 이어졌으며 결국 2월 혁명으로 왕정체제가 붕괴되기에 이른다. 2월 혁명으로 등장한 나폴레옹 3세는 자본주의를 육성하고 협동조합, 노동자 상해 보호와 같은 노동문제를 해결하는 등 경제적 측면에서도 공헌하였다. 아울러 직물의 대량생산과 재봉틀의 발명에 따라 기성복 산업이 체계화되면서 의복의 장식이

1 프랑스 파리의 오페라(The Opera)

파리의 현대화를 위해 나폴레옹 3세의 지시에 의해 축조된 대표적인 로맨틱 스타일 건축물이다. 네오-르네상스(Neo-Renaissance)와 네오-바로크(Neo-Baroque)양식의 특징을 잘 보여 준다.

2 오페라(The Opera) 내부의 중앙계단

간소화 · 표준화되기 시작하였다.

과학기술이 발달하고 생활수준이 향상된 반면 자본가와 노동자 간의 사회적 갈등 문제가 깊어졌고, 이로 인해 현실도피적이고 낭만주의적인 시대사조를 낳게 되었다. 부유한 시민층은 문학, 음악, 미술 등에 몰두하였으며 이는 낭만적 분위기에 따라 과장된 정서와 감상 등으로 표현되었다. 지나친 낭만주의적 경향은 사실주의 양식을 태동시켰다.

이 시대의 건축가들은 변화하는 시대에 맞는 새로운 건축보다는 낭만주의, 향수주의에 빠져 고대 이집트, 그리스, 로마, 중세 고딕 등 옛 양식을 변형하고 모방하는 성향이 있었다. 미술사조에 있어서는 인상주의가 등장하여 프랑스를 중심으로 한 인상파 화가들의 활동이 예술에 크게 기여하였다.

3 영국 런던의 국회의사당
고딕 양식이 재현된 가장 거대한 기념물로 평가받는다. 건축적으로 좋은 형태는 아니나 빅토리아 여왕 시기의 영국 세력을 상징한다.

4 영국 런던의 크리스털 팰리스(Crystal Palace)

1851년 세계박람회를 위해 현대적인 재료인 강철구조와 유리만으로 건축된 것으로 장식성과 기능성을 모두 갖춘 것으로 평가받았다. 현대 건축물에 큰 영향을 미쳤으며 1936년 철거되었다.

5 1852년 세계 최초로 개점된 프랑스 파리의 봉 마르셰(Bon Marché)

6 마틸드(Mathilde) 공주의 다이닝 룸

산업혁명으로 인해 상류층이 부를 축적함으로써 나폴레옹 3세 시기의 실내 디자인은 거대한 규모와 화려함을 특징으로 한다.

7 바로크 양식의 화려함과 웅장함이 재현된 밴더빌트(Vanderbilt)가 마블하우스(Marble House)의 실내디자인

8 고딕 양식이 재현된 빅토리아 여왕 시기의 실내디자인과 가구

뾰족한 아치와 거대한 그림, 문장 등이 중세 고딕의 특징을 보여 주지만, 빅토리아 양식의 화려함으로 인해 검소하고 소박한 느낌을 주지는 않는다.

여성 의복의 종류와 특징

왕정복고에 따라 르네상스와 바로크 양식의 귀족풍이 다시 등장하였다. 부(富)를 과시하기 위한 방법으로 의복 스타일을 다양하게 세분화하였으며, 착용 용도에 따라 의복의 종류나 장식 등이 엄격하게 규정되고 적절한 의복 차림의 중요성이 강화되었다. 한편으로 기능주의적 경향은 복장개선운동으로 이어졌으며 이에 따라 블루머 드레스(bloomer dress), 대안 의복(alternative dress)과 같은 새로운 시도가 나타나기도 하였다.

로맨틱 가운(romantic gown)

- 왕정복고 기간의 여성복은 절대주의 시대의 여성 복식의 특징인 X자 실루엣을 나타낸다. 예각 허리선을 만들지 않고 자연적인 둥근 허리선을 이루었으나 허리는 가늘게 조였다.
- 허리가 가늘어 보이도록 어깨와 팔 윗부분을 넓게 과장하여 낮은 어깨선(drop shoulder)에 지고(gigot) 또는 양다리형(leg-of-mutton), 임베슬(imbecile) 소매 등 넓고 풍성한 소매를 달았다. 소매를 부착한 어깨선에는 망쉐론(mancherons)으로 불리는 에폴렛(epaulet)을 장식하기도 하였다. 낮은 목둘레선에 케이프 칼라(cape collar) 또는 버서 칼라(bertha callar)를 달아 어깨를 더욱 넓게 강조하였다.
- 가운은 발목 길이 정도로 짧아서 신발이 보였으며 여러 겹의 페티코트(peteicoat)로 스커트를 부풀렸다. 스커트 밑단은 러플, 터커(tucker) 장식으로 화려하게 장식하였다.
- 가운의 길이는 짧으면서 어깨는 낮고 X자 실루엣을 나타내며 머리를 높게 장식하였기 때문에 복식을 착용한 모습이 비율상으로 아름답지는 않았다.

크리놀린 스타일(crinoline style)

- 나폴레옹 3세 시기의 여성복 스타일의 명칭으로, 말총으로 만든 스커트 버팀대인 크리놀린(crinoline)에서 유래되었다.
- X자 실루엣이 강화되어 코르셋으로 상체를 조이고 예각 허리선의 스토마커로 허리선을 가늘게 강조하였다. 어깨와 윗몸을 넓게 강조하지 않고 소매도 팔 윗부분은 잘 맞고 아랫부분이 넓어지는 비숍(bishop) 소매가 많았다.
- 스커트는 속에 크리놀린을 착용하여 복식사상 최대로 넓게 부풀렸다. 크리놀린은 초기에는 매우 무거웠으나 점차 가벼운 재질로 바뀌었으며 새장 형태, 앞은 납작하고 뒤쪽이 넓은 형태, 사방으로 뻗치는 형태 등 다양하였다. 후기에는 폴로네즈 가운(polonaise gown), 프린세스 가운(princess gown) 등이 나타나면서 스커트의 폭이 좁아졌다.

9 왕정복고 시기 초기의 가운

왕정복고 시기의 초기에는 엠파이어 스타일에서 로맨틱 스타일로 변화되어 가는 형태가 나타났다. 스커트 폭은 좁으면서 허리선이 내려오거나 높은 허리선이면서 스커트 폭만 넓은 형태가 나타났다.

10 이브닝드레스

양다리형 소매가 달렸으며 어깨를 강조하는 장식 디테일을 볼 수 있다. 머리를 높게 과장하는 과다한 깃털 장식의 넓은 베레(béret)를 쓰고 있다.

11 로맨틱 스타일의 모닝 드레스와 이브닝드레스

착용 목적에 따라 소재와 장식을 달리하였는데, 가장 격식을 덜 갖춘 의복인 모닝 드레스에는 일상적인 소재를 사용하였다. 야회복은 화려한 직물과 장식을 하며 주로 짧은 퍼프 소매로 디자인되었다. 아폴로 노트(apollo knot) 머리 모양을 볼 수 있다.

- 야회복(ball gown), 일상복(day dress), 산책복(walking dress) 등 착용 용도에 따라 목둘레선의 파임, 장식 디테일, 스커트의 과장 정도가 달랐다. 야회복은 목둘레선을 깊게 파고 보석, 리본, 레이스 등으로 화려하게 장식하였으며 스커트도 최대한 넓게 하여 착용하였다. 산책복은 비교적 스커트 폭이 좁고 목둘레선을 깊게 파지 않으며 브레이드(braid)와 같은 단순한 장식을 하였다.
- 이 시기에는 때와 장소에 따른 적절한 옷차림에 대한 기준이 엄격하게 적용되었으며 이렇게 때와 장소에 따른 적절한 옷차림을 하는 것이 사치와 함께 일종의 계층 상징으로 사용되었다.

펠레린 (pélerine)

로맨틱 가운 위에 입는, 어깨를 덮는 케이프 칼라 장식으로 형태가 다양하였다. 피슈-펠레린(fichu-pèlerine)은 얇은 리넨과 레이스로 만들어 가운의 벨트 밑으로 고정시키는 형태이며, 펠레린-맨틀릿(pèlerine-mantlet)은 넓은 칼라의 앞에 긴 패널이 달려서 가운 위에 덧입는 형태였다.

외 투

- 로맨틱 가운은 소매 부분이 넓고 크리놀린 스타일은 스커트의 도련이 넓었기 때문에 코트보다는 가운 위에 편하게 걸칠 수 있는 케이프와 숄을 외투로 선호하였다.
- 왕정복고 시기의 여성용 외투로는 주로 르댕고트(redingote)를 착용하였는데, 가운의 형태처럼 소매가 풍성하고 허리는 가늘게 하였으며 앞여밈에 길게 단추 장식을 하였다.
- 나폴레옹 3세 시기의 외투로는 길이가 짧고 스커트의 폭에 따라 맞춰질 수 있도록 여러 부분으로 나누어진 디자인이 많았다. 동유럽에서 전해진 뷔르누(burnous)를 선호하였는데 뒤쪽에 커다란 술 장식을 한 후드가 달린 길고 풍성한 맨틀(mantle) 형태이다.

블루머 드레스 (bloomer dress)

여성운동가인 아멜리아 블루머(Amelia Bloomer)에 의해 1850년에 소개된 여성용 개량복이다. 당시의 여성 가운이 지나치게 무겁고 몸을 조여 여성의 건강을 해치자 제안된 복장이다.

무릎길이 원피스에 발목이 좁고 풍성한 바지를 함께 입는 것으로, 코르셋이나 스커트 버팀대를 입지 않는 차림이었다. 햇볕을 가리기 위한 챙이 넓은 모자와 편안한 신발 착용이 제안되었다.

당시에는 짧은 스커트 밑으로 다리를 드러내는 것이 정숙하지 못한 것으로 여겨졌으며,

12 양다리형 소매가 달린 일상복

13 임베슬 소매와 버서 칼라가 장식된 일상복

14 검은색의 벨벳 이브닝드레스

짧은 퍼프 소매 위에 비칠 정도로 얇은 직물의 지고 소매를
덧붙인 형태이다. 어깨를 과장하기 위해 어깨선에 망쉐론
이라는 장식적 용도의 에폴렛을 장식하였다.

15 가운 위에 얇은 레이스 버서 칼라를 덧입은 모습

넓은 버서 칼라를 가운 위에 덧입어서 어깨를 강조하는 형
태이다. 앞여밈이며 목에 콜레트(collerette) 장식을 하였
다. 리본으로 장식된 아폴로 노트 머리 스타일을 하고 있다.

여성의 돌출적 행동, 여성해방운동과 연결되어 일반 사람들의 지지를 얻지 못하고 1년 만에 사라졌다. 이후 블루머 바지 차림은 제국주의 시기에 스포츠용으로 착용되었다.

대안 의복(alternative dress)

비주류 문화에서 크리놀린 스타일을 대체하기 위해 제시되었다. 코르셋을 착용하지 않고 인체를 구속하지 않는 실루엣에 단순한 장식만 하는 스타일이다. 상류층보다는 중산층에서 좀 더 받아들여졌다.

16 일상용의 데이 드레스와 산책복

길(bodice)에 터커(tucker) 장식을 하여 허리가 가늘어 보이도록 디자인되었다. 양다리형 소매 또는 임베슬 소매를 밴드로 묶어 퍼프가 밑으로 처지도록 한 모습을 볼 수 있다. 산책용 복장에는 펠레린(pèlerine)를 두르고 보닛을 썼다.

17 산책복을 착용한 모습

18 펠레린-맨틀릿과 장식적인 펠레린의 착용 모습

펠레린-맨틀릿은 넓은 칼라의 앞에 긴 패널이 달려서 가운 위에
덧입는 형태이다.

19 단순한 형태의 펠레린 실물

함께 착용한 산책복은 여러 개의 퍼프로 나뉜 양다리형 소매로 구
성되어 있다.

20 르댕고트를 착용한 모습

로맨틱 스타일 가운의 형태처럼 소매가 풍성하고 허리를 가늘게
하였으며 앞여밈에 길게 단추 장식을 하였다.

21 승마복을 착용한 여성

남성의 코트와 유사한 디자인의 길과 풍성한 스커트로 구성된 승마복을 입고 있다. 크라바트와 실크 해트까지도 남성적인 스타일로 갖춰 입은 것을 볼 수 있다.

22 로맨틱 가운을 위한 속옷

낮은 어깨선(drop shoulder)과 퍼프 소매가 달린 가운을 입기 위한 속치마의 모습이다. 가운의 길이가 짧아지면서 발목이 보였으므로 정교하게 장식된 스타킹이 발달하였다.

23 신발가게에서의 모습

중앙의 여성이 풍성한 망토와 숄을 외투로 착용한 모습을 볼 수 있다. 왕정복고 시기의 여성들은 굽 없는 발레슈즈 형태의 신발을 신었다.

24 크리놀린 스타일의 이브닝드레스를 입고 있는 모습
크리놀린 스타일은 로맨틱 스타일과 달리 어깨와 소매를 과장하지 않고 예각 허리선의 스토마커로 허리를 더 가늘게 강조한 모습이다.

25 화려한 꽃문양 프린트의 이브닝드레스를 입고 있는 무아테시에(Moitessier) 부인의 초상
염색법의 발달로 화려한 색상의 프린트 직물을 많이 사용하였다. 길에 술 장식을 하고 크고 화려한 장신구로 치장한 모습이다.

26 뒷스커트 자락이 넓게 퍼지는 이브닝드레스
크리놀린 스타일은 스커트 버팀대에 따라 스커트의 형태가 다양했다. 여기서는 앞은 편평하고 뒤가 넓게 퍼지는 형태의 모습을 볼 수 있다.

27 새장 형태로 둥글게 퍼진 스커트의 이브닝드레스를 입은 모습
겉 스커트 자락을 폴로네즈 스타일로 걷어 올린 모습이다.

28 티어드스커트 형태의 이브닝드레스

세 겹으로 이루어진 티어드 스커트의 디자인 구성은 1860년대
이브닝드레스에 자주 사용되었다.

29 면 피케로 만든 산책복의 실물

1860년대에 스틸먼(Stillman) 부인이 착용했던 산책복으로,
검은색 울 브레이드(wool braid)로 장식하였다. 산이나 해변
에서의 여가활동을 위한 의복에는 질기고 세탁이 가능한 소재를
사용하였다.

30 실용적인 소재로 만든 산책복과 남성의 라운지 슈트의 실물

여성의 산책복은 여가활동을 위한 넉넉한 품의 재킷 형태로 디
자인되었다. 남성이 착용한 여행 또는 여가활동용의 격식을 차
리지 않은 슈트는 종종 라운지 슈트(lounge suit)로 불렸으며
옅은 색의 재킷, 조끼, 바지가 한 벌이다. 운두가 낮은 볼러를
쓰고 있다.

31 시슬리(Sisley) 부부의 초상
시슬리 부인의 가운은 두 겹의 스커트를 걷어 올리는 폴로네즈 스타일이다. 남자는 격식을 차리지 않은 직선적 형태의 색 코트(sack coat)를 입고 있다.

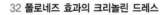

32 폴로네즈 효과의 크리놀린 드레스
스커트를 걷어올리지 않고 주름진 형태처럼 러플을 스커트 앞부분에 장식하고 엉덩이 부분에 장식 페플럼(peplum)을 덧대어 폴로네즈 스타일을 만든 모습이다.

33 폴로네즈 가운의 뒷모습

폴로네즈 가운이 등장하면서 스커트의 폭이 좁아졌으며 이는 이후 시기의 버슬 실루엣으로 이어진다. 머리에 외제니 모자를 쓴 것을 볼 수 있다.

34 폴로네즈 스타일로 디자인된 크리켓 복장

산업 발달로 부가 축적되면서 다양한 여가활동이 생겨남에 따라 여가복이 발달하였다. 실용적인 직물, 짧은 길이 등 다른 용도의 의복에 비해 간편한 모습이지만 운동을 하기에 불편해 보였다.

35 철사틀로 만든 크리놀린의 실물

슈미즈와 판탈레츠, 코르셋을 입은 후 크리놀린을 입고 있는 모습이다. 크리놀린이 말총으로 만든 형태에서 철사틀로 바뀌면서 여성 의복의 무게가 많이 감소하였다. 앞은 편평하고 뒤쪽으로 넓게 퍼지는 형태의 크리놀린이다.

36 속옷을 갖춰 입은 후 크리놀린 스타일의 드레스를 입고 있는 모습

원추형의 크리놀린 폭이 최대로 확장되었을 때 드레스를 착용하기 위해, 하녀들이 위에서 드레스를 씌워 주고 있다.

37 크리놀린 스타일의 외투, 숄, 망토를 착용한 모습

크리놀린 스타일은 가운의 폭이 매우 넓은 것을 특징으로 하는데, 이에 따라 여러 부분으로 나누어진 디자인의 외투, 풍성한 망토와 숄을 착용하는 것이 선호되었다.

38 넓은 폭의 외투와 망토를 착용한 모습

오른쪽의 여성은 뷔르누와 유사하게 화려한 술장식이 되어 있는 망토를 착용하고 있다. 왼쪽의 여성은 길이가 짧고 폭이 넓은 외투를 입고 있으며, 가운의 자락을 치마걸이 집게(porte-jupe)로 끌어올려 화려한 언더스커트가 보이도록 착용한 모습이다. 치마걸이 집게는 오른쪽 위의 그림과 같은 형태로서, 가운의 밑단이 바닥에 끌리는 것을 막기 위한 용도로도 사용되었다.

39 뷔르누(burnous)를 착용한 모습

동유럽으로부터 전해진 것으로 보이는 뷔르누는 폭이 넓으며 뒤에 후드와 술 장식이 달린 것이 특징이다.

40 대안 의복을 입은 중산층 여성

편안하게 맞는 헐렁한 재킷, 작은 모자, 넥타이로 구성된 남성 재킷을 모방한 대안 의복을 입은 모습이다.

41 블루머 드레스를 입은 모습

여성운동가인 블루머(Bloomer) 여사에 의해 1850년에 소개된 여성용 개량복으로, 코르셋이나 스커트 버팀대 없이 무릎길이 원피스에 발목이 좁고 풍성한 바지 차림이다. 햇볕을 가리기 위한 챙 넓은 모자와 편안한 신발도 함께 제안되었다.

남성 의복의 종류와 특징

산업혁명을 통해 부르주아 집단이 등장하면서 남성복에서 나타난 가장 큰 변화는 과거의 장식적인 의복이 직선적 형태로 변화하면서 성공한 계층과 부의 상징으로 사용되기 시작한 것이다. 나폴레옹 3세 시기부터는 실루엣이나 장식 디테일에서 남녀 복식이 뚜렷이 구분되었다.

테일 코트(tail coat)

나폴레옹 1세 때 처음 등장한 남성용 재킷으로, 앞은 허리선 길이이고 사선으로 잘려 무릎까지 닿는 뒷자락만 있는 형태이다. 이 시기 이후로 형태의 변화 없이 현대까지 가장 격식을 갖춘 의복으로 착용되고 있다.

프록 코트(frock coat)

일상복으로 착용되었다. 이 시기 여성복의 실루엣을 따라 넓은 어깨, 가는 허리, 부풀린 엉덩이가 표현되었으며 이러한 실루엣을 만들기 위해 남성들도 어깨와 가슴, 엉덩이에 패드를 대고 허리를 가늘게 조였다.

색 코트(sack coat)

나폴레옹 3세 시기에 등장한 남성용 재킷이다. 격식을 차리지 않은 일상적인 복장으로 직선적이고 단순한 형태이다.

디토 슈트(ditto suit)

나폴레옹 3세 시기에 등장한 재킷과 조끼, 바지를 같은 소재로 만든 한 벌 정장으로 오늘날 남성의 스리피스 슈트(three-piece suit)로 발전하였다. 주로 짙은 색을 사용하였다.

조끼(vest)

• 왕정복고 시기에는 남성 복장 중 가장 화려한 품목으로, 서로 다른 색상의 두 벌을 겹쳐 입기도 하였으며 다양한 직물과 색상을 사용하였다.
• 허리선 길이에 싱글 또는 더블 여밈이었으며 소매는 달지 않았다. 숄 칼라(shawl collar), 롤 칼라(roll collar), 테일러드 칼라(tailored collar)가 달려 있다.
• 나폴레옹 3세 시기에는 로맨틱 스타일에 비해 화려함이 덜해졌으나 여전히 남성 복장 중 가장 화려한 품목이었다.

42 테일 코트와 프록 코트의 착용 모습

격식을 갖춘 용도의 테일 코트와 보다 일상적인 용도의 프록 코트를 착용한 모습이다. 왕정복고 시기에는 남성들도 다양한 색상과 문양을 조화시킴으로써 화려한 차림을 하였다. 1820년대 말에는 줄무늬 바지가, 1870년경에는 체크무늬 바지가 크게 유행하였다.

43 색 코트(sack coat)를 착용한 모습

나폴레옹 3세 시기에 등장한 남성용 재킷인 색 코트는 직선적이고 단순한 형태로서, 격식을 갖추지 않은 일상적인 용도로 착용되었다.

트라우저(trousers)

• 왕정복고 시기에는 긴 바지인 트라우저(trousers)를 착용하였는데 허리에 주름을 잡아 엉덩이 부분은 풍성하지만 다리에 밀착되는 형태이다. 밑단에 달린 고리를 신발에 고정시켜 날씬한 모습을 만들었다.

• 나폴레옹 3세 시기에는 폭이 넓은 형태의 바지가 착용되었다.

셔츠(shirt)

• 주름 장식이 없는 간단한 형태의 셔츠를 착용하였다. 왕정복고 시기에는 턱까지 올라오는 높고 빳빳한 칼라를 달았으며 목 장식으로 크라바트(cravat)를 착용하였다. 관리의 편의성을 위해 착탈식 칼라와 앞판의 일부만 있는 조키(jockey)가 나타나기도 하였다.

• 나폴레옹 3세 시기에는 단순한 셔츠 칼라로 바뀌고 크라바트 대신 넥타이를 착용하기 시작하였다. 이로써 르네상스 시기부터 등장한 남성의 목 장식은 현대의 넥타이로 자리 잡게 되었다. 야회복에는 주름이나 턱(tuck) 장식이 된 셔츠에 흰 타이를 착용하였다.

오버코트(overcoat)

• 길이가 길고 풍성한 그레이트 코트(great coat), 좀더 현대적인 실루엣의 체스터필드 코트(chesterfield coat) 등을 주로 착용하였다. 일상적 외투로서 길이가 짧고 직선적 실루엣의 피 코트(pea coat)가 착용되기도 하였다.

• 정장용 외투로는 소매가 없고 길이가 긴 케이프 형태의 오페라 클로크(opera cloak)를 착용하였다.

어린이 의복의 특징

• 나이가 어린 남녀 어린이의 차림은 이전 시기에 등장한 판탈레츠(pantalettes)와 원피스 드레스가 기본이었다. 남자 어린이도 종아리 길이의 드레스 형태를 착용하였다.

• 나이가 많은 어린이는 성인의 의복 스타일과 유사한 형태로 디자인된 의복을 착용하였다. 즉, 남자 어린이는 바지 위에 셔츠 및 재킷 차림이었으며 여자 어린이는 어른의 가운 스타일과 유사하게 디자인된 형태를 착용하였다.

44 두 벌의 조끼를 입은 모습

왕정복고 시기에는 대비되는 색상과 문양의 조끼를 두 벌 겹쳐 입어 화려하게 꾸미는 것이 크게 유행하였다.

45 테일 코트와 캐속 트라우저(cassock trousers)를 착용한 모습

여성복의 실루엣처럼 어깨와 소매를 강조한 코트와 러시아 황제(czar)의 영국 방문을 계기로 유행했던 고리가 달린 바지를 착용한 모습이다.

46 왕정복고 시기의 남성 신체 보정에 대한 풍자화

여성 의복의 실루엣을 따라 맵시 있는 옷차림을 하기 위해 남성들도 어깨와 가슴, 엉덩이에 패드를 대고 허리를 가늘게 조였다.

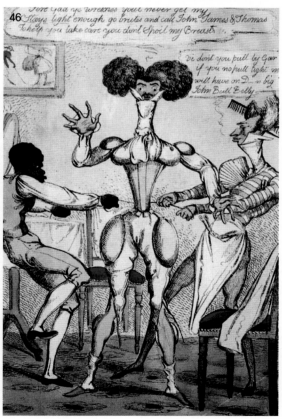

47 디토 슈트의 착용 모습

나폴레옹 3세 시기에 등장한 코트와 조끼, 바지를 같은 소재로 만든 한 벌 정장인 디토 슈트와 일상적인 용도의 직선적인 형태의 색 코트를 옅은색 바지와 함께 착용한 모습을 볼 수 있다. 바지는 편안하게 맞는 직선적인 형태로 바뀌었으며, 격식을 갖추지 않는 일상적 용도의 볼러(bowler)를 쓰고 있다.

48 리치몬드 스타일(richmond-style)로 단추 여밈을 한 라운지 재킷 차림

낮에 입는 반예복으로 주로 회색과 검은색의 줄무늬 바지와 함께 입었다. 재킷 자락이 조끼가 보일 정도로 사선으로 잘려 있어서 첫 번째 단추만 잠그는 리치몬드 스타일을 보여 준다.

49 그레이트 코트의 착용 모습
길이가 길고 풍성한 형태이며 모피로 안을 대었다.

50 격식을 갖춘 차림의 어른과 어린이의 모습
테일 코트가 가장 격식을 갖춘 차림으로 착용되었
으며 외투로는 오페라 클로크를 착용하였다. 나이
가 있는 어린이도 어른과 똑같은 복장을 한 것을
볼 수 있다.

51 체스터필드 코트의 착용 모습
나폴레옹 3세 시기에 등장한 체스터필드 코트는 직
선적이고 보다 남성적인 형태이다.

52 일상적 용도인 피 코트(pea coat)의 착용 모습
피 코트는 주로 여행이나 여가활동을 위한 용도로 사용었으며, 길이가
짧고 직선적인 실루엣의 단순한 형태이다. 여성은 가운 위에 단순한 디
자인의 펠레린을 둘렀다.

54 남자 어린이의 의복

남자 어린이는 여자의 원피스 드레스와 유사한 디자인의 윗옷과 바지를 착용하였다.

55 남녀 어린이의 의복

남자 어린이의 의복은 연령에 따라 형태에 차이가 나는 것을 볼 수 있다.

장식의 종류와 특징

머리 장식

여성의 머리 모양은 왕정복고 시기에는 매우 기교적이었으며 머리 위쪽을 강조하는 스타일이었다. 앞머리와 옆머리를 곱슬거리게 하여 귀 위쪽으로 올리거나, 옆에 소시지 컬을 늘이고 뒷머리는 정수리 위로 올려서 높게 정리하는 아폴로 노트(apollo knot) 형태를 주로 하였다. 그 위를 리본, 레이스, 깃털 등으로 화려하게 장식하였다. 나폴레옹 3세 시기에는 머리를 낮게 정리하고 옆머리는 길게 소시지 컬을 만들어서 늘어뜨리는 것이 가장 대표적인 스타일이었다. 옆머리를 늘이지 않고 풍성하게 가지런히 넘겨 머리그물에 정리하기도 하였다.

남성의 머리 모양은 짧은 곱슬머리 형태를 선호하였으며 볼수염과 콧수염을 길렀다. 나폴레옹 3세 시기에는 머리가 좀 더 짧고 간소화되었으며 볼수염의 유행이 지속되었다.

- **포크 보닛**(poke bonnet) : 머리를 감싸고 앞쪽으로만 챙이 넓은 여성용 모자이다. 장식으로 리본, 깃털 등을 사용하였으며 리본으로 턱 밑에서 고정시켰다.
- **외제니**(Eugenie) **모자** : 외제니 황후에 의해 유행된 작은 모자이다.
- **실크 해트**(silk hat) : 톱 해트(top hat) 또는 오페라 해트(opera hat)라고도 하는 격식이 있는 남성 모자이다. 견고한 재질로 만들어졌고 평평하고 각진 높은 운두가 있다.
- **볼러**(bowler) : 격식을 갖추지 않은 일상생활에서 사용하는 남성 모자이다. 운두가 낮으며 좁은 챙의 끝이 약간 올라간 형태이다.

신 발

- 여성은 왕정복고 시기에는 기본적으로 굽이 없는 발레 슈즈를 착용하였으며 반부츠도 굽이 없었다. 1850년대 이후로 굽 있는 구두나 반부츠를 착용하였다.
- 남성은 낮은 굽의 펌프스(pumps), 부츠 또는 반부츠를 착용하였다.

장신구

- 자본주의가 크게 발달함에 따라 사치가 극에 달하였다. 보석 장신구도 크고 화려한 것을 선호하였다.
- 액세서리로 파라솔, 부채, 작은 백, 장갑 등의 액세서리를 보석과 레이스, 리본, 깃털 등으로 화려하게 치장하여 사용하였다.

56 왕정복고 시기의 여성의 머리 장식

57 나폴레옹 3세 시기 여성의 머리 장식

58 왕정복고 시기의 펜던트와 귀고리

59 르네상스 양식의 재현에 의해 디자인된 장신구의 착용 모습

60 나폴레옹 3세 시기의 장신구 착용 모습

61 왕정복고 시기의 자연주의 디자인 목걸이의 일부

62 나폴레옹 3세 시기의 중세 이미지 디자인의 머리 밴드, 목걸이, 브로치

63 왕정복고 시기와 나폴레옹 3세 시기의 남녀 신발

Chapter 13

제국주의 시기의 복식과 문화

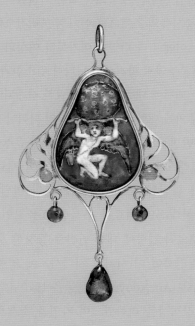

시대적 배경

현대사회의 기초를 확립한 시기이며 '해가 지지 않는 나라'로 최대의 번영을 누린 영국을 비롯하여 프랑스, 독일, 이탈리아, 미국이 강국으로 부상하였다. 각국은 국외로의 세력 확장에 주력하여 신제국주의 시대로 일컬어지며, 시장을 개척하고 원료를 공급받기 위해 아시아·아프리카에 대한 식민지 개척에 주력하였다. 이렇게 강대국들이 제국주의 정책을 펼치면서 경제적 이해관계에 따른 외교적 조정으로 세력 평형을 유지하였으므로 제1차 세계대전이 일어나기 전까지는 평온한 시기를 누릴 수 있었다.

전 유럽 국가에 자리 잡은 산업 발전은 생활의 변혁을 가져왔다. 생산성 향상과 부의 축적으로 여가시간이 많아짐으로써 중산층의 스포츠 참여가 두드러졌으며, 다양한 직업의 창출로 여성의 직업 진출이 활발해졌다. 이에 따라 다양한 여가복과 여성의 테일러드 슈트(tailored suit)가 개발되었다. 의복에서는 자본주의적 합리성이 나타나 간소함과 실용성이 중시되었으며, 기성복이 발달하였다. 이에 따라 패턴에 대한 연구도 활발히 전개되어 의복이 규격화·획일화되었다. 한편, 자유방임적 자본주의에 대한 사회주의 사상이 나타나기 시작하였다.

낭만주의적 감상에 대한 반발로 사실주의와 기능주의 운동이 등장하였다. 값싼 대량 생산품이 아닌 아트 앤드 크래프트(Art and Craft)와 같이 재료와 제작 방법에서의 기능성을 중시한 제품의 제작이 활발해졌으며, 과학기술의 발달과 기능성에 대한 중시는 유리, 강철, 콘크리트 등의 현대적인 재료를 구사한 효율적인 건축물을 등장시켰다.

이전 시기의 지나친 낭만주의적 경향에 대한 반발로 등장한 사실주의는 사회를 비판하고 고발하는 건전한 운동으로 발전하여 이 시기의 시대사조에 영향을 주었다. 또한 1890년경 장식분야에서 시작된 아르 누보(Art Nouveau) 운동은 1910년경까지 지속되면서 기계문명에 대한 반발로써 기능성에 장식성을 더하였으며 자연을 소재로 한 율동감과 생동감을 표현하였다. 예술계의 개선 움직임인 라파엘 전파(Pre-Raphaelite)로부터 직접적인 영향을 받은 기능주의 복장(rational dress) 운동이 영국에서 1880~1890년대에 나타났으며 당시의 비위생적인 유행, 특히 꼭 끼는 코르셋, 거추장스러운 치장들, 체형 보정물에 대해 반발하여 유미주의 복식(aesthetic dress)을 제안하였다.

1 미국 뉴욕의 브루클린 브리지(Brooklyn Bridge)

강철 케이블을 이용한 최초의 현대식 현수교로, 1883년 5월 개통되었다. 과거의 건축 요소를 전혀 포함하지 않고 당대의 시대정신을 표현하여 산업혁명의 가장 우수한 업적물로 평가된다.

2 미국 버펄로(Buffalo)의 개런티(Guaranty) 빌딩

현재의 푸르덴셜(Prudential) 빌딩으로, 현대적 재료를 사용하여 기능성을 중시하는 당시의 특징을 나타내는 현대주의 건축물이다.

3 프랑스 파리의 에펠 탑(Eiffel Tower)
1889년의 세계박람회장의 입구로 설계되
었다. 과학과 산업의 기념비적 건축물이
며, 과학적 진보의 상징적 건축물로 평가
된다.

4 아르 누보 양식의 건축물
가우디(Gaudi)가 디자인한 바르셀로나의 집합주택이다.

5 타셀 저택(Hotel Tassel)의 실내장식
아르 누보 양식의 디자인이 돋보이는 실내로, 1893년 빅토르 오르타(Victor Horta)에 의해 디자인되었다.

6 아르 누보 양식의 세면대
유연한 곡선으로 디자인된 장식성이 강한 세면대로 당시 유행했던 마졸리카(majolica) 타일을 볼 수 있다.

7 미술공예운동(Arts and Crafts Movement)의 영향을 받은 수공예 작업에 의한 실내디자인

8 김슨(Ernest Gimson)의 캐비닛

여성 의복의 종류와 특징

버슬 실루엣(bustle silhouette)

1870~1890년까지의 여성복 실루엣을 일컫는다. 엉덩이 부분을 부풀려서 과장하는 스타일로 초기(1870~1878)에는 스커트 자락을 엉덩이 부분으로 끌어올려서 부풀렸으나 점차 속에 스커트 버팀대를 착용하여 과장하였다. 스커트 자락을 길게 늘여 트레인(train)을 만들었으며 이에 따라 스커트 자락이 더러워지는 것을 막기 위한 더스트 러플(dust ruffle)을 속치마에 달기도 하였다.

- 펜슬 실루엣(pencil silhouette)은 1878~1883년까지 유행한 형태이다. 엉덩이 부분을 부풀리지 않고 전체적으로 가는 실루엣이었으며, 스커트 아랫부분에 디자인의 초점을 두어 화려하게 장식하였다.
- 워터폴 백(waterfall back)은 다시 엉덩이를 직각으로 강조한 실루엣으로 1890년경까지 유행하였다. 견고한 형태를 이루도록 버팀대를 사용하고 스커트 자락을 끌어올려 장식하였다.

S자형 실루엣(S silhouette)

- 1890~1900년대 초까지의 여성복 실루엣을 일컫는 것으로, 옆에서 보았을 때 S자 형태로 보인다고 하여 붙은 이름이다.
- 디자인의 초점을 엉덩이에서 가슴 부분으로 이동시켜 새가슴(pouter-pigeon bodice)형태로 가슴을 과장하였다. 가는 허리와 둥근 엉덩이선이 특징이다.
- 야회복은 목둘레선을 깊이 파고(decolletáge) 일상복은 스탠드 칼라(stand collar)를 단 높은 목둘레선으로 만드는 등 디자인을 할 때 착용 목적에 따른 차이를 두었다.

깁슨 걸 룩(Gibson girl look)

- 깁슨(Gibson)이라는 화가의 이름을 딴 이 시기의 특징적인 실루엣이다.
- S자형 실루엣에 스커트의 폭을 넓히고 소매 윗부분을 과장하였다. 앞에서 보았을 때 X자가 된다.
- 소매는 주로 양다리형(leg-of-mutton) 소매, 퍼프(puff) 소매 등 어깨와 팔의 윗부분을 넓게 강조하는 형태로 디자인했다. 어깨를 과장하기 위해 피나포어 윙(pinafore wing)이라는 어깨 장식을 하기도 하였다.

슈트(suit)

- 남성복의 형태를 빌려 온 의복으로, 재킷과 스커트, 셔츠 차림으로 구성된다. 여성복 최초로 셔츠를 겉옷으로 착용하였으며 이로부터 블라우스가 발전하게 되었다.
- 셔츠 칼라에 레이스, 리본, 타이로 장식하였고 낮에 외출복 또는 운동복으로 착용하였다.

외 투

- 플리스 코트(pelisse coat) : 케이프형의 넓은 소매가 달린 넓은 코트이다. 땅에 닿을 정도로 길며, 뒤를 풍성하게 재단하였고 모피로 가장자리를 장식하였다.
- 보아(boa) : 일종의 목도리로, 길고 두툼한 형태이다. 모피로 만들거나 부드럽고 푹신한 느낌의 깃털을 사용하기도 하였다. 깃털, 튈(tulle), 레이스 등으로 장식하였다.
- 더스터(duster) : 자동차가 발명되면서 등장한 외투로, 옷을 먼지로부터 보호하기 위한 풍성한 면직 코트이다. 이외에도 자동차를 탈 때는 머리를 감싸는 베일, 눈을 보호하는 고글(goggles)이 필요했다.

유미주의 복식(aesthetic dress)

기능주의 복장 운동에 의해 제안된 의복 스타일로, 유행의 흐름은 따르면서 보다 느슨하게 맞는 형태이다. 코르셋을 입지 않았으며 굽이 낮은 신발과 덜 정교한 머리 모양을 하였다. 주로 영국 리버티(Liberty) 사의 프린트 직물이나 동양 실크로 만들었으며 퍼프나 양다리형의 긴 소매를 달았다. 남성의 유미주의 의복은 무릎길이의 바지, 벨벳 재킷, 부드럽고 넓은 칼라와 느슨하게 묶어 내린 넥타이로 구성되었다. 건강을 위한 예술적인 의상조합(Healthy and Artistic Dress Union)의 〈드레스 리뷰(Dress Review)〉와 같은 간행물에서 코르셋 대신 편안한 가슴거들의 착용을 권했으나 주류 패션에는 영향을 미치지 못했다. 유미주의 복식을 입는 것은 당시의 사회적인 조롱거리였다.

9 1870년대의 전형적 격식을 갖춘 데이 드레스(day dress)
겉 스커트 자락을 걷어 올려서 엉덩이에 쌓아 올리는 방식으로 버슬(bustle)을 만들었으며 언더스커트는 뒤쪽으로 모아 길게 늘어뜨린(train) 것을 볼 수 있다. 프릴(frill), 플라운스(flounce), 술 장식(fringe) 등 모든 장식을 사용하였다. 뒤로 보이는 가구는 레이스로 장식된 이 시기의 전형적인 디자인의 화장대이다.

10 재킷와 스커트로 구성된 여름용 데이 드레스

팔꿈치 길이의 파고다 소매가 달리고 프릴, 플라운스, 리본 등으로 치장된 데이 드레스이다. 겉 스커트 자락으로 트레인을
길게 만들었으며 밑단에 더스트 러플을 단 모습을 볼 수 있다.

11 펜슬 실루엣의 가운을 입고 있는 바르톨로메(Bartholome)의 초상

펜슬 실루엣은 엉덩이 아래까지도 몸에 잘 맞도록 디자인되었으며 이를 위해 의복 구성 시 다트(dart)의 사용이 많았다. 일상복은 재킷과 스커트의 구성이 많았으며 이전의 스타일에 비해 스커트 길이가 짧아졌다.

12 겨울용 버슬 실루엣 가운을 입고 있는 뒤에즈(Ernst-Ange Duez)의 초상

모피로 안을 댄 가운 재킷의 뒷자락과 스커트 자락을 걷어 올려서 버슬을 형성하였다.

13 돌먼(dolman)의 실물

1870~1880년대 초반의 버슬 실루엣의 가운 위에 입던 일종의 외투인 돌먼의 실물 모습이다. 소매가 특징적이며 당시 유행했던 모피 장식과 깃털 문양의 직물을 볼 수 있다.

14 패션 잡지(fashion plate)에 표현된 재킷과 스커트로 구성된 펜슬 실루엣의 데이 드레스

재킷은 비교적 단순한 디자인으로 만들고 스커트에 화려한 장식을 집중적으로 하였다. 겉 스커트 자락을 길게 늘여 트레인을 만들기도 하였다.

15 펜슬 실루엣의 이브닝드레스를 착용한 모습과 실물의 뒷모습

펜슬 실루엣 야회복의 뒷모습으로 엉덩이 부분까지 몸에 꼭 맞게 하고 스커트 자락을 뒤로 잡아서 걷기 힘들 정도로 매우 날씬한 실루엣을 형성하였다. 뒤에 긴 트레인이 달렸으며 꽃과 레이스, 리본 등으로 화려하게 치장하였다.

16 워터폴 백 실루엣의 이브닝드레스 실물

재킷과 스커트로 구성된 이브닝드레스이다. 재킷은 사각형으로 깊이 파인 목둘레와 좁은 팔꿈치 길이의 소매가 달렸으며 앞뒤 모두 예각 허리선으로 되어 있다. 버팀대와 스커트 자락을 이용해 과장적으로 워터폴 백 실루엣을 만들었으며, 스커트 밑단에 더스트 러플을 달았다.

17 워터폴 백 실루엣의 격식차린 데이 드레스를 입고 있는 매리언 후드(Marion Hood)

벨벳의 길은 예각 허리선에 짧은 소매, 스탠딩 칼라로 구성되었으며 레이스 러플, 프릴, 플래스트런(plastron)으로 장식되어 있다. 실크 스커트를 레이스로 장식하면서 드레이프(drape)와 구긴듯한 방식으로 워터폴 백 실루엣을 만든 것을 볼 수 있다.

18 루이즈 카네기(Louise Carnegie)가 신혼여행에서 돌아오며 입었던 워터폴 백 실루엣의 데이 드레스 실물

엉덩이에서 직각으로 부풀린 스커트가 매우 견고하게 보인다. 장식성을 위해 겉 스커트 자락에 주름을 잡아 접어 올렸다.

19 패션 잡지(Fashion plate)에 묘사된 1895년에 유행한 깁슨 걸 룩의 외출복

깁슨 걸 룩은 가슴과 엉덩이를 강조한 S자 실루엣을 앞에서 보았을 때 X자 실루엣으로 보이도록 하는 부풀린 소매와 폭 넓은 스커트가 특징이다.

20 깁슨 걸 룩 데이 드레스의 뒷모습

팔꿈치 길이의 양다리 소매가 달린 길은 여러 개의 다트를 이용해 몸에 꼭 맞는 형태이며, 장식적 뒷자락에 의해 엉덩이의 버슬이 더 강조되었다. 다소 큰 장미꽃 문양은 당시 유행했던 18세기 프린트 직물에 대한 취향을 나타낸다. 머리 위에 올리는 작은 보닛을 썼다.

21 아르 누보(Art Nouveau) 스타일의 에프터눈 드레스

패션 잡지에 소개된 디자인으로, 아르 누보의 영향으로 소매와 스커트의 부피가 감소되고 흐르는 듯한 유연한 곡선으로 S자 실루엣을 표현하였다. 가슴과 엉덩이 부분이 불룩하게 강조된 것을 볼 수 있다. 높은 목선은 이 시기 여성복의 특징 중 하나이다.

가슴을 불룩하게 강조하기 위해 보디스 앞 부분을 레이스 자락으로 장식하기도 하였다.

22 패션 잡지(Fashion plate)에 묘사된 깁슨 걸 룩의 이브닝드레스

어깨를 넓게 강조하기 위한 피나포어 윙을 퍼프 소매 위에 장식하였다.

23 상점 앞을 걸어가는 아르 누보 스타일 복장의 여성들

가슴을 강조하는 이 시기의 의복 스타일에 의해 무게 중심이 앞으로 쏠린 모습이다.

24 아르 누보 스타일의 에프터눈 드레스와 머리 장식

아르 누보의 영향으로 의복의 부피가 감소하면서 거대해진 머리 장식을 볼 수 있다. 챙이 넓은 밀짚모자에 과다한 깃털 장식을 하였다.

25 아르 누보 문양의 이브닝드레스

워스(Worth)가 엘리자베스 드리젤(Elizabeth Drezel)을 위해 1898년에 디자인한 것으로, 흰색 새틴 위에 검은색 벨벳으로 정교한 아르 누보 문양을 만들었다.

26 두세 쿠튀르 하우스(Doucet couture house)에서 제작한 리넨 슈트의 실물

여성들은 17세기부터 남성복을 받아들여 승마복 등으로 사용해 왔으나 일상복으로 남성의 슈트 차림을 적용한 것은 이 시기가 처음이다. 실루엣과 장식 디테일은 여성복의 흐름을 따르지만 모자와 셔츠는 남성복을 모방하였다.

27 직업 여성의 슈트 차림

28 아르 누보 스타일의 슈트 차림

아르 누보의 영향으로 부피가 감소한 흐르는 듯한 실루엣의 슈트를 착용한 모습이다.

29 이브닝드레스 위에 보아를 두른 모습

보아(boa)는 굵고 긴 띠 형태의 모피로 이 시기에 크게 유행하였다. 계층 상징적 기능과 장식성이 강하였다. 이브닝드레스의
가슴과 어깨를 강조하는 정교하고 화려한 장식 디테일이 특징이다.

30 플리스(pelisse)를 입은 모습

31 펠레린(pélerine)식 모피 장식을 한 르댕고트와 밍크 머프(muff)

32 유미주의 의복(aesthetic dress)을 입고 있는 아델라이드 탈보(Lady Adelaide Talbot)

기능주의 복장 운동으로 제안된 유미주의 의복은 당시 유행의 경향은 따르면서 코르셋이나 스커트 버팀대 없이 편안하게 맞는 실루엣과 중세 고딕적 장식 디테일이 특징이다.

33 리버티(Liberty) 의 유미주의 의복의 실물

영국의 리버티 회사에서 1894년에 제작한 어두운 녹색의 실크 벨벳 드레스로, 15세기의 의복 특징이 반영된 디자인이다. 코르셋이 없는 느슨하고 자연스러운 인체 실루엣을 볼 수 있다.

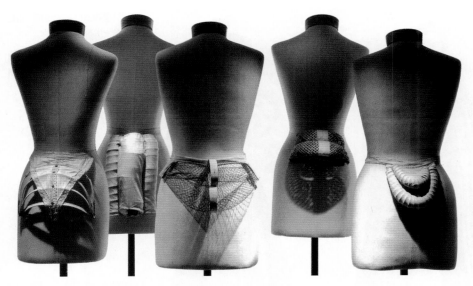

34 버슬(bustle)을 실제 착용한 모습

왼쪽부터 1880년대, 1870년대, 1888년, 1880년 후반, 1870년대에 사용되던 버슬이다. 다양한 소재로 만들어졌
으며, 워터폴 백 실루엣이 유행하던 1880년대의 버슬이 더 크고 각도도 가파른 것을 볼 수 있다.

35 펜슬 실루엣을 위한 스커트 버팀대

디자인의 초점이 다리쪽으로 내려가면서 엉
덩이의 부풀림이 줄어든 모습이다.

36 워터폴 백 실루엣을 위한 스커트 버팀대

37 S 실루엣을 위한 속옷을 착용한 모습

앞가슴이 밑으로 불룩하게 과장되었으며 옆에서 보았을 때 S자가 되도록 배를 눌러 주고 엉덩이를 강조하는 코르셋을 착용하여 몸이 앞으로 기울어진 것을 볼 수 있다.

38 S 실루엣을 위한 코르셋의 실물

디자인의 초점이 가슴으로 바뀌면서 불룩한 새가슴을 만들기 위해 패드, 프릴 등으로 장식하였다.

39 코르셋과 같이 배를 눌러 주는 기능을 위해 얇은 블라우스 안쪽에 심을 넣은 모습

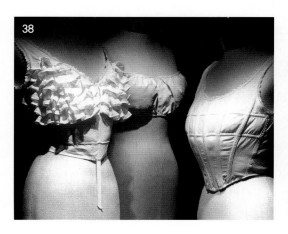

남성 의복의 종류와 특징

남성복은 이전 시기와 큰 차이 없이 지속되었다. 테일 코트(tail coat)는 저녁에 격식을 차리는 용도로만 착용되었으며 프록 코트(frock coat)는 외출복으로 받아들여졌다. 세분화된 착용 목적에 맞추어 적절하게 입을 수 있도록 새로운 형태들이 등장하였다.

모닝 코트(morning coat)
낮에 착용하는 반예복으로 앞자락이 사선으로 잘려지고, 로 웨이스트(low waist)에 절개선이 들어가 있다. 회색과 검은색의 가는 세로 줄무늬 바지와 함께 착용하였다.

라운지 슈트(lounge suit)
이전 시기의 색 코트(sack coat)에서 변형된 것으로 재킷, 조끼, 바지가 한 벌로 만들어지면서 현재의 남성 신사복(business suit)으로 발전하였다. 주로 감색의 서지(serge)나 무늬가 있는 트위드(tweed)로 만들었다.

턱시도(tuxedo)
디너 재킷(dinner jacket)으로도 불리며 비공식의 저녁 모임용 예복으로 착용되었다. 솔 칼라(shawl collar) 또는 테일러드 칼라(tailored collar)에 공단으로 장식하고 옆선에 공단으로 선 장식을 한 바지와 함께 착용하였다.

블레이저 재킷(blazer jacket)
스포츠용 재킷으로 헐렁한 직선형이다. 소매 폭이 넉넉하며 넓은 라펠(lapel)을 달았다. 줄무늬 직물로 만들며, 같은 직물의 바지 또는 흰색 바지와 함께 착용하였다.

외투(overcoat)
- 체스터필드 코트(chesterfield coat) : 이 시기에 가장 선호된 외투로 처음에는 무릎길이였으나 차츰 길이가 길어졌다. 주로 검은색, 갈색, 회색, 감색을 착용했으며 실크로 안을 대고 브레이드(braid)로 가장자리를 장식하였다.
- 톱 프록(top frock) : 프록 코트(frock coat) 위에 입는 외투로 프록 코트와 똑같은 형태이나 보다 느슨하고 좀 더 무거운 재료로 만들었다.

40 저녁의 예복 차림

가장 격식을 차린 복장으로 착용된 테일 코트와
톱 해트(top hat)의 모습이다. 검은색 실크 깃
(facing)으로 장식하였으며 장식성을 위해 속에
더블 여밈의 흰색 새틴 조끼를 입기도 하였다.

41 라운지 슈트를 착용한 모습

색 코트에서 변형된 라운지 재킷을 바지, 조끼와 같은 직물로 만
들면서 라운지 슈트가 되었으며 현재 남성 신사복의 전형이다.

- 인버네스 케이프(inverness cape) : 코트 위에 덧붙여서 입는, 손을 덮는 정도의 짧은 케이프로서 안감은 화려한 직물을 사용하였다.
- 글래드스턴 코트(gladstone coat) : 더블 브레스트(double breast)의 짧은 외투로 어깨에 짧은 케이프를 달기도 하고 모피로 가장자리를 장식하기도 하였다.

스포츠 웨어

- 스포츠 재킷(sports jacket) : 스포츠를 즐길 때 착용하는 재킷으로, 헐렁한 직선형이며 폭이 넉넉한 소매와 넓은 라펠이 달렸다. 관리가 편리한 면직물을 주로 사용하였다.
- 노퍽 재킷(norfolk jacket) : 사냥이나 스포츠 활동 시 착용하는 재킷이다. 엉덩이 길이로 허리선에 벨트 형태의 절개선이 있으며, 앞뒤에 맞주름이 있어 활동에 용이한 기능적 디자인이다. 헐렁한 무릎길이 바지인 니커보커스(knickerbockers)를 부츠나 긴 양말과 함께 착용했다. 모자는 주로 부드러운 펠트(felt) 모자를 썼다.

42 턱시도(Tuxedo)

1860년대에는 테일 코트보다 길이가 짧은 재킷이 이브닝 웨어로 받아들여지기 시작했다. 이것이 미국에서는 1886년에 턱시도로 알려졌다.

43 프록 코트를 착용한 모습

프록 코트, 체크무늬 바지, 파이핑(piping) 장식의 벨벳 조끼 차림은 1880년부터 유행하는 스타일이었다. 코트의 깃에 꽃을 꽂는 것은 우아함의 상징으로 받아들여졌다.

44 모닝 코트의 변형인 유니버시티 코트(University coat)의 실물

1870년대에 처음 소개되었으며 앞자락이 사선으로 잘려서 윗단추만 여미는 형태이다. 벨베틴(velveteen)으로 만들어진 이 코트는 화려한 조끼와 폭이 좁은 줄무늬 바지와 함께 입었다.

45 모닝 코트를 입고 있는 에드워드 7세

모닝 코트와 함께 입은 바지의 옆선 주름이 보인다. 젖은 바지를 다림질하다 실수로 만든 옆주름은 바지 고리(instep strap)가 없어진 이후에 헐렁해 보이는 바지를 좀더 단정해 보이도록 하는 효과 때문에 선호되었다.

46 외출복(town wear) 차림의 레이먼드 러셀(Raymond Roussel)

1890년대부터 유행된 옅은 색의 재킷과 앞주름이 있는 바지를 착용하였다. 앞주름은 처음에는 무릎 아래에만 있었으나 점차 허리선까지 올라갔으며 1913년경에는 정장바지의 필수요소가 되었다.

47 톱 프록과 인버네스 케이프를 착용한 모습

48 외출복의 전형적 차림

낮 외출 시 착용하는 일상적인 복장은 라운지 슈트, 체스터필드 코트, 빳빳한 칼라와 넥타이, 볼러로 구성되었다. 체스터필드 코트에 에드워디안 벨벳 칼라(Edwardian velvet collar)가 달린 것을 볼 수 있다.

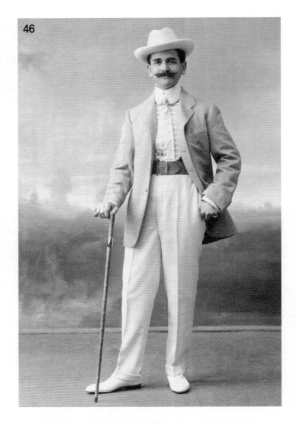

46

47

48

49 유미주의 의복을 착용하고 있는 오스카 와일드 (Oscar Wilde)

라파엘 전파 운동의 대표적 학자인 오스카 와일드는 무릎길이의 바지, 벨벳 재킷, 편안하게 접어 내린 칼라와 느슨하게 묶은 넥타이를 착용하였다. 와일드는 〈Lady's World〉라는 패션 잡지의 편집장을 2년간 맡으면서 "인간은 스스로 예술작품이 되거나 그렇지 못할 때에는 예술작품을 입어야 한다."는 금언을 남겼다.

50 블레이저 재킷을 입은 에드워드 7세

블레이저 재킷은 스포츠나 여가용의 격식을 차리지 않은 재킷으로, 직선적이고 헐렁한 형태이며 주로 줄무늬 직물로 만들어졌다. 모자는 홈버그(Homburg)를 쓰고 있다.

51 노퍽 재킷과 니커보커스를 착용한 남녀의 모습

노퍽 재킷은 사냥이나 자전거 복장으로 무릎길이의 니커보커스와 함께 착용하였으며 어깨에 있는 두 개의 주름으로 활동에 편한 형태이다.

52 스포츠 재킷을 입고 있는 에드워드 7세

스포츠 재킷은 직선적인 헐렁한 형태로 스포츠 활동 시 편안한 바지와 함께 착용하였다.

53 여성들의 자전거 복장인 블루머(bloomer)
1850년에 여성복의 개혁을 위해 소개되었던 블루머는 40년이 지나
서야 여성들의 자전거 복장으로 착용되었다. 바지를 여성의 일상복
으로 받아들인 것은 1970년대의 일이다.

54 다양한 수영복
남성, 여성, 어린이의 수영복 차림이다. 지금의 기준으로 보면, 수영하는 데 다소 거추장스러운 형태이다. 1876년 〈하퍼스 바자〉에
실린 당시의 최신 유행이었던 수영복의 모습도 보인다.

어린이 의복의 특징

- 일상복으로 남자 어린이는 세일러복 형태를, 여자 어린이는 활동하기 편한 디자인의 원피스를 주로 착용하였다.
- 정장용 의복은 성인의 의복 스타일을 적용하여 화려하게 디자인하였고, 남자 어린이는 어른과 같은 형태의 정장 슈트를 착용하였다.

55 1900년대 후반의 남녀 어린이 의복
여자 어린이는 헐렁한 블라우스와 스커트 차림에 챙과 운두가 넓은 모자를 썼다. 남자 어린이는 리퍼 재킷(reefer jacket)을 입고 짧은 바지에 각반을 둘렀다.

56 여자 어린이의 의복

버슬 실루엣의 유행을 따라 엉덩이가 불룩하게 강조되었다. 스커트가 무릎길이로 짧아진 것을 볼 수 있다.

57 남녀 어린이의 의복

여자 어린이의 의복은 상 중에 입는 것으로 보인다. 남자 어린이가 입고 있는 세일러복은 이후로도 어린이 의복으로 계속 착용되었다. 어린이는 연령에 따라 입을 수 있는 하의의 길이가 규정되어 있었다.

장식의 종류와 특징

머리 장식

여성들은 머리를 손질하여 뒤로 빗어 올리거나 자연스러운 컬을 주어 어깨 뒤로 늘어뜨리는 스타일이 있었다. 버슬 스타일이 유행하던 시기에는 머리형을 크게 부풀린 경향이 있었으며 차츰 단정하고 작은 형태로 변화하였다. 머리 장식으로 챙이 넓지 않고 작은 펠트(felt) 모자나 밀짚모자를 이마 앞쪽으로 기울여 쓰고 리본, 꽃, 깃털, 레이스로 화려하게 장식하였다. 보닛(bonnet)을 착용하거나 스포츠용 복장에는 비버 해트(beaver hat)를 쓰기도 하였다. 모자를 쓴 후 베일로 얼굴을 완전히 감싸기도 하였다.

남성들은 머리를 짧게 자르고 콧수염과 턱수염을 길렀다. 카이젤이라는 끝이 올라간 콧수염을 기르고 손질을 세심하게 하였다.

- 톱 해트(top hat) : 오페라 해트(opera hat), 실크 해트(silk hat)라고도 하며 정장에 착용하는 모자로 운두가 높고 챙은 좁으며 옆이 살짝 올라간 곡선형이다.
- 볼러(bowler) : 더비(derby)라고 불리며 일상적으로 사용되는 모자이다. 운두가 낮으며 둥그런 형태로 되어 있다. 챙이 작고 옆이 살짝 올라간 형태이다.
- 밀짚모자 : 스포츠용으로 사용하던 운두가 낮고 챙이 비교적 큰 형태이다. 스포츠용으로 캡을 쓰기도 하였다.

신 발

여성들은 반부츠 형태와 단화형의 구두를 일반적으로 착용했다. 가죽이나 천으로 만들었으며 천으로 만든 신발에는 정교하게 자수 장식을 하였다. 정장용으로는 실크로 만든 슬리퍼형 신발을 착용하였다.

남성들은 발목 길이의 부츠를 신거나 구두를 신었다. 부츠는 옆에서 단추로 잠그는 편리한 형태이다. 구두는 검은색을 많이 신었으며 정장용으로 구두 위에 가터를 대기도 하였다. 스포츠용으로는 두 가지 재료의 콤비형을 신었다.

장신구

여성들은 보석 장신구를 많이 사용하였으며 이브닝 웨어에는 목둘레선이 깊게 파였기 때문에 긴 진주 목걸이, 목에 두르는 목걸이, 펜던트 등 여러 종류의 목걸이로 장식하였다.

남성들은 회중시계를 조끼 주머니에 넣고 금시계줄을 늘어뜨리거나 지팡이를 들고 다녔다.

58 버슬 실루엣의 머리 장식

59 S 실루엣의 머리 장식

60 아르 누보 스타일의 장신구

아르 누보의 영향으로 식물 문양을 응용한 유연한 곡선으로 디자인되었다. 미술공예운동(Arts and Crafts movements)의
영향을 받은 섬세한 수공예 작업이 돋보인다. 왼쪽 위부터 시계 방향으로 머리 장식, 펜던트, 길(bodice)에 다는 장식, 오페
라글래스걸이, 목걸이, 브로치, 펜던트가 놓여 있다.

61 일상생활의 물건들을 사실적으로 표현한 브로치

62 자포니즘 영향의 장신구

63 고대 동양의 기법인 유선칠보로 장식된 팔찌

64 애도를 나타내는 장신구와 실제 착용 모습

65 1890년대에 유행된 로켓(locket)과 로켓이 달린 팔찌

로켓은 안에 사진이나 기념물을 넣을 수 있도록 디자인한 것으로 겉을 정교하게 장식하여 팔찌, 목걸이, 머리 장식 등
에 사용하였다.

66 여성용 구두와 남녀 부츠

Part **V**

현대의 복식과 문화

Chapter **14**

20세기 전반의 복식과 문화

시대적 배경

서유럽 열강들이 아시아와 아프리카 지역에 대한 식민지 활동을 앞다투어 진행하면서 서유럽의 문화가 세계화되었고, 복식에 있어서도 서유럽 복식이 국제적 기준이 되었다. 한편, 새롭게 접하게 된 동양에 대한 관심으로 동양풍의 색채와 디자인이 등장하였다.

국제 사회는 제국주의 시대 이후로 제1차 세계대전 이전까지 벨 에포크(Belle Epoch)라고 불리는 정치·경제적 안정기를 누리게 되었다. 정치적 안정은 많은 사람을 예술에 심취하게 하여 러시아 발레단(Ballet Russe)의 공연이나 입체파 전시회와 같이 당시 큰 반향을 불러일으킨 문화적 행사가 다양하게 개최되었다. 이러한 문화적 행사들은 당시의 유행에 민감하게 반영되었다.

이 시기의 가장 큰 정치적 사건은 제1차 세계대전으로, 이로 인해 19세기의 문화적 전통과 형식이 사라지며 본격적인 근대화가 시작되었다. 한편, 전쟁에 참가하였던 젊은이들은 가치관의 혼란을 크게 겪었고 이러한 의미에서 전쟁 이후 1920년대를 살아가던 젊은이들을 '잃어버린 세대(lost generation)'라고 명명하였다. 전쟁으로 인해 여성의 사회 진출이 크게 늘어났으며 이에 따라 여성들이 자유와 권리, 직업에 관심을 갖게 되었다. 제1차 세계대전 이후 헌법에서 남녀의 동등권을 인정하는 국가가 많아졌으며 여성의 지위 향상이 이루어졌다.

제1차 세계대전의 승리와 더불어 군수산업의 확장으로 미국이 세계 경제에서 차지하는 영향력이 커지면서 그들의 생활양식이 전 세계에 보급되었다. 1920년대는 이러한 물질적 번영을 배경으로 소비와 쾌락을 추구하는 시기였다. 사회·문화적 활동이 활성화되어 대중문화가 태동하였으며 젊은이들은 재즈와 스포츠에 열광하였다.

1929년에는 뉴욕 주식시장 대폭락으로 세계적인 대공황이 일어났고, 불황으로 노동운동이 확산되었다. 여성들은 다시 전통적인 가정주부로의 역할로 되돌아갔고, 이러한 상황을 반영하여 성숙한 여성미를 강조하며 가늘고 긴 실루엣이 유행하였다. 자본주의 국가들은 경제공황에서 벗어나기 위해 국수주의 정책을 실천하고 군수산업에 주력하였다.

1939년에 일어난 제2차 세계대전은 역사상 유래가 없는 세계적인 전면 전쟁으로 경제 침체와 군수물자 보급을 위한 절약과 재활용 풍조를 가져왔다. 제2차 세계대전의 여파로 모

1 아르 데코 건축물인 뉴욕 크라이슬러(Chrysler) 빌딩
아르 데코 예술사조가 미국에서 주류로 받아들여졌음을 상징하는 건축물로서 윗층 부분은 회사의 제품을 나타내는 금속으로 씌워져 있다.

2 아르 데코 디자인을 반영한 크라이슬러 빌딩 엘리베이터 문
윌리엄 반 알렌(William van Alen)이 설계한 엘리베이터 문으로 나무와 황동으로 만들어졌다.

든 유럽의 참전국들의 경제가 침체되었으며 파산 지경에 이른 국가들도 있었다. 상대적으로 피해가 적고 풍요로웠던 미국은 1947년 유럽에 경제적 지원을 약속하는 마셜 플랜(Marshall plan)을 발표하면서 국제사회에서 정치·경제적으로 가장 우세한 위치를 점하게되었으며 서유럽은 이를 계기로 적극적인 경제 부흥에 나서게 되었다. 미국과 소련을 양극으로 한 자본주의와 공산주의의 냉전체제가 시작되었으며 군수산업은 경제 발전에도 긍정적 효과를 주었다.

20세기 초는 과학적 진보가 활발히 이루어진 시기로 톰슨(Thomson)의 원자설과 아인슈타인(Einstein)의 상대성이론을 비롯한 각종 과학이론의 기초가 마련되었다. 또한 자동차의 등장과 전화의 개량, 비행기 발명 등으로 국제 교류의 기틀이 마련되었고 1920년대 초에는 가정에 라디오가 보급되고 자동차의 생산이 크게 증가하였다. 신문과 잡지 등 인쇄업의 전동화 및 활동사진의 출현은 20세기 대중문화를 이끌었다.

예술양식에서는 1910년대에 아르 데코(Art Déco)가 등장하여 곡선적인 추상성의 아르누보(Art Nouveau)로부터 기계적이고 기하학적 성격으로 서서히 전환되었다. 아르 데코 양식은 모더니즘으로 대표되며 단순성의 추구와 직선적이고 구조적인 특징은 큐비즘(cubism), 추상주의(abstract), 신조형주의(neo-modernism) 등과 밀접한 관계가 있다. 또한, 동양적인 이국주의와 야수주의적 색채가 특징이다. 독일의 바우하우스(Bauhaus)를 중심으로 한 기능주의의 추구는 성숙기에 이르렀다.

세계 대공황으로 인한 경제적 어려움과 전통적 가치관의 붕괴로 인해 1930년대의 예술 사조는 사물의 본질을 추구하는 초현실주의를 형성하였다. 현실 세계로부터의 도피처로서 영화산업이 성행하면서 유행에 대한 관념이 일반화되고 배우들이 유행 리더의 역할을 하게 되었다. 현실도피적인 초현실주의가 1950년대에도 영향을 지속하였으며 추상미술(abstract art), 추상표현주의(abstract expressionism) 등이 등장하였다.

3 독일의 바우하우스(Bauhaus) 건물

월터 그로피우스(Walter Gropius)가 1925년에 디자인했으며, 데사우(Dessau)에 위치해 있다. 강철, 유리, 콘크리트에 초점을 둔 모더니즘 건축의 상징으로 평가되며 20세기 건축에 큰 영향을 미쳤다.

4 디자이너 폴 푸아레(Paul Pioret)의 아르 데코 양식 스튜디오

5 아르 데코 스타일의 화장대

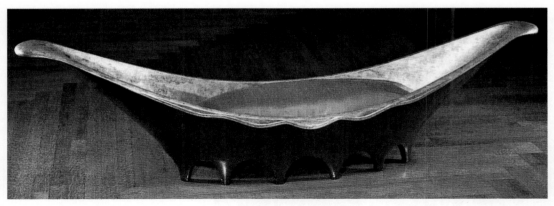

6 아르 데코 스타일의 침대

7 모더니즘 가구
바르셀로나(Barcelona)에서 열린 1929년의 세계 박람회 개회식에서 스페인 국왕
부처를 위해 디자인된 의자로 전형적인 모더니즘 가구이다.

8 초기의 모더니즘 가구인 레드 블루 체어(Red Blue Chair)
리트벨트(Geritt Rietveld)가 몬드리안(Mondrian)의 작품으로부터
영감을 받아 디자인한 의자로, 드 스틸(De Stijl) 운동의 대표적 작품
으로 평가받는다.

9 웜 체어(Womb Chair)
에로 사리넨(Eero Saarinen)이 1947년 디자인한
최초로 대량생산된 유리섬유 소재의 의자로 편안한
자세를 위한 모더니즘적인 디자인이 돋보인다.

10 러시아 발레단(Ballet Russe)의 공연 포스터

1910년 세르게이 디아길레프(Sergei Diaghilev)가 결성한 이 발레단은 유럽에 새로운 개념의 발레를 소개하면서 대성공을 거두었다. 피카소, 장 콕토, 스트라빈스키 등의 예술가와 협업을 하였으며, 샤넬도 일부 작품의 무대의상을 담당했다. 특히 레온 박스터(Leon Bakst)가 디자인한 동양풍의 신비한 무대의상은 푸아레(Paul Poiret), 에르트(Erte) 등의 이국적인 디자인에 반영되어 크게 유행하였다.

11 남녀평등과 여성 참정권을 요구하는 포스터와 시위하는 모습

1910~1920년대에는 미국과 유럽의 여러 국가에서 남녀 평등과 여성 참정권에 대한 요구가 빗발쳤다. 여기에는 제1차 세계대전도 큰 영향을 미쳤다. 전쟁 기간 동안 활발하게 경제·사회활동을 하며 전선과 후방에서 전쟁에 참여한 여성들은 조직적으로 시위와 운동을 전개하여 참정권을 획득하였다.

1910년대의 복식

1900년대 초반의 여성복에는 19세기 말 아르 누보(Art Nouveau) 스타일의 자취가 남아 있었으나 1908년 디자이너 푸아레(Paul Poiret)의 디자인과 러시아 발레단(Ballet Russe)이 등장하면서 패션의 방향이 전환되었다.

1910년경부터는 여성복에서의 아르 데코(Art Déco) 스타일이 푸아레에 의해 주도되었다. 여성의 신체를 압박하지 않는 직선적인 편안한 실루엣이 등장하였으며, 여성적인 신체를 과장한 S자 실루엣을 의도적으로 벗어난 튜블러(tubular) 실루엣, 엠파이어 라인(empire line)과 페그 톱(peg top), 배럴(barrel) 실루엣 등 이전의 서양 복식에서 보이지 않았던 이국주의적 특징의 실루엣이 다양하게 소개되었다. 제1차 세계대전의 영향으로 패션계가 침체되기는 하였으나 여성복의 현대화가 이루어져 치마 길이가 짧아지고 보다 기능적으로 변하였다.

남성복은 19세기 말에 남성복의 재킷, 조끼, 바지의 비즈니스 슈트(business suit)의 형태가 갖추어진 이후로 형태와 종류 면에서는 큰 변화를 보이지 않았고 유행에 따라 디테일에만 변화가 나타났다. 즉, 재킷의 품과 길이, 어깨의 크기와 높이, 칼라와 라펠(lapel)의 크기 및 너치(notch)의 위치, 바지의 폭과 길이, 주머니의 디자인 등에서 유행의 변화를 살펴볼 수 있다.

12 엠파이어 라인(empire line) 드레스
기성복 전문점과 의상실의 중간 형태의 상점이었던 홀랜더(L. P. Hollander)에서 1912년에 디자인한 드레스이다.

13 직선적인 실루엣의 수트와 코트

왼쪽은 루실(Lucile)이 1911년에 디자인한 직선적인 실루엣의 수트의 실물이다. 오른쪽의 패션 광고에서 프린제스(Printzess)의 좀 더 여성적이며 직선적인 실루엣의 코트 디자인을 볼 수 있다.

14 벨루어(velour)로 만든 편안한 실루엣의 슈트를 입은 머사 데어리(Myrtha Dary)의 모습을 본뜬 인형

신체를 압박하지 않는 실루엣과 작은 모자 등 이전 시기의 스타일에서 변화된 모습을 볼 수 있다.

15 동양풍의 엠파이어 라인 드레스
바비에(Barbier)가 디자인한 야수주의 색채의 동양풍 드레스이다. 일본의 기모노는 헐렁한 소매와 흐르는 듯한 실루엣, 화려한 직물로 20세기 초의 디자이너들에게 많은 영향을 주었다.

16 튜닉 스타일의 동양풍 이브닝드레스

푸아레가 디자인한 이브닝드레스로 전형적인 전등갓 모
양의 튜닉 상의에 폭이 좁은 호블 스커트로 구성되어 있
다. 꽃무늬와 기모노 소매, 오비(吳非) 등 일본풍으로 디
자인되었다.

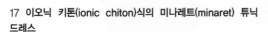

**17 이오닉 키톤(ionic chiton)식의 미나레트(minaret) 튜닉
드레스**

푸아레의 'La Collier Nouveau'를 르파페(Lepape)가 드로
잉한 것이다. 주름 잡은 얇은 흰색 실크로 만들어졌으며 검은
색 모피로 밑단과 소매 끝에 선 장식을 하였다. 소재, 신발,
머리 장식 등에서 고대 복식의 이미지를 살펴볼 수 있다.

18 자크 두세(Jacque Doucet)가 1913년에 디자인한 호블 스커트의 이브닝드레스

이제까지의 서양 복식에서 나타난 여성복의 실루엣을 따르지 않는, 엉덩이를 부풀리고 스커트 밑단이 좁은 페그 톱(peg-top) 실루엣이다.

19 배럴(barrel) 실루엣의 원피스 드레스

하이 웨이스트 라인에 엉덩이 부분이 불룩하고 스커트 밑단은 다시 좁아지는 배럴 실루엣이다.

20 직선적 튜블러(tubular) 실루엣의 로브와 코트, 케이프

21 푸아레의 정원을 배경으로 한 이브닝 코트와 튜닉 스타일 이브닝 앙상블을 표현한 일러스트

배럴 실루엣의 이브닝 코트는 푸아레가 1911년 디자인한 것으로, 강렬한 문양을 바틱(Batik) 염색하였다. 뒷자락을 길게 늘였으며 모피 칼라와 커프스가 달려 있다. 이브닝 앙상블은 이집트 미술에서 따온 문양으로 장식되어 있다.

22 워스의 기모노풍 이브닝 코트

23 푸아레의 노란색과 검은색의 모직 맨틀(Yellow and black wool mantle)
1913년에 디자인한 것으로 검은색의 드레스 위에 착용한 모습이다. 뒷자락을
동양의 의복 여밈처럼 양쪽 자락을 겹쳐 입는 것이 특징이다.

24 하렘 팬츠(harem pants)의 이브닝드레스
푸아레가 동양풍 스타일을 선보이기 위해 마련한 페르시아식 가든 파티를 위
한 드레스이다. 여성의 바지차림이 허용되지 않았던 당시로서는 가히 혁명적
인 디자인이다. 아르 데코 양식의 이국주의 취향은 다양한 외국문화로부터의
의복 스타일을 등장시켰다.

25 이브닝 파티를 위한 동양풍의 복장
푸아레가 러시아 발레단(Ballet Russe)의 작품 〈세헤라자데〉에서 영감을 받아
디자인하였다.

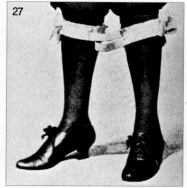

26 호블 스커트를 입고 걸어가는 여성들

걷기 불편한 호블 스커트를 끌어올리고 걸어가는 모습이다.
폭이 매우 좁은 호블 스커트는 여성들로 하여금 종종 걸음을
걷게 하였으며 당시의 조롱거리였다.

27 호블 스커트를 위한 가터(garter)

호블 스커트를 입을 때 보폭을 조절하는 기능의 가터를 종아
리에 착용한 모습이다.

28 호블 스커트를 입은 여성을 조롱하는 그림

29 제1차 세계대전 시기에 군복의 영향
을 받은 슈트 차림

30 제1차 세계대전 시기의 유니폼
군복처럼 디자인된 유니폼으로, 간호사
의 복장으로 보인다.

31 제1차 세계대전 중에 유행한 크리놀린 드레스

정치·사회적인 위기가 나타날 때는 패션에서 새로운
소재를 찾거나 감상적이 되어 이전의 좋았던 시절을
회상하는 경향이 유행으로 나타나고는 한다. 제1차 세
계대전 동안에는 전통적인 여성의 몸이 다시 중요시되
었다. 스커트가 넓게 퍼진 스타일에 재킷에는 높은 칼
라, 금속 단추 등 군복의 요소가 디자인되었다. 그림에
서는 스커트 길이가 종아리 정도로 짧아지고 끈으로
묶는 부츠와 함께 착용한 것을 볼 수 있다.

32 20세기 초의 자동차와 이를 위한 더스터(duster) 코트 차림
19세기 말에 발명된 자동차는 20세기 초에 대량 보급되었다. 당시에는 덮개 없이 비포장 도로를 달려야 했으므로 자동차를 타려면 먼지로부터 옷을 보호하는 더스터 코트, 머리와 얼굴을 가려주는 베일, 고글 등의 복장이 필요하였다.

33 당시의 유행과 이전 시기의 유행을 보여 주는 차림

왼쪽의 나이든 사람은 볼러(bowler)를 쓰고 구두 위에 가터를 하였다. 오른쪽의 젊은 사람은 캐주얼한 밀집 보터(boater)를 쓰고 둥근 코의 미국식 구두('walking' shoe)를 신었다.

34 1900년대 초반의 남성 슈트 스타일

19세기 후반, 현대의 남성 슈트 형태가 자리 잡은 후 남성복은 실루엣과 형태, 종류에서 큰 변화 없이 디테일에서만 변화를 나타낸다. 초기에 디자인된 슈트는 재킷의 길이가 길고 넉넉한 직선적인 실루엣이다.

35 1910년대의 남성 구두

1920년대의 복식

제1차 세계대전으로 인한 가치관의 변화는 다양한 실험적 복장으로 나타났다. 여성의 사회 진출에 따라 과거의 전통적인 여성복이 아닌 남성적인 스타일의 실험이 이루어졌다. 여성의 지위가 향상되면서 남성적인 스타일을 가미한 가르손느(garçonne) 스타일, 보이시(boyish) 스타일이 나타났다. 또한, 여성해방적인 의미에서 이전 시기의 사회 기준으로부터의 일탈을 나타내는 플래퍼(flapper) 스타일이 등장하였다. 이 시기의 이상적인 여성의 신체는 덜 자란 소년 같은 이미지로 짧게 자른 머리, 납작한 가슴, 허리를 강조하지 않는 로 웨이스트 라인(low waistline)이 특징이었다. 스커트 길이는 무릎까지 짧아져서 다리가 드러났으며 당시에 유행하였던 격렬한 춤인 찰스턴(Charleston)으로부터 파격적인 의복 스타일이 등장하게 되었다.

남성복에서는 젊은이를 중심으로 전통적인 슈트 스타일에 대한 반발로 변형된 슈트 또는 캐주얼 차림이 나타났으며 폭이 넓은 바지인 옥스퍼드 백스(Oxford bags) 같은 기성세대에 대해 반항적인 다양한 새로운 스타일이 시도되었다.

36 샤넬 슈트와 깊게 눌러 쓴 작은 클로슈(cloche) 차림
1920년대 파리에서 유행했던 전형적인 가르손느 스타일이다.

37 애프터눈 슈트(afternoon suit)

1927년 파투(Jean Patou)가 디자인한 감색과 노란색 줄무늬 장식의 슈트로 스카프, 클로슈, 클러치 백(clutch bag)까지 같은 디자인으로 구성되었다.

38 자신이 디자인한 저지 소재의 슈트를 입은 샤넬

1920년대의 대표적인 디자이너인 샤넬(Gabrielle Chanel)은 신체를 구속하지 않는 자연스러운 튜블러 실루엣과 새로운 의복의 소재인 저지(jersey)로 만든 슈트 등 혁신적인 스타일을 발표하였다.

39 가르손느의 모습

바첼러 걸(bachelor girl)이라고도 불렸으며, 소년의 이미지를 그대로 보여 준다.

40 행커치프(handkerchief) 칼라가 달린 드레스

불규칙한 스커트 라인과 함께 1920년대에 유행하였던 서플리스(surplice)를 걸친 듯한 칼라가 특징적이다. 스카프를 두른 모습은 옷의 외형을 딱딱해 보이지 않게 하여 이러한 디자인이 많이 나타났다.

41 튜블러 실루엣의 드레스와 코트의 앙상블

드레스와 코트, 재킷과 스커트와 블라우스를 한 벌로 매치시킨 앙상블(ensembles)이 유행하였다.

42 튜블러 실루엣의 로 웨이스트 라인 드레스

1926년 랑방(Lanvin)이 영국 최초의 여류 비행사 베드퍼드(Bedford) 공작
부인을 위해 디자인한 로 웨이스트 라인의 감색 벨벳과 금사로 직조된
레이스의 화려한 드레스이다. 아르 데코 스타일의 장신구를 매치했다.

43 샤넬이 디자인한 리틀 블랙 드레스의 일러스트와 실제 착용 모습

당시의 디자이너들의 장식적인 의상과는 대조적인 단순한 디자인으로 주
목받은 원피스 드레스이다. 이 검은색의 원피스 드레스는 이후 지속적으
로 여러 디자이너에 의해 다양하게 표현되는 유행 아이템이 되었다.

44 1920년대의 퇴폐적인 분위기를 나타내는 플래퍼 스타일

45 포포바(Lyubov Popova)가 1923~1924년에 발표한 러시아 구성주의(Rusian Constructivist) 디자인
모든 구성은 'Transparent', 즉 쉽게 만들고 이해될 수 있어야 한다는 러시아 구성주의의 이념을 잘 나타내 주는 디자인이다.

46 이브닝드레스와 이브닝 클럭
1924년 푸아레가 디자인한 튜블러 실루엣의 로 웨이스트 라인 이브닝드레스로 불규칙한 헴 라인(hem line)과 커다란 리본으로 디자인의 강조점을 엉덩이 부분에 두었다. 배럴 실루엣의 이브닝 클럭은 모피 칼라와 대비 색상의 안감으로 장식성을 나타내었다.

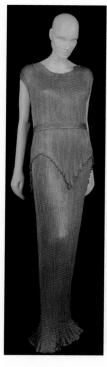

47 델포스 가운(Delphos gown)과 이브닝 코트용 카프탄(Kaftan)

포튜니(Mariano Fortuny)가 그리스의 키톤을 모방하여 디자인한 델포스 가운과 화려하게 장식된 카프탄을 착용한 모습이다. 실크에 가는 주름을 영구히 잡아서 만든 튜닉형이며 입었을 때 형태를 유지할 수 있도록 솔기와 단에 작은 무라노 유리구슬을 촘촘히 달았다. 1930년대까지도 크게 유행되었으며 높은 가격으로 인해 계층상징적인 의미가 있었다.

48 이브닝 앙상블의 실물

메탈릭 소재의 자수와 파이핑 장식된 실크 조젯(georgette)으로 만들어진 이브닝 앙상블로 불규칙한 헴 라인과 소매 디자인이 특징이다.

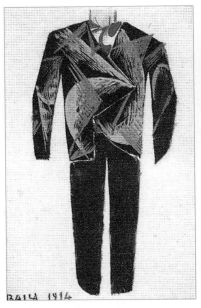

49 1923년에 발표된 자코모 발라 (Giacomo Balla)의 미래주의 패션

미래주의는 세계대전 이전의 가장 중요한 전위적 운동의 하나였다. 자코모 발라를 중심으로 한 미래주의 예술가들은 1914년 발표한 〈미래주의 복식 선언문〉에서 기존 남성복의 엄격함에서 벗어난 민첩성, 역동성, 단순함, 편안함, 가변성 등 미래의 복식이 갖추어야 할 조건을 제시하였고 강렬한 색채, 기하학적 패턴, 비대칭 구성의 새로운 디자인을 시도하였다. 일상생활에 예술적 표현방식을 적용하고자 한 미래주의 패션은 일반인에게는 호응을 얻지 못하였으나 의복에 대한 새로운 접근과 미래 지향적인 시도라는 의의를 가진다.

50 1926년에 유행한 남성복 스타일

재킷에 있는 세 개의 단추 중 중간 단추만 여미는 '아메리칸 스타일'의 차림과 오후의 여가용으로 착용하는 무릎길이의 바지인 플러스포스(plus fours), 화려한 패턴의 양말, 자카드(Jacquard) 풀오버(pullover) 차림을 볼 수 있다.

51 1920년의 도빌(Deauville)에서 유행했던 옷차림의 남녀

남성의 재킷은 1911년경부터 유행하기 시작한 스타일로 어깨가 자연스럽게 처지고 가슴이 좁으며 앞여밈에 단추 두 개를 가까이 단 형태이다. 바지는 폭이 좁고 짧으며 롤업(roll-up)되어 있다. 여성의 원피스 드레스에서는 불규칙한 헴 라인을 볼 수 있다.

52 옥스퍼드 백스를 입은 젊은이

1925년 영국 귀족 학교의 대학생들에 의해 처음 소개된 폭이 넓은 바지로 약 30년간 지속된 폭이 좁고 우아한 어른들의 바지를 대체하는 혁신적인 것으로 평가된다. 초기에는 폭이 28인치 정도였으나 이후 40인치까지 과장되었다. 폭이 넓은 바지와 함께 재킷은 길이가 짧아졌다.

53 불로뉴(Bois de Boulogne)의 유행하는 차림의 남녀

1930년에 촬영한 사진에서 당시의 유행한 형태인 모피 바지, 베레모, 지퍼 여밈의 재킷을 볼 수 있다.

54 찰스턴을 추는 남녀

1926년 〈라이프〉 3월호 표지로 찰스턴, 탱고 등 춤과 파티의 향락적인 문화에 몰두했던 1920년대 젊은이의 모습을 짐작하게 해 준다. 당시에는 격렬한 춤에 적절하도록 노출이 많고 스커트의 길이가 짧으며 수직의 긴 슬릿이 있는 드레스가 선호되었다. 춤추는 데 편리하도록 가볍고 작은 지갑 형태의 백도 등장하였다.

55 풍속화에 표현된 탱고를 추는 남녀

등이 깊게 파인 드레스와 샤넬이 개발한 긴 진주목걸이 등 춤을 위한 복장을 완벽하게 갖춘 모습이다.

56 경기장에서의 남녀

야수주의적 색채, 튜블러 실루엣, 로 웨이스트 라인, 소년 같은 이미지의 체격, 짧은 머리와 클로슈 등 당시의 유행을 살펴볼 수 있다.

57 스키 복장의 남녀

1920년대의 자유로운 생활방식은 여성들도 다양한 스포츠에 참여할 수 있도록 해 주었다. 사람들은 여름에는 수영이나 테니스, 겨울에는 스키를 선호하였다. 그림 속 여성의 스키복은 무릎길이의 코트와 니커보커스(knickerbockers), 털모자와 목도리, 장갑으로 구성되어 있다. 남성의 스키복장은 노르웨이식 점퍼와 무릎길이의 풍성한 아노락(anorak)이 선호되었다.

58 여름철 스포츠 웨어

1920년대 영국의 여름용 스포츠 웨어는 블레이저(blazer)와 흰색 플란넬(flannel) 바지로 구성되었다. 장시간 진행되는 크리켓 경기에서의 추운 날씨에 상관없이 선수와 관람객 모두 플란넬 바지를 반드시 입어야 했다.

59 치마바지 형태의 스포츠 웨어

1920년대 말에서 1930년대 초까지 주로 해변에서 입었던 복장으로 유행했던 긴 스커트와 바지의 중간 형태의 스포츠 웨어이다. 캘리포니아 패션쇼에서 수상한 디자인이다.

60 마들렌 비오네(Madeleine Vionnet)가 디자인한 비행기 여행을 위한 복장과 승무원의 복장

61 여성용 백

찰스턴 춤의 영향으로 손가락에 걸거나 허리띠에 매달 수 있는 가볍고 작은 백이 유행하였다. 작은 비즈를 엮어 만든 백도
선호되었다.

62 남녀 구두

화려하고 강한 색상의 구두가 많이 등장하였다. 약혼자의 얼굴 모습이 장식으로 들어 있는 구두, 아르 데코 스타일의 구두
도 볼 수 있다.

1930년대의 복식

1930년대의 유행에는 '내추럴(natural)', '하모니(harmony)', '심플(simple)'로 일상생활의 예술에서 가장 좋은 취향을 나타냈던 시기로 평가된다. 여성의 의복 스타일에서는 성숙한 여성미를 나타내는 가늘고 긴 실루엣이 등장하였다. 허리선이 제 허리선으로 돌아왔으며 머리 길이도 더 여성스러운 길이가 되었고 부드러운 웨이브도 나타났다. 긴 실루엣을 강조하기 위한 바이어스(bais) 재단이 많이 등장하였으며 그중 비오네(Madeleine Vionnet)의 디자인이 특출났다. 비오네가 의복의 설계와 제작에 특출났던 반면, 샤넬은 스타일리스트의 역할을 하였다. 또 이 시기에는 의복 디자인에 있어 기능주의, 초현실주의 등의 예술양식에 의한 영향이 두드러졌다. 대표적인 디자이너인 스키아파렐리(Elsa Schiaparelli)는 혁신적인 초현실주의적 디자인을 다양하게 발표하였다.

프랑스에서는 1936년에 유급휴가가 생기면서 사람들이 해변가로 몰려들었다. 이에 따라 디자이너들은 현재 스포츠 웨어로 불리는 바지, 수영복, 스웨터 등을 부유한 고객들이 휴가 동안 입을 수 있도록 디자인하였다. 여전히 이들이 기성복(ready-to-wear)으로 불리지는 않았으며, 이러한 의복 종류는 'for sports'라는 말로 표현되었다.

63 이브닝 케이프와 재킷
1938년 스키아파렐리가 디자인한 의상으로 그가 최초로 사용한 쇼킹 핑크(shocking pink)색 케이프에 태양 광선의 금사 자수를 하였다. 보라색의 이브닝 재킷은 노란색 안감을 대어 보색 대비가 눈에 띄는 디자인이다.

64 호우(Elizabeth Hawes)의 이브닝드레스 앞뒤 모습

1936년에 호우가 디자인 이 드레스는 여러 개의 고어(gore)로 재단되어 가느다란 실루엣을 강조한다.

65 바이어스 재단의 이브닝드레스

비오네가 1930년에 디자인한 것으로 바이어스 컷에 의해 몸의 곡선이 드러나는 유연하게 흐르는 듯한 실루엣이 특징이다. 비오네는 스케치를 하지 않고 마네킹에 직접 입체 재단하여 디자인하는 것으로 유명하였다.

66 등을 깊게 판 이브닝드레스

1930년대에는 등을 노출하는 디자인이 많이 등장하였다. 엉덩이 부분에 버슬(bustle) 효과의 장식이 있는 것을 볼 수 있다. 엉덩이가 작아 보이도록 스커트에 작은 삼각형 형태의 절개선을 두어 그 아래에 플레어를 만들었다.

67 마담 그레의 이브닝드레스

고대 복식의 영향을 받은 이 드레스는 아름다운 드레이프가 잡혀 있다.

68 비오네의 금속성 소재의 이브닝드레스

초현실주의 예술가인 도밍게스(Oscar Dominguez)의 〈빨간색 새틴을 입힌 손수레(Wheelbarrow upholstered with red satin)〉라는 작품이다. 모델이 입고 있는 이브닝드레스에 의해 우아함과 실용성의 대조가 극대화되었다.

69 아워글라스(hourglass) 실루엣의 이브닝드레스

르롱(Lucien Lelong)이 1937년 디자인한 것으로 퍼프 소매와 함께 바이어스 재단한 풍성한 플레어스커트로 아워글라스 실루엣을 나타냈다.

70 파투(Jean Patou)의 롱 앤드 슬림(long & slim) 실루엣의 슈트, 테일러드 앙상블과 프레메(Premet)의 모직 소재 모닝 드레스

71 꽃무늬 직물로 만든 슬림 앤 롱(slim & long) 실루엣의 원피스 드레스

72 제임스(Charles James)가 1937년에 발표한 전설적인 흰색 새틴 이브닝 재킷과 바이어스커트(bias-cut)의 이브닝 가운
두꺼운 패딩 재킷이지만 목과 진동 부분은 얇게 만들어 완벽한 구성을 보여 준다.

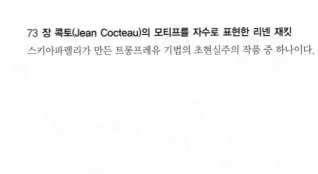

73 장 콕토(Jean Cocteau)의 모티프를 자수로 표현한 리넨 재킷
스키아파렐리가 만든 트롱프레유 기법의 초현실주의 작품 중 하나이다.

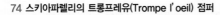

74 스키아파렐리의 트롱프레유(Trompe l'oeil) 점퍼
1927년에 유행하던 자보 칼라(Jabot collar)가 달린 것처럼 표현한 손뜨개직 스웨터로, 1930년대 초반에 크게 유행하였다. 강한 그래픽 효과가
특징이다.

75 스키아파렐리의 지퍼 광고
스키아파렐리는 의복의 여밈을 위해 지퍼를 가장 먼저 도입한 디자이너이다.

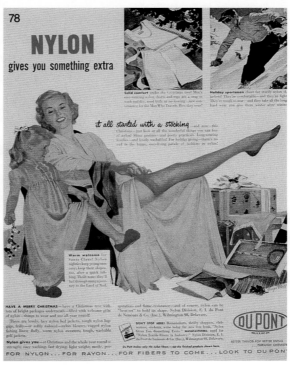

76 각진 어깨의 데이 드레스

1935년 아만드(Martial Armand)가 디자인한 원피스 드레스로 어깨에 패드를 넣어 넓게 강조하였다. 넓은 어깨는 가는 허리를 강조하여 전통적인 여성미를 나타내는 실루엣을 표현하였다.

77 살바도르 달리(Salvatore Dali)의 작품을 응용한 원피스 드레스

스키아파렐리는 초현실주의 작가의 작품을 의복디자인에 응용하는 것으로 명성이 나 있었다. 달리의 작품 〈서랍이 달린 밀로의 비너스〉의 서랍을 포켓 디자인에 적용한 것을 볼 수 있다.

78 나일론 광고

1939년에 발명된 나일론은 실용성으로 좋아 이것으로 만든 스타킹은 판매 첫날 매진될 정도로 큰 반향을 일으켰다. 나일론이 지닌 열가소성이라는 장점은 이후의 패션에 큰 영향을 미쳤다.

79 프랑스 스타일과 미국 스타일의 신사복

프랑스 스타일의 재킷이 짧은 슈트를 입은 장 콕토(Jean Cocteau)와 글렌 체크의 긴 재킷의 미국 스타일을 입고 있는 파나마 브라운(Panama Al Brown)의 모습이 대비된다.

80 남성의 테니스 복장

테니스 경기에서 감색, 회색의 짙은 단색의 블레이저와
흰색 플란넬 바지를 입은 옥스퍼드 대학생들의 모습이다.

81 캐주얼 웨어 차림의 에드워드 8세

82 1930년대의 남성 재킷

영국 런던의 새빌로(Savile Row)는 세계적인 남성복의 메카로서 명성을 유지해 왔다. 이들은 기본의 옷본 없이 완전 맞춤
으로 옷을 제작하는 것으로 유명하였다. 사진은 싱글 여밈의 어깨가 넓고 롤 라펠(roll lapel)이 달린 재킷과 더블 여밈의 부
드러운 어깨선에 가슴 부분에 여유가 있는 재킷이다.

83 복장개혁운동의 지지자들

1937년 복장개혁운동의 지지자들이 다양한 방식으로 해체한 슈트를 직접 입고 있다.

84 1930년대의 남녀 신발

1930년대는 삼각형이 디자인에 있어 가장 우세한 형태였으며 이에 따라 신발에서도 웨지 힐(wedge heel)이 등장하였다. 사진은 페라가모(Salvatore Ferragamo)의 디자인을 비롯한 당시의 웨지 힐 샌들이다.

85 1930년대의 스키 웨어
1920년대에 비해 스포츠를 위한 보다 전문적이고 기능적
인 형태로 변화되는 것을 볼 수 있다.

86 1930년대의 비치 웨어
스포츠에 대한 참여가 증가하면서 다양한 스포츠 웨어가 개
발되었다.

1940년대의 복식

1939~1945년까지 지속된 제2차 세계대전은 복식에도 큰 영향을 미쳤다. 전쟁기간에는 군복의 영향을 받은 밀리터리 룩(military look)이 기능복으로 사용되었으며, 군수물자를 보충하기 위한 소비제한은 기성복 산업에도 영향을 미쳐 의복제작 시 사용물자를 엄격히 제한한 실용의복(utility clothes)이 개발되었다. 실용의복을 개발하면서 과학적이고 체계화된 의복생산이 이루어졌으며, 이를 토대로 1950년대에 기성복 산업이 크게 발전하여 디자이너와 기업이 패션을 주도할 수 있었다.

한편, 1947년 디오르(Christian Dior)가 발표한 뉴룩(New Look)은 전쟁 후에도 입혀지던 밀리터리 룩의 혁신적인 디자인으로 여성성을 부각시켜 큰 반향을 일으켰으며 뉴룩의 성공으로 이후 약 10년간 디자이너들은 매년 새로운 실루엣을 발표하면서 디자이너가 유행을 이끌어가는 '라인(line)의 시대'를 열었다.

87 1942년 발표된 실용의복
소비제한은 전쟁기간 동안의 물자 부족을 관리하기 위해 1941년 6월 영국에서 시작되었다. 남녀의 의복 모두 단추의 수, 주름의 사이즈나 소매의 폭, 사용되는 옷감의 양 등을 엄격히 제한하였다.

88 하트넬(Norman Hartnell)이 디자인한 전쟁 중의 실용의복

의복제작 시 사용물자를 엄격히 제한하여 적은 양의 직물과 장식으로 새로운 디자인을 만들기 위해 노력하면서 기성복 생산이 과학적이고 체계화되었다. 오른쪽 모델은 실용 신발을 신고 있다.

89 볼레로 재킷(bolero jacket)의 슈트 차림

각진 어깨와 짧은 길이로 허리를 강조하는 볼레로 재킷은 주로 어깨끈이 없는 이브닝드레스 위에 착용되었다. 1942년의 전형적인 애국적 색상인 푸른색의 볼레로와 흰색 셔츠, 붉은색 스커트 차림이다.

90 폭스브라우니(Foxbrownie)의 밀리터리 룩 슈트

미국 상표 폭스브라우니의 붉은색 트림(trim)을 한 회색 모직 슈트이다. 미적 측면보다는 소재를 절약하기 위한 목적으로 만든 앞여밈과 길이가 짧은 재킷이 특징적이다. 전쟁 동안 여성 의복에는 어두운 단색 직물, 넓고 각진 어깨, 남성복과 같은 직선적인 재단이 도입되었다.

91 흰색 새틴으로 만든 파스(Jacques Fath)의 밀리터리 룩의 재킷

군복은 당시의 여성복에 주요한 디자인 소재를 제공했다.

92 출퇴근하는 직장 여성의 차림

자전거로 출퇴근하는 직장 여성을 위해 1939년에 제안된 재킷, 바지, 스커트로 구성된 스리피스(Three-piece suit for wartime cycling girl)

93 어깨에 각이 있는 원피스 드레스와 자주(Zazou) 스타일의 머리 모양

밀리터리 룩의 영향으로 원피스 드레스의 디자인도 각진 어깨, 벨트로 강조한 허리, 짧은 스커트가 주를 이루었다. 머리를 이마 위로 높게 과장시켜 올린 자주 스타일의 머리 모양을 볼 수 있다.

94 클레어 맥카델(Claire McCardell)의 슈트

물자 절약을 위해 맥카델의 트레이드 마크인 팝오버
드레스(popover dress)와 유사한 디자인의 옅은 회
색 슈트에 빨강·노랑·갈색 액세서리를 이용해 격
식을 차린 모습이다.

**95 공습을 대비해 방독면을 메고 걸어가는 여성들과
스키아파렐리가 디자인한 공습대비의복(Abri)**

아브리(Abri)는 커다란 주머니가 달린 오버롤
(overall) 형태의 옷이다. 공습 때 방공호로 피신하
기 위한 의복으로 1939년에 디자인되었다.

96 정부 규제에 맞추기 위해 스커트 길이를 확인하고 있는 디자이너 에이미스(Hardy Amies)

97 배급 통장(Rationing book)을 든 여성

배급 통장은 1941년 영국에서 전쟁물자 공급으로 인해 부족해진 물건의 공정한 분배를 위해 도입되었다. 발행 첫 해에는 1인 당 1년에 의류 66벌을 구입할 수 있는 쿠폰이 들어 있었으나 점차 그 수가 줄어들었다.

98 스타킹을 신은 것과 같은 효과를 주는 스타킹 페인트(stocking paint)의 사용 모습

스타킹 페인트는 군수물자를 위해 나일론 스타킹 사용이 제한되자 화장품 브랜드 맥스 펙터(Max Factor)가 개발한 제품이다. 다리 뒤 중심선에 스타킹 봉재선처럼 보이는 선을 그리거나, 스타킹을 신었을 때 생기는 물결무늬처럼 페인트를 발라 사용한다.

100 깅엄(gingham) 직물로 만든 원피스 드레스
깅엄 직물은 다양한 드레스에 신선한 느낌을 더해 주어 전쟁기간에 미국에서 유행하였다.

101 여성의 여가용 복장

남성의 오페라 클럭(Opera Clock)과 스포츠 재킷에서 영감을 받아 만들어졌다.

102 클레어 맥카델(Claire McCardell)의 아라비안 나이트 트라우저 세트

1946년에 발표된 여가용 바지 차림이다. 회색 레이온 저지로 만들어져 단순하면서 세련된 스타일링이 가능한 여성스러움을 강조한 형태가 특징이다.

103 맥카델의 섬머 드레스(summer dress)

1946년에 발표된 여름용 드레스로, 맥카델의 트레이드 마크인 모눈종이(그래프 용지) 체크 소재로 만들어졌다. 상복부(midrriff)를 드러내는 이 디자인은 여가 활동을 위한 새로운 스타일로 각광받았다.

104 테아트르 드 라 모드(Theatre de la Mode)
제2차 세계대전 이후, 프랑스 디자이너들이 과거의 영광을 되찾고자 유럽과
미국에서 개최한 전시회의 모습이다. 인기 있었던 의복과 액세서리를 미니어
처로 완벽히 재현해내었다.

105 잡지 〈세븐틴(Seveteen)〉의 표지
세계대전 이후 외모에 대한 관심과 소비력이 증가한
청소년을 대상으로 하는 잡지 〈세븐틴〉이 1944년에
창간되었다. 다수의 미국 의류기업은 청소년을 겨냥한
틴에이저 라인을 개발하여 백화점 유통을 시작하였다.
50년대에는 청소년을 중심으로 한 다양한 하위문화집
단이 등장하게 된다.

106 디오르(Christian Dior)의 뉴룩(New Look)과 착용을 반대하는 여성들의 시위 장면

뉴룩은 둥근 어깨, 잘록한 허리, 길고 풍성한 스커트로 여성성을 강조하는 디자인이다. 여성의 신체를 억압한다는 이유로 비난을 받았으나 곧 여성들 사이에서 크게 유행하였다. 디오르는 원래 캐롤라인(Caroll Line : Ligne Corolle)으로 발표하였으나 〈하퍼스 바자(Harper's Bazaar)〉의 편집장인 스노(Carne Snow)에 의해 '뉴룩'으로 명명되었다.

107 폭 넓은 바지와 더블 브레스티드 재킷의 슈트

1930년대 말부터 1940년대 초반에 이르기까지 유행된 남자의 슈트 차림이다.

108 더플 코트를 입고 있는 남성

제2차 세계대전의 영향으로 등장한 더플 코트(duffle coat)는 이후로도 지속적으로 착용되는 아이템이 되었다. 후드와 고리로 여미는 단추 등의 디테일이 특징이다.

109 주티(Jootie)

흑인 하위문화 집단을 특징짓는 옷차림으로 긴 재킷과 폭이 넓고 끝이 좁아지는 바지로 이루어져 주류의 남성복 스타일에 어긋나는 독특한 스타일이었다.

1950년대의 복식

전쟁 후 과학과 산업의 발전으로 물질적으로 풍요로워지고 도시 인구가 증가하였으며 가정의 생활이 크게 향상되는 등 풍요의 시대가 열렸다. TV와 영화 등 매체의 발달로 대중문화가 확산되었으며, 영화배우들은 패션 아이콘으로 부각되어 영화에서 보여지는 주인공의 스타일들이 여성 패션의 흐름을 주도하였다. 젊은 세대는 기성세대로부터 탈피하고자 자신들만의 문화를 만들어 갔으며 젊은이들에게 큰 반향을 일으킨 로큰롤은 로커빌리 룩(rockabilly look) 등 패션으로 표현되어 나타났다.

경제적 호황에 따라 유행의 대량생산과 대량소비가 가능해졌으며 패션의 흐름을 의류산업이 주도하였다. 1947년 크리스티앙 디오르의 뉴룩을 시작으로 10년간 오트 쿠튀르(Haute Couture) 디자이너들이 매년 새로운 스타일을 소개하여 유행현상을 가속화시켰기 때문에 이 시기를 라인과 룩의 시대로 부를 수 있다. 한편 샤넬은 유행을 타지 않는 편안한

실루엣의 의상으로 독자적인 스타일을 추구하였다. 전쟁 동안 과학적인 생산 체제를 갖출 수 있었던 미국은 편안한 캐주얼 단품을 생산하는 대량생산 체제로 전환하여 패션산업에서도 강국으로 부상하였다.

또한 나일론, 폴리에스테르 등의 합성섬유 개발과 다양한 가공법의 발달로 영구주름(permanent pleats) 스커트, 플레어(flare)스커트 등 새로운 스타일이 등장하였다.

110 크리스티앙 디오르(Christian Dior)의 '시갈(Cigale)' 이브닝 드레스
1952년 디자인된 의상을 입은 모델이 1947년에 발표된 뉴룩(New Look)의 모델보다 더 과장된 포즈를 취하고 있다. 앞뒤로 뻗친 구조적 형태에 의해 허리보다는 엉덩이가 강조된 모습이다.

111 자크 파스(Jacques Fath)의 에이 라인(A-line) 드레스

1954년에 발표된 A라인 드레스는 허리선이 약간 높고 자연스럽게 맞으며 스커트가 살짝 퍼져서 알파벳 A 형태를 띠는 라인으로 당시에 크게 선호된 형태이다. 파스는 모델에 직접 입체구성을 하여 완벽한 맞음새(fit)와 활동의 유연성을 주는 것으로 유명하였다.

112 디오르의 튤립 라인 슈트(Tulip line suit)

1953년에 발표된 튤립 라인은 다시 허리를 조이고 가슴을 불룩하게 강조하는 실루엣으로 둥근 어깨선에서 연장된 소매와 밑으로 갈수록 좁아지는 스커트 형태가 튤립을 연상시킨다.

113 크리스토발 발렌시아가(Cristobal Balenciaga)의 슈미즈(Chemise)

1953년 발렌시아가가 발표한 이 의상은 18세기의 색 가운(sacque gown)으로부터 유래된 뒷부분이 불룩하게 강조된 디자인이 특징이다.

114 발렌시아가의 엠파이어 라인 드레스(Empire line dress)

1959년에 발표된 높은 허리선의 드레스이다. 발렌시아가는 비례와 균형, 독특한 커팅(cutting) 기술, 건축적인 구성법, 유머감각 등으로 특히 1950~1960년대에 새로운 형태를 많이 발표하였다. 스위스의 소재업체인 아브라함(Abraham)의 가자(gazar)라 불리는 무게감 있는 실크를 사용하여 혁신적인 의복 형태를 성공적으로 표현할 수 있었다고 알려져 있다.

115 니나 리치(Nina Ricci)의 투피스

1956년에 발표된 마그넷 라인(Magnet line)으로 명명된 투피스 슈트로 상체가 크게 부풀려진 재킷과 좁은 폭의 스커트로 구성되어 있다.

116 디오르의 와이 라인(Y-line) 드레스

1955년에 발표된 Y라인 드레스, 스커트의 폭이 좁고 앞중심에서 어깨선으로의 시선 방향이 Y라인을 이루는 것이 특징이다.

117 카르댕(Pierre Cardin)의 백드레이프 트위드 슈트(back-draped tweed suit)

118 S라인 슈트
옆에서 보았을 때 S라인이 잘 나타나도록 스커트의 무릎 아랫부분을
잘라내어 구성하였다.

119 디오르의 트라페즈 라인 드레스(trapeze line dress)

트라페즈 라인은 1957년 디오르 사망 후 총괄 디자이너 역할을 맡게 된 21세의 이브 생 로랑(Yves Saint Laurent)이 1958년의 첫 번째 컬렉션에서 발표한 작품이다. 장식이 없는 삼각형 실루엣을 형상화한 젊은 감각으로 성공적이라는 평가를 받았다.

120 샤넬의 트위드 슈트(tweed suit)

샤넬은 1954년에 의상실을 다시 열고 1920년대에 성공을 거두었던 카디건(cardigan suit) 슈트를 현대적인 룩으로 재해석하여 발표하였다. 당시 유행하던 몸에 잘 맞는 형태와 다른 샤넬의 룩은 크게 주목받지 못하였으나 그로부터 2년 후인 1956년경부터 샤넬의 시간을 초월한 디자인이 하이 패션계에서 환영받기 시작하였다.

121 지방시(Hubert de Givency)의 슈미즈 드레스

1957년에 다시 등장한 슈미즈 스타일은 몸에 꼭 맞지 않는 느슨한 실루엣의 다양한 형태로 디자인되었다. 1953년에 등장한 슈미즈 스타일에 비해 무릎길이까지 짧아진 스커트가 주목할 만하다.

122 기성복 생산자 로젠펠드(Henry Rosenfeld)가 1952년에 출시한 셔츠 웨이스트 드레스(shirt waist dress)

1950년대는 때와 장소에 따른 적절한 옷차림의 중요성을 알려 주는(How-to-dress) 책들이 대거 등장하였다. 그럼에도 불구하고 낮 시간 동안에는 언제나 적절한 모습으로 보일 수 있도록 해 주는 이러한 의복이 대단한 붐을 이루었다.

123 미국에서 유행한 칼리지 룩(college look)

뻣뻣한 페티코트를 속에 입어서 부풀린 플레어(flare)스커트는 청바지와 함께 새롭게 등장한 로큰롤(rock and roll)의 열광적 추종자인 미국의 젊은 여학생들 사이에서 크게 유행하였다.

124 맥카델의 데이 드레스(day dress)

수도사의 의복(Monastic dress)과 같이 단순히 허리에 벨트를 한 편안한 일상의 외출용 드레스이다. 알함브라 궁전의 화려한 벽면을 배경으로 한 이 사진은 맥카델의 편안하고 단순한 디자인을 더욱 부각시켜 준다. 맥카델은 도시 여성의 편안한 의복을 위해 깅엄(gingham)과 캘리코(calico), 모직의 저지(wool jersey) 직물을 적절하게 사용하였다.

125 맥카델의 수영복

맥카델을 유명하게 만든 드레이프된 기저귀 형태의 수영복(diaper-draped bathing suit)이다. 스포츠 웨어 디자이너로서 훈련받았던 맥카델의 디자인은 패턴, 재단 방식, 질감을 이용한 다양한 실험을 하면서도 이를 최소한으로 표현한 것이 특징이다.

126 티나 레서(Tina Leser)의 니트 수영복

미국 디자이너인 레서가 1950년에 발표한 수영복은 소재의
새로움으로 각광받았다. 레서는 특히 스포츠 의류 디자인에
특출나서 다양한 시도로 유럽에까지 큰 영향을 미쳤다.

127 자크 하임(Jacques Heim)이 1954년에 발표한 비키니 (bikini)

오른쪽은 1946년 비키니 아톨 섬에서 원자폭탄 실험을 한 직
후 루이 버나드(Louis Reard)가 처음 발표한 수영복이다. 이
는 대단한 뉴스거리가 되었으며, 그러나 비키니가 대중에게
호응을 받기까지는 오랜 기간이 필요했다.

128

128 1950년의 남성용 슈트

가는 스트라이프(pinstripe)의 회색 플란넬(flannel) 슈트는 캐주얼 하면서도 품위 있는 형태로 호응을 얻었다. 길이가 긴 재킷은 큰 패 치 포켓(patch pocket)과 끝이 뾰족하고 긴 라펠에 의해서 더욱 강 조된다.

129 런던 새빌 거리(Savile Row)에 등장한 격식을 차린 신사복

영국 상류층 사이에서 미국 패션에 대한 우월감의 표현으로 네오 에 드워디안(neo-Edwardian)의 흐름이 나타났다. 에드워드 7세의 재 임 시 영국 스타일인 조끼, 좁은 바지, 허리가 살짝 들어가고 벨벳 칼 라가 달린 체스터필드 코트, 볼러(bowler) 모자, 장갑, 우산 등이 등 장하였다.

130 새빌 거리의 남성복 상점의 모습

런던의 새빌 거리는 18세기 후반부터 전통적인 남성복을 생산해내 는 중심지였다.

129

130

131 에드워디안 슈트(Edwardian suit) 차림의 영국 상류층 어린이

에드워디안 슈트는 재킷의 벨벳 칼라와 장식적인 조끼, 폭이 좁은 바지가 특징이다.

132 에드워디안 슈트를 착용하고 있는 테디 보이(Teddy boy)의 모습

1950년대 중반에 나타난 하위 문화집단인 테디 보이는 런던의 빈민층의 젊은이들로, 빈민층의 기성세대에 반항하고 상류층에 소속되고 싶은 열망을 당시 상류층에서 유행하던 에드워디안 슈트를 수용함으로써 표현하였다. 값비싼 슈트를 사기 위한 절도와 강탈, 심지어 폭동을 일으키는 등 반사회적인 행동으로 인해 사회로부터 지탄을 받으면서 서서히 자취를 감추게 되었다.

133 이탈리아의 남성복 스타일

제2차 세계대전 이후 유럽의 복구가 진행되면서 이탈리아도 패션산업에 관심을 갖기 시작하였다. 나폴리의 경쾌한 스타일부터 밀라노와 로마의 전통적 스타일까지 다양한 스타일을 제안하였다. 사진에서는 1956~1957년 겨울 시즌을 위해 제안된 세 가지의 남성복 스타일을 볼 수 있다.

Chapter 15

20세기 후반의 복식과 문화

시대적 배경

1960년대에도 자본주의와 공산주의의 냉전 체제는 끊임없는 국제적 긴장을 유발하였으나, 사회적으로는 계급 간의 긴장이 완화되었고 군수산업은 경제 발전에 긍정적 효과를 주어 자본주의가 최고조로 발달한 가운데 세계 경제는 1970년대 초까지 호황을 누리게 된다. 이러한 경제적 진보에 의해 1960년대부터 본격적으로 소비사회로의 발전이 시작되었으며, 급속한 농업생산성 향상도 소비 증가와 경제 성장 가속화에 기여하였다. 한편, 제2차 세계대전 이후로 유럽의 자본주의 선진국의 식민지였던 아시아와 아프리카의 약소국가들이 독립하고 전통문화와 주체의식의 확인을 토대로 하여 발전을 위한 노력을 시작하였으며, 강대국들과 개발도상국들이 처음으로 대립하게 되었다.

1960년대에는 청년으로 성장한 베이비 붐(baby boom) 세대에 의해 모더니즘 주류문화에 저항하는 청년문화가 크게 부각되었으며, 반식민주의 운동과 인권운동, 여성해방운동이 일어났다. 그러나 1973년과 1978년, 두 차례에 걸친 유류 파동과 인플레이션으로 인한 경제 불황에 의해 사회적 불안이 커지고 이에 따라 기존의 모더니즘 이념과 자본주의 체제 추종이 다시 나타났다. 1970년대 후반부터 자본주의 세계는 이념적 구속력이 약해지고 다국적 기업의 투자와 이윤에 대한 상호 이해관계가 얽히면서 응집력이 떨어진 반면, 공산주의는 세력을 확장하였다. 1989년에는 갑작스러운 변화가 나타났는데, 베를린 장벽의 철거와 소련의 페레스트로이카(perestroika) 실패를 계기로 공산주의 체제가 붕괴하면서 냉전 체제가 종식되었다. 양극화 체제는 1990년대 이후 복잡한 다극화 체제로 대체되었으며, 문화적 갈등이 새로운 위험요인으로 등장하였다. 유럽은 유럽연합과 단일통화 등 정치공동체를 더욱 발전시키기 위한 노력을 시작하였다.

세계대전 중의 과학이론과 실용적 기술의 결합은 전후 산업과 과학의 눈부신 발전을 가져왔으며 대량생산과 대량소비를 촉진시키고 산업사회로부터 산업화 이후 사회(post-industrial society)로 발전시켰다. 대중매체의 발달에 힘입어 1960년대 이후로 새로운 대중문화의 확산이 본격화되었고 특히 음악을 통해 청년문화가 크게 번성하였다. 퍼스널 컴퓨

1 포스트모더니즘 건축물 : 파리의 퐁피두 센터(Pompidou Center)

건축물의 구조를 과감히 노출한 외관이 특징인 첨단의 공학기술을 활용한 대표적인 하이테크 건축물로서, 모던의 단순성과 질서에 반대되는 개념을 보여준다. 파리의 쇠락한 보부르 지역(Plateau Beaubourg)을 재개발하여 1977년 개관하였으며, 이후 도시의 랜드마크가 되었다.

2 포스트모더니즘 건축물 : 아테네움(The Atheneum)

1979년 마이어(Richard Meier)가 완성한 미국 인디애나주 뉴하모니(New Harmony)의 방문자센터로 그리스 사원인 아테나니온(Athenaion)의 이름을 따서 명명되었다고 한다. 면과 선이 입체적으로 교차되어 외관의 획일성, 기하학적인 단순성과 그로 인한 지루한 느낌을 지양하는 것으로 평가받는다.

터의 보급, 통신혁명과 인터넷의 출현으로 정보화 사회로 발전되고 21세기 지구화 (globalization)를 이루었으며, 현재 기술혁명의 4차 산업혁명시대를 향해 가고 있다. 한편으로는 인간성 상실, 물질만능주의 등 자본주의의 폐해로 인한 모더니즘 사회에 대한 자성과 21세기에 들어선 이후에도 지속되는 경제 침체, 테러의 위협 등 사회 불안 요소에 의해 산업화 이후 사회의 새로운 질서를 모색케 하고 있다.

　1960년대의 문화적 혁명은 고급예술까지 변화시켜 엘리트적인 예술이 거부되고, 추상표현주의에 의해 창출된 팝아트(Pop art)와 시각적 착각의 효과를 추구하는 옵아트(Op art)가 크게 주목받았다. 미술 시장의 호황과 함께 미국은 현대미술의 중심지로 떠올랐다. 20세기 후반기를 특징짓는 포스트모더니즘 예술양식은 건축과 예술뿐만 아니라 장식, 패션, 일상 생활용품에까지 폭넓은 영향을 미치고 있다.

3 미국 오리건주 포틀랜드의 시청 건물
그레이브스(Graves)가 디자인한 건축물로 다양한 재료와 색채, 고전적 요소를 사용하여 역사성, 장식성, 다원적 특성, 상징성을 지닌 것으로 평가된다.

4 다양한 재료와 형태로 구성된 주택의 외관

5 고전성과 현대성이 조화된 포스트모더니즘 양식의 실내디자인

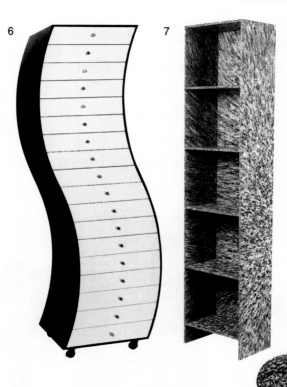

6 포스트모더니즘 양식의 가구

1970년 일본인 쿠라마타가 디자인한 서랍장이다. S자를 늘여 놓은 듯한 모습이다.

7 재활용 플라스틱으로 만든 수납선반

앳필드(Atfield)가 세제용기의 재활용 플라스틱으로 만든 선반이다. 재활용 소재의 활용도가 높아지는 경향을 반영하고 있다.

8 포스트모더니즘 양식의 프루스트(Proust) 의자

장식과 공예 면에서의 현대 디자인 이론을 거부하는 진보적 디자이너 그룹 알키미아(Alchymia)의 멘디니(Mendini)가 만든 안락의자이다. 19세기의 전통적인 형태와 인상주의 스타일의 수작업 페인팅이 특징이다.

1960년대의 복식

제2차 세계대전 이후 태어난 베이비 붐(baby boom) 세대들은 경제적 호황에 힘입어 경제적 독립을 이루었으며, 유행의 소비에 있어서 중심세력이 됨으로써 영 패션(young fashion)이 활발히 전개되었다.

이 시기에는 모더니즘과 자본주의가 최고조로 발달한 가운데 반현대주의 운동이 일어났다. 미국의 중·상류층 젊은이들로 이루어진 히피 집단은 당시의 모더니즘적 성공을 거부하고 인간성 회복을 주장하였는데 이들이 상징적으로 표현한 자유롭고 반유행적인 의복은 이후의 유행에 큰 영향을 미치게 되었다. 또 엘리트적인 예술을 거부하는 팝아트와 옵아트 등의 예술 경향이 패션에 영향을 미쳤다.

영국은 신나는 런던(Swinging London)과 비틀즈로 대표되는 영국 침공(British Invasion)을 통해 문화예술과 패션 분야에서 큰 영향을 나타내었다.

합성섬유와 가공법의 발달로 다양한 실험적 유행이 등장하기도 했다. 과거에는 전혀 사용되지 않았던 비닐, 금속, 종이 등 다양한 의복 소재를 실험하였으며 의복 디자인의 원리를 무시한 실험적인 복장이 나타났다. 유인 우주선의 달 착륙 성공을 계기로 우주 시대의 독특한 의상을 보여 주는 퓨처리스틱 룩(futuristic look)도 등장하였다. 매리 퀀트가 소개한 미니스커트, 남녀의 차이를 부정하는 유니섹스 의복, 화려한 남성복도 이 시기의 특징이었다.

10 1960년대 초에 유행한 슈트 차림의 재클린 케네디와 오버블라우스 드레스 (overblouse dress)

영부인인 재클린 케네디(Jackie Kennedy)가 즐겨 입으면서 크게 유행한 스타일로 허리가 강조되지 않고 편안하고 간결한 실루엣이 특징이다. 오버블라우스 드레스는 기성복 생산자인 몰리 파니스(Mollie Parnis)가 진분홍과 금색의 아세테이트와 올론 브로케이드 소재를 사용하여 1960년에 생산한 제품이다.

11 1960년대 초 유행 스타일의 코트

목둘레선과 소매의 모피 장식이 강조점이 되는 단순한 디자인이 특징이다. 재클린 케네디가 즐겨 착용했던 필박스 해트(pillbox hat)를 볼 수 있다.

◀ 9 피에르 카르댕(Pierre Cardin)의 미니 드레스와 스페이스 룩

카르댕은 당시의 가장 전위적인 디자이너였다. 그가 1968년에 발표한 미니 드레스는 뻣뻣하고 무거운 소재를 사용하여 로봇과 같은 느낌을 현대 조각의 각진 형태로 디자인한 것이었다. 카르댕은 비닐과 플라스틱, 은색 가죽 등을 의복의 소재로 새롭게 도입하였다.

12 앙드레 쿠레주(André Courrége)의 건축적인 구성 법이 특징적인 팬츠 슈트

13 쿠레주의 미니멀(minimal) 디자인의 미니 드레스
1967년 기성복 컬렉션에서 발표된 쿠레주의 디자인으로 칼라, 주머니, 아랫단의 디테일을 살린 간결한 디자인이 특징이다.

14 루디 건릭(Rudi Gernreich)의 검은색 시레(ciré) 팬 츠 슈트와 락카를 입힌 시폰 블라우스
1964년 가을 컬렉션에서 발표된 디자인이다. 몸이 들여 다 보이는 시스루(see-through) 룩은 이 시기에 큰 호응 을 얻었다.

15 와인버그(Chester Weinberg)와 빈(Geoffrey Beene)의 베이비 돌 룩(baby-doll look) 드레스

와인버그는 1969~1970년의 컬렉션에서 아일릿 러플(eyelet ruffle)로 장식된 미디 길이의 베이비 돌 룩을 선보였다. 조프리 빈은 어린 느낌의 베이비 돌 룩에 검은색과 흰색의 대비와 세련된 구성기법을 적절히 적용하였다.

16 이브 생 로랑의 몬드리안 드레스(Mondrian dress)

1965년 몬드리안의 작품을 단순한 튜닉 드레스에 표현한 것이다. 생 로랑은 앤디 워홀(Andy Warhol), 루돌프 누레예프(Rudolf Nureyev), 롤랑 프티(Roland Petit), 장 콕토(Jean Cocteau) 등 예술가들의 작품에서 영감을 받은 디자인을 많이 발표하였다.

17 앤디 워홀(Andy Warhol)의 토마토 수프 드레스(tomato soup dress)

마케팅과 대중문화의 이미지를 표현하는 팝아트는 1960년경 뉴욕과 런던에서 시작되어 의복 디자인으로도 활용되었는데, 여러 작가 중에서도 앤디 워홀이 패션과의 접목을 가장 잘 진행하였다. 그의 친구인 베시 존슨(Betsey Johnson)이 1965년 뉴욕에 개점한 파라페르날리아(Paraphernalia)에서는 플라스틱, 금속 소재, 종이로 만든 옷, 팝아트 이미지를 실크스크린한 슈트 등을 팔았다.

사진은 워홀이 1966년, 1967년에 발표한 종이 소재의 A라인 원피스 드레스에 토마토 수프 캔의 모티프를 프린트한 팝아트 패션의 대표적인 작품이다.

18 생 로랑의 팝아트 드레스(Pop art dress)

생 로랑은 팝아트 작품을 그대로 활용하는 다른 디자이너와는 달리 팝아트 이미지를 자신의 시각으로 재해석하여 디자인에 응용하였다. 사진에서는 마그리트(Rene Magritte)의 초현실주의 작품의 영향을 엿볼 수 있다.

19 옵아트(Op art)의 수영복과 점프슈트, 건릭의 동물 문양을 이용한 디자인

옵아트는 바사렐리(Victor Vasarely)의 빛과 검은색, 흰색의 대비를 이용한 작업과 같이 시각적 효과를 통한 인간의 지각적 과정을 표현하는 것으로서 1964년에 명명되었다. 이는 직물과 액세서리 디자인에도 폭넓게 활용되었다. 문양의 시각적 강렬함을 위해 매우 단순하게 디자인되었다. BIBA는 킹스턴(Kensington)의 라이프스타일 스토어로, 당시 유행을 이끈 가게였다.

20 벳시 존슨(Betsy Johnson)의 플라스틱 슬립 드레스(plastic slip dress)

플라스틱 비닐 소재를 의복에 사용한 새로운 시도를 살펴볼 수 있다. 옷의 장식물은 시퀸(sequin) 직물로 만들어져 소비자가 스스로(do-it-yourself) 장식할 수 있도록 하였다.

21 라반(Paco Rabanne)의 이브닝 하드웨어(evening hardwear)

1960년대에는 의복 소재에 다양하고 새로운 시도가 나타났다. 라반은 여러 가지 재료와 형태를 이용하였는데, 금속판을 이어서 만든 디자인을 선보이기도 했다.

22 스톤(Elsa Stone)의 종이와 플라스틱으로 만든 미니 드레스

23 건릭(Rudi Gernreich)의 기모노 드레스

1968년 봄 컬렉션에서 발표한 드레스로, 일본의 기모노에서
디자인을 가져오고 실크와 실크 브로케이드로 만들어졌다.
옷에 박아 넣은 오비(obi)와 비닐 끈, 실크로 만든 커다란 꽃
모양의 귀고리가 특징이다.

24

24 로 웨이스트 라인(low waistline)의 니트 미니 드레스를 입은 트위기 (Twiggy)

1960년대의 젊은 문화에서는 성숙하지 않은 어린 중성적 이미지가 이상적인 미의 기준이 되었다.

25 건릭의 모노키니(monokini, 좌)와 유니섹스의 토플리스(topless) 수영복(우)

1945년에 비키니가 큰 반향을 일으키면서 발표된 이후 대중에게 받아들여질 때까지는 10여 년이라는 시간이 필요했으나 1960년대에 와서는 여성의 가슴을 드러내는 모노키니 또는 토플리스 수영복 등 과감한 디자인이 나타났다.

모노키니를 입고 있는 페기 모핏(Peggy Moffitt)은 트위기, 베로슈카(Veroushka)와 함께 1960년대의 젊고 양성적인(Androgynous) 이상적 미를 대표하는 모델이었다.

토플리스 수용복을 입고 있는 남녀 모델은 유니섹스를 상징하고자 머리와 눈썹을 깎은 모습이다.

26 산탄젤로(Sant' Angelo)의 히피와 민속복의 영향을 받은 디자인

히피의 영향으로 디자이너들 사이에서 다양한 문화의 민속복을 새로운 디자인 요소로 활용하는 것이 시도되었다. 오른쪽의 디자인은 종종 'hippie-gypsy'로 불린 히피의 옷차림으로부터 영향받은 디자인이다.

27 마르쿠스(Ingeborg Marcus)의 페전트 룩(peasant look)

28 자크 에스텔(Jacques Esterel)의 남성용 킬트 스커트와 여성용 비닐 소재의 팬츠 슈트

여성의 바지 차림과 남성의 스커트 차림은 성별에 따른 전통적인 의복의 차이를 거부하는 시도라고 할 수 있다. 이후 여성의 바지 차림은 일상적인 의복으로 정착되었으나 남성의 스커트는 상징적인 시도에 그쳤고 1990년대에 다시 등장하였다.

29 유니섹스 스타일의 사파리(Safari) 슈트를 입은 생 로랑과 그의 누이 이사벨(Isabelle)

30 생 로랑이 1966~1967년에 발표한 여성용 턱시도와 팬츠 슈트

이브닝 웨어로서의 여성용 턱시도와 가는 스트라이프 직물의 신사복을 여성용으로 디자인한 팬츠 슈트이다. 생 로랑이 디자인한 팬츠 슈트는 여성으로 하여금 주로 여가용으로만 사용하던 바지 차림을 보다 다양한 공식적 상황에서 착용할 수 있게 하였다. 여성들의 폭발적인 호응을 얻은 생 로랑은 2002년까지 매년 팬츠 슈트를 발표하였다.

31 카르댕(Pierre Cardin)식 슈트를 입은 비틀즈(Beatles)의 멤버

카르댕은 1960년 2월에 연 첫 남성 컬렉션에서 당시에 유행하던 풍성한 실루엣 대신 직선적인 '실린더(cylinder)'룩을 선보였다. 칼라가 없고 둥근 목둘레선의 재킷은 첼시 부츠(Chelsea boots : 높은 굽이 달린 발목길이 부츠)와 함께 비틀즈에 의해 크게 유행하였다.

32 영국의 모즈(Mods) 젊은이들과 당시 모즈의 상징이었던 영국 밴드 '더 후(The Who)'의 초창기 모습

전통적인 재즈 대신, 당시 런던에서 유행하던 모던 재즈에 열광한 신세대들은 '모더니스트(modernist)'라는 명칭으로 불렸다. 1962년경 모더니스트, 모던의 의미는 모즈라는 용어로 지칭되기 시작하였다. 모즈의 스타일은 부드럽게 넘긴 짧은 머리, 단추가 세 개 달린 로만 재킷(Roman jacket), 좁은 바지, 끝이 뾰족한 구두 등이 특징적이었다.

33 피코크 레볼루션(Peacock Revolution)으로 일컬어진 최신 유행 스타일의 젊은이들

카나비(Carnaby) 거리는 1960년대에 쇼핑거리 이상의 역할을 하였다. 이곳은 새로운 실험과 변화를 추구하는 젊은이들의 거점이 되어 피코크 레볼루션을 이끌었다. 사진에서는 당시의 특징적인 밑위 길이가 짧은 바지, 화려한 색상의 셔츠, 가죽 재킷, 캐시미어 코트, 분홍색 넥타이 차림을 볼 수 있다.

34 신나는 런던(Swinging London)을 소개한 〈타임〉 표지와 당시 카나비 거리의 모습

존 스테판(John Stephen)이 카나비 거리에 첫 번째 의상실을 연 이후, 이 거리는 모즈 스타일의 중심지 역할을 하게 되었다. 스테판은 젊은 취향의 음악과 디스플레이, 유행에 맞추어 입은 젊은 판매원들, 고객이 상품에 쉽게 접근할 수 있도록 하는 등의 새로운 시도로 패션 부티크(fashion boutique)라는 개념을 강화시켰다.

35 스맬토(Francesco Smalto)의 프록 스타일(Frock-style) 오버코트

1963년에 발표된 이 코트는 당시의 최신 유행 소재였던 그레이 (gray) 색상의 '토닉(tonik)'으로 만들어졌다.

36 미넷 실루엣(Minet silhouette)의 슈트 차림의 프랑스 가수 자 크 뒤트롱(Jacques Dutronc)

파리의 레노마 부티크(Renoma boutique)에서 시작하여 1964~1968년에 크게 유행한 미넷 실루엣은 허리선이 들어가고 어깨가 좁고 진동선이 높으며 길이가 긴 재킷이 특징이다.

37 비트닉 스타일(beatnik style)의 미넷 룩을 스포티하게 연출한 가수 로니 버드(Ronny Bird)

38 카르댕의 마못(marmot) 모피로 만든 남성용 재킷

39 페루치(Gilbert Feruch)의 가구용 직물로 만든 네루(Nehru)
재킷

페루치에게 명성을 안겨 준 네루 재킷은 부드러우면서도 견
고한 형태를 유지하는 기술적인 구성 방법으로 만들어졌다.
네루 또는 마오(Mao) 칼라로 불리는 낮은 스탠딩 칼라가 특
징이다.

40 화려한 셔츠를 입은 디자이너 산탄젤로(Giorgio Sant'
Angelo)

41 안드레 뮤라산(Andre Murasan)이 직접 페인트한 그리니치 빌리지(Greenwich Village) 매장의 실내 모습과 드레스 디자인

대마초를 흡입한 상태의 몽환적 느낌을 나타내는 색채감이 특징적이다.

42 사이키델리아(Psychedelia)의 영향을 받은 푸치(Emilio Pucci)의 리조트 드레스(resort dress)와 샤넬의 트라우저 슈트(trouser suit)

사이키델릭 아트는 획일적이고 단순한 것으로부터의 탈피를 나타내는 몽환적 이미지가 특징으로 당시에 크게 유행하였다. 이를 잘 살린 푸치의 프린트 디자인은 현재까지도 이어지고 있다. 샤넬은 당시의 사이키델릭 취향과 에스닉 영향을 절묘하게 조합하여 전통적인 인도 페이즐리 문양의 라메(lamee) 직물에 정교하게 트리밍한 슈트를 발표하였다.

1970년대의 복식

1973년과 1978년의 두 차례에 걸친 유류 파동과 인플레이션 현상으로 인한 경제적 불황은 사람들로 하여금 실질적이고 합리적인 소비를 하게 만들었다. 사람들은 다시 자본주의 체제를 추종하기 시작하였으며 1960년대의 영 패션은 성숙한 패션으로 교체되었고 여성의 성적 매력을 강조하는 글래머러스 스타일이 등장하였다. 한편으로는 기성사회에 대한 저항으로 젊은 세대들에 의해 히피 룩·펑크 룩 등이 유행하여 하이 패션에 영향을 미쳤고, 히피의 이념은 자연에 대한 관심의 증대로 이어져 컨트리 룩, 페전트 룩 등이 유행하였다.

이 시기에는 실용적이고 합리적인 다목적 패션이 중시되고 레이어드 룩(Layered look)이 등장하였다. 패션 아이템이 된 진(jeans), 유니섹스 룩과 함께 스포츠 룩이 나타나면서 패션의 캐주얼화가 가속화되었다. 유니섹스 룩으로 시작된 여성의 바지 차림은 일상복부터 직업복, 공식적인 이브닝 웨어로도 착용되었다. 한편, 패션 산업의 국제화로 유명 디자이너들이 경쟁적으로 해외시장을 개척하였으며 밀라노가 새로운 패션 중심 도시로 떠올랐다.

43 유니섹스(unisex)의 팬츠 슈트(좌)와 남성적 디자인의 오버코트 차림(우)
1960년대 후반에 여성용 턱시도와 팬츠 슈트가 발표된 이후, 남녀가 동일한 디자인의 팬츠 슈트를 착용하는 것이 가능해졌다. 남성용 오페라 클럭과 체스터필드 코트로부터 디자인된 여성의 오버코트 등 다양한 여성을 위한 의복이 등장하였다.

44 미국 상표 R & K Original에서 출시한 팬츠 슈트

올 니트 폴리에스테르(Wool knit-polyester) 혼방직물로 제작된 이 슈트의 긴 튜닉 상의와 넓은 라펠은 1970년대 기성복의 전형적 디테일이었다.

45 비스(Dorothée Bis)의 니트 핫 팬츠(hot pants)와 맥시 코트(maxi coat)

핫 팬츠는 미니스커트와 함께 1970년대 초반까지 크게 유행하였다. 디자이너들이 미니스커트 이후 미디 스커트(midi)를 유행시키고자 하였으나 소비자들에게 받아들여지지 않았으며, 오히려 맥시가 핫 팬츠와 함께 입혀지면서 크게 유행되었다. 비스의 디자인은 모든 아이템이 니트 소재로 만든 것에서 볼 수 있듯이 활기차고 구속받지 않는 편안함이 특징이었다.

46 1975년에 유행한 남성적 디자인의 팬츠 슈트

47 진 레이먼드(Jean Raymond) 부티크에서 선보인 1970년대 초기의 남성 패션

넓은 어깨의 날씬하고 긴 재킷과 짧은 조끼, 통 넓은 바지 등으로 구성되어 1960년대의 슈트 스타일과 전혀 다른 실루엣을 나타낸다.

48 1970년대의 기성세대에 반발하는 젊은 문화의 꽃 모티프

아프간(Afghan) 재킷, 인도 직물의 셔츠 등 제3세계 지역의 의복을 받아들이고 평화와 자유의 상징으로서 꽃을 사용하였다.

49 런던의 피카딜리 서커스 (Piccadilly Circus) 앞에 앉아 있는 히피

1960년대에 등장한 히피의 특징적인 옷차림은 1970년대까지 유행하였으며, 1990년대에 네오히피 룩(neo-hippie look)으로 재등장하였다.

50 히피의 격식을 없앤 자연스러운 헐렁한 옷으로부터 발전된 러스틱 드레스(Rustic dress)

51 히피의 영향을 받은 에스닉 셔츠와 통 넓은 청바지

52 스캇 베리(Scott Barrie)의 오버블라우스 드레스(overblouse dress)

1977년에 발표한 생사(raw silk)로 만든 오버블라우스 드레스는 1970년대 후반의 특징인 편안하고 풍성한 루즈 룩(loose look)을 보여 준다.

53 미소니의 레이온 니트 드레스와 모자

1975년에 소개된 제품으로, 웨프트니트(weft-knit)의 긴 튜닉 스웨터와 풍성한 스커트로 구성되어 있다. 미소니는 특유의 강렬한 색상과 독특한 색 배합 패턴으로 고급 니트 웨어의 선두그룹을 형성하였다.

54 퍼스텐버그(Diane von Furstenberg)가 1973년에 발표한 저지 랩어라운드 드레스(jersey wraparound dress)

55 할스턴(Halston)이 발표한 전형적인 미국 기성복의 편안하고 스포티하며 여성성을 나타내는 디자인

56 다양한 문화에 대한 관심에서 등장한 에스닉 룩

생 로랑의 러시아 민속복에서 영감을 받은 컬렉션 '뤼스(Russe)'의 디자인과 패션 잡지 〈노바(Nova)〉에 실린 모로코, 인도, 티베트, 아랍의 특성을 적절히 배합하여 디자인한 '더 시크 오브 아라비(The Chic of Araby)'의 모습이다.

57 맥시 드레스

58 런던 킹스로드(King's Road)의 펑크(punk)의 모습

1970년대 중반 런던에 처음 등장한 하위 문화집단인 펑크의 주류문화에 저항하는 폭력적인 이미지의 옷차림은 지속적으로 유행에 영향을 미치고 있다.

59 펑크의 유행

펑크(punk)의 주류문화에 저항하는 폭력적 이미지의 옷차림은 로즈(Zandra Rhodes), 웨스트우드(Vivien Westwood) 등에 의해 하이패션으로 소개되었다.

60 캘빈 클라인 진(Calvin Klein jeans)의 1980년도 광고사진

1973년에 등장한 캘빈 클라인 진의 도발적인 광고는 청바지를 실용적인 작업복이 아닌 패션 아이템으로 바꿔 놓았다.

61 영화 〈토요일 밤의 열기〉에 등장한 노마 카말리(Norma Kamali)의 흰색 슈트

영화가 성공하면서 넓은 라펠이 달리고 몸에 꼭 맞는 신축성 있는 슈트와 넓은 칼라를 밖으로 꺼내 입는 셔츠, 높은 굽의 앵클 부츠가 크게 유행하였다.

62 디스코 패션

영화 〈토요일 밤의 열기〉의 성공 영향으로 시퀸(sequin), 루렉스(lurex)와 같은 반짝거리는, 메탈릭한, 야한 소재의 특징을 가진 디스코 패션이 유행하였다. 이와 함께 밴듀 톱(bandeau top)과 스트레치 스커트(stretch skirt), 레오파드(leopard) 문양, 빛을 잘 반사하는 흰색도 선호되었다.

1980년대의 복식

1970년대의 경제 침체의 여파로 자본주의에 대한 신봉은 '성공을 위한 의복(dress for success)'과 여피(Yuppie) 스타일에 대한 추종으로 나타났다. 또한 여성의 사회진출 증대로 생활수준이 향상되면서 여가를 더 중시하고 독자적 생활양식을 지향함으로써 때와 장소에 맞춘 T.P.O. 개념의 복장에 관심을 갖기 시작하였다.

1970년대의 경제적 불황으로 주춤하였던 포스트모더니즘이 부상하면서 패션에도 영향을 주어 다양성을 추구하고 기존의 틀을 거부하는 절충주의 패션, 앤드로지너스 룩(androgynous look), 레트로 룩(Retro look) 등으로 표현되었다. 또한, 세계 각국의 문화를 차용하고 혼합하는 방식이 두드러져 오리엔탈 룩을 포함한 다양한 에스닉(Ethnic) 룩이 주목받기 시작했다. 이 시기에는 경제대국 일본의 국제 경쟁력이 부각되면서 일본 디자이너들을 특징짓는 빅 룩, 재패니스 룩 등이 서양 패션과 다른 새로운 스타일로 받아들여졌다.

이외에도 자연 보호에 대한 대중의 인식이 고조되면서 패션에서도 에콜로지 룩(Ecology look)이 등장하고 천연소재에 대한 선호로 이어졌다. 건강에 대한 관심은 스포츠 웨어를 일상적인 여가복으로 확장시켰으며 레오타즈(leotards), 러닝 슈트(running suit), 레그 워머(leg warmers)와 같은 운동복이 평상복으로 받아들여졌다.

63 노마 카말리(Norma Kamali)의 스웨트 셔츠(sweat shirt) 컬렉션
1980년 봄·여름 컬렉션에서 발표된 것으로 스웨트 셔츠 소재로 만든 짧은 스커트, 헤어밴드, 레오타드(leotard), 레그워머(leg warmer)는 조깅을 유행시켰다.

64 소니아 리키엘(Sonia Rykiel)의 앙상블 판탈롱(ensembles pantalons)

65 도나 카란(Donna Karan)의 면과 오간자로 만든 팬츠 슈트(pant suit)

1985년에 발표한 당시의 도나 카란을 특징 짓는 스타일로 성공지향적인 직장 여성 이미지의 넓게 강조된 어깨와 넓은 라펠의 재킷이 반투명하고 흐르는 소재의 넓은 바지와 묘한 대조를 나타낸다.

66 디오르의 상류층의 세련되고 우아한 커플룩(sleek and elegant couple look)과 '성공을 위한 의복'

1970년대 후반부터 유류 파동에 의한 경기 침체의 영향으로 성공한 상류층의 모습을 나타내는 유행이 등장했다. 또한, 남성의 영역이던 관리직과 전문직으로 진출한 여성을 위한 '성공을 위한 의복(Dress for success)'이 다양하게 제안되었다.

67 80년대의 화려한 색상을 반영한 웅가로(Emanuel Ungaro)와 몬타나 (Claude Montana)의 패션쇼

68 여성적인 곡선미를 강조하는 넓은 벨트(wide cinch belt)

69 뮤글러(Tierry Mugler)의 여성적 실루엣의 슈트

남성적 특징을 가진 슈트 스타일에 넓은 어깨와 가는 허리선의 몸에 잘 맞는(body-fitted) 실루엣을 접목하여 여성성과 섹시함을 강조하였다.

70 웨스트우드(Vivienne Westwood)의 미니크리니(mini crini)와 크리스티앙 라크루와(Christian Lacroix)가 디자인한 벌룬드레스(balloon-dress)의 스패니시 앙상블 (Spanish ensemble)

풍성한 스커트는 80년대 후반의 후프(hooped)의 아워글라스(hourglass) 실루엣 유행을 이끌었다.

71 로맨틱 룩의 로 웨이스트(low-waisted) 드레스를 입은 영국의 다이애너 비

72 마돈나(Madonna)를 위한 장 폴 고티에(Jean Paul Gaultier)의 코르셋에 의한 디자인

마돈나의 운동과 다이어트에 의해 잘 다듬어진 건강한 신체는 1980년대의 건강과 운동에 대한 열풍을 불러왔으며 속옷으로부터 디자인된 무대의상은 속옷을 겉옷의 디자인에 적용하는 '속옷의 겉옷화'를 불러왔다.

73 웨스트우드의 펑크 룩

1982~1983년 가을·겨울 컬렉션에서 발표한 스웨트 셔츠 위에 브래지어를 착용한 펑크 룩이다. 웨스트우드는 1981년 컬렉션부터 펑크 스타일 크리에이터로 명성을 쌓았다.

74 알라이아(Azzedin Alaia)의 신축성 있는(elasticized) 슈트

1988년 봄·여름 컬렉션에서 발표된 신축성 소재를 사용한 슈트이다. 알라이아는 튀니지 출신으로 섹시한 패션의 선두주자로 평가받고 있는데, 특히 라텍스(Latex)와 같은 신축성 소재를 적절히 활용하는 것으로 명성이 높다.

75 야마모토(Yohji Yamamoto)의 튤 버슬(tulle bustle) 드레스와 꼼 데 가르송(Comme des Garçons)의 디자이너 가와쿠보(Rei Kawakubo)가 1982년에 디자인한 스웨터와 스커트

76 겐조(Kenzo)의 랩스커트(Wraparound skirt)

겐조는 1970년 파리 컬렉션을 시작하면서 아름다운 색상 배합으로 주목받았으며 일본뿐만 아니라 중국, 이집트에 이르는 다양한 동양의 이미지를 서양 패션에 성공적으로 접목한 것으로 평가받고 있다.

77 미야케(Issey Miyake)의 조형적인 디자인

폴리에스테르의 열가소성을 이용한 가는 플리츠로, 조형적인 특성을 강조한 디자인이다. 1994년에 발표된 'Flying saucer' 드레스와 같은 플리츠를 활용한 다양한 디자인으로 이어진다.

78 갭(Gap)의 다수를 위한 캐주얼 룩

79 랄프 로렌(Ralph Lauren)의 1920년대 스타일의 리조트 웨어(resort wear)

1980년대부터 파리를 중심으로 한 유럽 패션이 전위적인 스타일을 나타낼 때 랄프 로렌과 캘빈 클라인은 전형적인 미국의 자유스러운 방식으로 디자인을 제시하였다. 1990년대부터는 캐주얼함이 더욱 강화되었다.

80 휴고 보스(Hugo Boss)의 여피 스타일 (yuppie-style) 슈트 광고

1980년대 후반의 젊고 도시적이며 성공적인 (young urban professional) 남성의 이미지를 나타내는 스타일이다.

81 에슈테(Daniel Hechter)의 편안한 실루엣의 (unstructured) 재킷

1981년에 발표된 편안한 실루엣의 재킷은 각이 지지 않은 어깨, 헐렁한 품, 낮게 달린 단추 등이 특징이다. 허리에 주름잡은 플란넬(flannel) 바지와 매치되었다.

82 아르마니(Giorgio Armani)의 슈트

1986~1987년에 아르마니가 발표한 남성용 슈트는 래퍼 (rapper) 또는 브레이크댄서들의 옷인 후드 달린 셔츠 (hooded sweatshirts)가 주류 패션 속으로 들어왔음을 보여 주는 좋은 예이다.

83 요지 야마모토(Yoji Yamamoto)의 남성복 디자인

1987~1988년 가을·겨울 컬렉션에서 발표된 남성복 슈트이다. 약간 짧은 바지, 약간 긴 소매, 약간 큰 셔츠 칼라 등 균형이 맞지 않는 조합으로 독특한 남성 이미지를 만들었는데 이는 1980년대 많은 일본 디자이너의 특징이었다.

1990년대의 복식

모더니즘 사회에 대한 불신과 자성이 커짐에 따라 포스트모더니즘의 영향이 극대화되고 과거의 생활양식에 대한 긍정적 태도가 나타났으며, 이는 서로 다른 문화와 요소들을 병렬시킴으로서 과거와 미래, 동양과 서양이 독특하게 재구성된 패션으로 표현되었다. 힙합 룩, 그런지 룩 등 다양한 하위문화의 스트리트 패션이 주류 패션으로 크게 유행하고, 키치 룩과 같은 새로운 취향의 패션이 등장하였다.

1990년대 후반에는 미니멀리즘 패션이 의식주 전반에 영향을 미쳤으며 동양적 미학·철학과 정신적 세계의 절제된 미를 담은 젠 스타일이 등장하였다. 한편, 세기말적 현상으로 현실에 대한 불안감과 미래에 대한 기대를 익숙한 것의 편안함과 향수로 해석하는 다양한 레트로 룩이 등장하였고 낭만적인 로맨틱 룩이 부각되었다.

자연과 환경, 웰빙(well-being)에 대한 관심의 증가로 에콜로지 패션이 지속되었으며 친환경적인 제품의 개발이 가속화되었다. 첨단기술의 신소재를 활용한 디자인 실험이 다양하게 제시되었고, 인터넷을 비롯한 디지털 기술의 발달이 더욱 가속화되면서 신기술과 패션이 접목되는 스마트 웨어와 다양한 기능성을 강조하여 미래성을 나타내는 멀티 룩 등이 등장하였다.

84 아르마니(Giorgio Armani)의 남녀 테일러드 슈트

1993~1994년 가을·겨울 컬렉션에서 발표된 편안하게 구성된(unstructured) 슈트이다. 퓨리즘(purism)은 건축적이고 기하학적 형태로 스타일에서의 순수함을 추구하는 것으로 디자이너의 창의력이 많이 요구된다. 질 샌더(Jil Sander), 아르마니(Giorgio Armani), 캘빈 클라인(Calvin Klein), 도나 카란(Donna Karan), 빌 블라스(Bill Blass) 등이 단순함과 간결함·기능성 등을 통해 퓨리즘을 대표하는 것으로 평가받고 있다.

85 페레티(Alberta Ferretti)의 란제리 룩(Lingerie look)

1990년대에는 속옷을 겉옷으로 입는 것으로, 단순한 속옷 위에 레이스나 비치는 소재의 속옷 형태를 덧입는 것이 더 이상 이상하게 여겨지지 않았다. 페레티는 젊은 여성을 겨 냥한 이러한 스타일을 주도하였다.

86 드윌미스터(Ann Demeulemeester)의 해체주의 블라 우스

1997년 봄 · 여름 컬렉션에서 소개된 디뮬레미스터의 탱크 톱과 블라우스는 해체주의를 잘 표현하고 있다. 해체주의는 1980년대 레이 카와쿠보, 요지 야마모토와 같은 일본 디자 이너들에 의해 주도되었으며 1990년대 들어서는 드윌미스 터(Ann Demeulemeester)와 마르지엘라(Martin Margiela)가 대표적 역할을 하였다.

87 여성적이고 낭만적인 페어리테일 룩(Fairytale Look)

88

89

88 마크 제이콥스(Marc Jacobs)의 그런지 룩(Grunge Look)

시애틀의 음악, 거리, 젊은이의 문화로부터 영감을 받아 1993년 페리 엘리스(Perry Ellis)의 기성복 컬렉션에서 발표한 그런지 룩은 옷에 대한 캐주얼하고 헝클어진 태도를 반영한 것이었다. 마크 제이콥스와 안나 수이(Anna Sui)는 스트리트 스타일에 고급 직물과 섬세한 기술을 사용하여 그런지 스타일로 완성시킨 것으로 알려져 있다.

89 도나 카란(Donna Karan)의 스포츠 웨어 드레스

1994년 발표한 니트 소재의 스포츠 웨어 드레스이다. 캐주얼한 생활양식 추구에 따라 스포티즘(sportism) 트렌드가 강세를 보이면서 다양한 스포츠 웨어가 일상복 디자인에 접목되었고, 이에 따라 명품 브랜드에서도 스포츠 웨어를 디자인하게 되었다.

90 몬타나의 패딩 코트(padding coat)

군용으로 사용되던 파카(parka)는 70년대 젊은층 사이에서 일상복으로 착용되다가 90년대에 하이패션으로 소개되었다.

91 군복 스타일(military style) : 군인의 위장복 패턴의 스커트와 적십자 무늬의 티셔츠

1960년대 후반부터 젊은이들 사이에서 군복은 작업복과 같은 실용적인 이유에서 입혀지기 시작하였다. 모즈(mods), 펑크(punks), 스킨헤드(skinhead), 테크노(techno), 힙합(Hip-Hop), 라스타파리안(Rastafarian) 등의 하위 문화집단에서 전투복을 활용함으로써 자신들의 불안정한 위치와 사회에 맞서는 태도를 나타내고자 하였다. 여성들의 전통적인 성역할에 대한 반감과 남성들의 남성성을 강조하는 양면적인 이유에서도 착용되고 있다.

92 런던 노팅힐의 라스타파리안(Rastafarian)

라스타파리안은 아프리카의 정신을 계승하는 예술가들이 중심이 되고 있는데 이디오피아의 독립을 염원하는 의미에서 사용되던 빨간색, 금색, 녹색의 티셔츠, 니트 모자(tam), 땋아 내린 머리(dreadlocks) 등을 특징으로 한다.

93 뉴욕 거리의 힙합 패션의 학생들

뉴욕의 할렘가에서 시작된 하위 문화집단의 의복인 힙합 스타일은 편안함과 자유로움에 의해 전 세계적인 유행이 되었다.

94 돌체 앤 가바나(Dolce & Gabbana)의 네오 히피 룩(neo-Hippie look)

1993년 봄·여름 컬렉션에서 발표된 히피 스타일로서 비즈(beads), 패치워크(patchwork), 술 달린 숄(fringed shawl) 등 히피의 특징적인 의복 아이템을 디자인 요소로 활용하였다.

95 베르사체(Gianni Versace)의 펑크(Punk Revival) 이브닝드레스

1994년에 발표된 검은색 이브닝드레스는 펑크의 상징인 안전핀에 보석 장식을 하여 디자인 요소로 활용하였다. 1990년대의 다양한 하위 문화집단에 관심을 가지고 펑크로부터 디자인 소스를 가져온 예이다.

96 베르사체(Gianni Versace)의 팝아트 패션
앤디 워홀이 마릴린 먼로를 모티프로 하여 만든 작품을 응용한 이브닝드레스이다.

97 앤드로지너스 룩(Androgenous Look)

여성이 남성의 의복을 차용하는 것이 아니라, 남녀 간의 디자인 차이를 없애고 각 성의 장점을 받아들이는 이념을 나타낸다.

98 남성의 스커트 차림

1980년대 고티에(Jean Paul Gaultier)에 의해 본격적으로 소개된 남성 스커트는 1990년대 말에 들어 전위적인 디자이너뿐만 아니라 유행을 좇는 젊은 남성들을 위한 옷으로 자주 등장하였다.

99 웨스트우드의 로코코 이미지

1995년 가을·겨울 컬렉션에 발표된 로코코 시기의 프랑스의 고급문화의 감성으로부터 영감을 받은 디자인으로 웨스트우드는 1990년대부터 절충주의에서 보다 극적으로 표현하기 시작하였으며 영국 전통의 소재인 해리스 트위트(Harris tweed), 타탄 체크(tartan), 아가일 니트(Argyle knits) 등을 솜씨 좋게 사용하는 것으로 알려져 있다.

100 미니멀리즘(Minimalism) 디자인

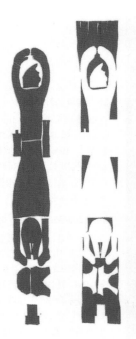

101 미야케의 A-Poc(A Piece of cloth)

미야케는 섬유공학자 후지와라(Dai Fujiwara)와 협업하여 한 장의 천으로 최소한의 재단과 재료의 낭비가 없는 착장 시스템을 개발하였다.

102 미야케(Issey Miiyake)의 홀로그래픽(holographic) 슈트
직물기술의 발전은 새로운 디자인의 실험을 불러왔다.

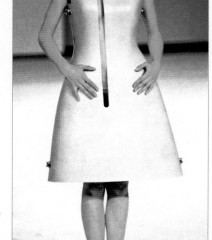

103 샬라안(Hyssein Chalayan)의 에어로플레인 드레스(Aeroplane dress)
샬라안의 작업은 패션, 건축, 기술, 제품의 영역을 넘나들곤 한다.
1999~2000년 가을ᆞ겨울 컬렉션에서 발표된 100% 유리섬유로 만들어
진 이 드레스는 비행기 부품과 같이 몰딩과 짜맞추기에 의해 만들어졌
다. 뒷스커트 자락은 비행기 날개처럼 원격조정할 수 있다.

21세기 초반의 복식과 문화

시대적 배경

정보화 사회로의 진입과 함께 21세기는 지구화(globalization)가 이루어졌고, 4차 산업혁명 시대를 맞이하였다. 디지털 기술의 발전과 대중화에 따라 본격적인 디지털 시대가 개막되었다. 2007년 아이폰의 출시는 이후 스마트폰의 대중화를 이끌었고, 2010년대에는 퍼스널 컴퓨터에서 모바일 중심으로 삶이 변화하였다.

이러한 IT 기술의 발달, 모바일 기기의 보편화에 따라 인터넷을 기반으로 하는 소셜 미디어가 폭발적으로 확산되었다. 블로그, 인스타그램, 틱톡 등의 다양한 소셜 네트워크 서비스를 통해 이제 소비자가 생산자의 역할에도 기여할 수 있게 되었다. 특히 패션업계에서는 영향력 있는 개인을 의미하는 인플루언서(influencer)가 가진 상업적 영향력이 점점 커지고 있다.

새로운 밀레니엄을 맞이하였다는 기대감과 함께 2000년대를 맞이하였으나, 9/11 테러와 함께 이어진 전쟁과 미국의 리만 브라더스 파산으로 시작된 세계 금융위기로 인한 사회 불안이 지속되었다. 세계 금융위기로 인한 전통적 선진국 전반의 쇠퇴와 중국의 급부상으로 인하여 정치적 영향력의 구도가 변화됨에 따라 기존의 G7 체제의 영향력이 줄어들고, 중국의 국제적 영향력이 강화되었으며, 2010년대에는 G20 체제가 들어서게 되었다.

지구 온난화와 각종 기후변화에 대한 우려가 높아짐에 따라 환경과 산업 발전의 공존을 모색하기 위하여 UN은 2030년까지의 실천 과제로 '지속가능발전목표(Sustainable Development Goals, SDG)'를 채택하였고, 이를 이행하기 위해 세계 각국이 많은 노력을 하고 있다.

2010년대에는 메르스(MERS: 중동호흡기증후군)와 에볼라출혈열과 같은 바이러스 전염병이 유행하였으며, 특히 2020년대까지 이어진 코로나바이러스는 세계적 유행으로 이어져 인류는 팬데믹 사태를 경험하게 되었다. 이로 인해 다양한 분야에서 비대면 문화가 자리 잡으면서 메타버스, 가상현실, 인공지능과 같은 고도의 컴퓨터 과학이 실생활에서 빠르게 활용되기 시작하였다. 메타버스는 아바타를 통해 현실세계와 동일한 사회, 문화, 경제 활동이 이루어지는 3차원 가상세계로 소비자들에게 물리적 제한이 없는 몰입형 경험을 제공할 수

1 자하 하디드(Zaha Hadid)의 디자인

여성 최초로 건축계의 노벨상이라 불리는 프리츠커상을 수상한 건축가 자하 하디드는 고정관념을 넘어서 실험적이고 새로운 조형미를 만들어 낸다는 평가를 받았다. 대표적인 해체주의 건축가로 불리며 비정형적이고 유기적인 디자인을 선보였다. 자하 하디드의 실험적 조형미는 서울의 DDP에서도 만나볼 수 있다. 건축뿐만 아니라 루이비통의 가방을 실리콘으로 재해석한 작품과 같이 다양한 디자인 분야에서도 뛰어난 능력을 나타냈는데, 특유의 곡선 스타일에 양각으로 튀어나온 모노그램 로고를 통해 파격적이면서도 품위 있는 스타일을 선보였다.

있다. 가상세계와 관련 기술이 발전함에 따라 디지털 패션에 대한 위상과 영향력이 높아지고 있다.

인간성 상실, 물질만능주의 등 자본주의의 폐해로 인한 모더니즘 사회에 대한 자성과 지속되는 경제 침체, 테러 위협 등 사회불안 요소에 의해 산업화 이후 사회의 새로운 질서를 모색케 하고 있다.

포스트모더니즘 예술양식은 20세기 후반에서부터 이어져 오고 있다. 기존의 질서를 해체하고, 다양한 양식이 서로 융합되는 등 기존의 틀에서 벗어나 창의적이고 실험적인 시도가 생활 전반에 걸친 다양한 영역에서 나타나고 있다. 또한 지속가능성이 핵심적인 문제로 대두됨에 따라 패션뿐만 아니라 건축과 예술, 장식 등의 분야에서도 지속가능성의 중요성에 대한 인식이 높아지고 있다.

2 블로비텍처(Blobitecture) 양식의 셀프리지 빌딩(Selfridge building) 2003
블로비텍처란 유기체 같은 연체구조의 외형, 아메바 모양을 한 건축물을 일컫는 말로 셀프리지 빌딩은 물결 모양의 곡선 실루엣으로 이루어져 블로비텍처의 대표적인 건물로 알려져 있다. 건물 전체는 알루미늄 디스크가 두르고 있는데, 1960년대 파코라반의 드레스에서 영감을 받은 것으로 알려져 있다.

3 환경 친화적인 건축물 더 그린 빌딩(The Green Building)

더 그린 빌딩은 역사와 지역 환경을 고려하여 기존 건물을 재활용한 혁신적 디자인으로 주목받는다. 친환경적인 자재와 지속가능한 시스템을 적극 활용하였는데, 특히 빗물을 정화하여 정원에 사용하고 다시 지하수로 순환하게 하였고, 태양열 패널과 지열을 사용한 우물 등을 사용하고 있다. 이는 건물 내 직원들이 사용하는 차량의 탄소 발자국을 상쇄할 만큼 탄소를 절감한다. 재사용과 재활용을 강조한 환경 친화적인 건축의 모범 사례로 제시된다.

4 지속가능한 건축 혁신: 로블로리 하우스(Loblolly House)

건축가 키에란 팀버레이크(Kieran Timberlake)는 부품을 사전에 제작하고 현장에서 조립하는 방식을 사용하여 환경 영향과 시공 기간을 줄이는 혁신을 이끌었다. 이는 조립뿐만 아니라 미래 재사용을 위한 해체에 중점을 두어 지속가능한 건축을 실현하였다. 로블로리 하우스는 건축 혁신과 자연 환경과의 깊은 연결을 통합하여, 효율적이며 생태 친화적인 디자인의 새로운 시대를 상징한다.

5 재스퍼 모리슨(Jasper Morrison)의 코르크 2019

와인병 코르크 제작 공정에서 버려지는 코르크를 분쇄하여 블록으로 압축하여 만든 가구이다. 방수성과 방부성 그리고 흰개미로부터도 안전한 탁월한 기능에 간결한 형태를 지닌 제품으로, 트렌드를 초월한 궁극의 베이직을 추구하는 디자이너 재스퍼 모리슨의 작품이다. 그는 재활용이 가능한 폴리프로필렌을 사용하고 강도와 강성을 갖춘 사출 성형 기술을 더해 오래도록 안전하게 사용할 수 있게 하는 디자인 등을 통해 지속가능성을 추구하고 있다.

6 에코 버디(Eco birdy)의 체어 찰리(chair Charlie)

벨기에 디자인 스튜디오 VYDC가 제작한 업사이클링 가구 브랜드 에코 버디는 학교에서 아이들이 쓰지 않는 장난감을 기증받아 가구로 제작한다. 종류별로 분류된 장난감은 의자, 테이블, 수납장, 램프 등으로 만들어지고, 실리콘을 사용하지 않고 오직 한 가지 종류의 플라스틱으로만 만들어 100% 다시 재활용할 수 있게 하였다.

7 에어버스(Airbus)의 피스 오브 스카이(A Piece of Sky)

에어버스는 사용 수명이 다한 항공기 부품을 재활용하여 가구 컬렉션 '피스 오브 스카이'를 개발하였다. 폐항하는 민항기 중 기타 장비로 재활용 가능한 85%를 제외한 나머지 부분을 가구로 만들어 활용할 계획이다.

8 아티스트와의 컬래버레이션

21세기를 대표하는 현대미술가 데미안 허스트(Damien Hirst)는 실제 해골에 8,601개의 다이아몬드를 박은 '사랑을 위하여(For the love of GOD)'(2007)라는 작품을 통해 인간의 끝없는 욕망과 죽음에 대해 이야기하였다. 이후, 해골 모티브에 대한 공통점이 있는 디자이너 알렉산더 맥퀸(Alexander McQueen)의 해골 스카프 출시 10년을 맞이하여 데미안 허스트의 곤충학(Entomology) 시리즈를 재해석한 컬래버레이션 제품을 선보였다.

9 메타버스, NFT 그리고 디지털 패션

2030년까지 500억 달러 이상의 가치가 있을 것이라는 평가를 받는 잠재적 시장으로 떠오르는 메타버스를 패션 브랜드들이 적극적으로 활용하고 있다. 구찌, 랄프로렌, 발렌시아가, 나이키 등의 브랜드는 '로블록스'나 '제페토' 같은 메타버스 플랫폼과의 협업을 통해 가상 아이템을 선보이거나 브랜드 경험을 할 수 있는 버추얼 월드를 공개해 활발한 마케팅을 선보이고 있다. 이러한 메타버스를 통한 디지털 쇼룸, 매장 구축은 단순한 마케팅 활동뿐만 아니라 실제 제작되는 제품의 수량을 줄여 지속가능성을 높일 수 있는 해결 방안으로 제안되고 있다.

많은 패션 브랜드들이 브랜드 가치를 담은 NFT를 발행하면서 디지털 세계의 상품에 가치가 형성되고 있다. 나이키는 NFT 패션 스타트업 RTFKT를 인수하여 디지털 웨어러블 스니커즈를 선보였다. 스페이스 러너스(Space Runners)는 아티스트, 브랜드와 협력하여 NFT 패션 아이템을 제작하며, 다양한 메타버스와 플랫폼에서 웨어러블을 사용할 수 있도록 하고 있다.

10 라나 플라자 의류 공장 붕괴 참사와 #WhoMadeMyClothes

글로벌 브랜드의 의류를 생산하는 의류 공장이 있던 방글라데시 라나 플라자 건물이 2013년 붕괴되어 1,138명의 목숨을 앗아가고, 2,500명 이상의 부상자가 발생하였다. 이는 글로벌 의류 기업이 생산 비용을 절감하려 한 결과로, 개발도상국 의류 공장의 끔찍한 노동 현실을 전 세계에 알리는 계기가 되었다. 이에 대한 응답으로 패션 레볼루션(Fashion revolution)이 탄생하였다. 이는 패션 공급망의 투명성을 높이고 공정한 근무 조건과 지속가능한 생산 프로세스를 사용하도록 하는 단체로, 옷이 소싱, 생산 및 구매되는 방식을 근본적으로 변화시키고자 한다. 가장 잘 알려진 캠페인은 #WhoMadeMyClothes로, 소셜 미디어 해시태그를 통해 해당 브랜드 태그와 함께 포스팅하면 해당 브랜드의 의류공급망에 관여한 사람들이 #IMadeYourClothes로 답한다.

11 지속가능을 위한 패션 팩트(The Fashion Pact)

지속가능발전을 위한 세계 각국의 노력이 이어지는 가운데 패션업계에서는 환경을 위해 글로벌 협약인 '패션팩트(The Fashion Pact)'에 참여하고 있다. 이는 2019년 G7 정상회의에서 럭셔리 브랜드를 비롯해 SPA, 스포츠에 이르는 32개 회사 150여 브랜드가 기후변화 지구 온난화 방지, 생물 다양성 회복, 해양 보호 등 3개 분야에서 환경적인 영향을 줄이기 위해 구체적인 노력을 하기로 합의한 것이다. 이를 위해 과학 기반 목표(SBT)를 구현하고 2050년까지 net-zero 달성을 목표로 하고 있다. 이에 많은 브랜드들은 친환경 공정을 도입하고, 새로운 재활용 소재들을 개발, 사용하는 등 적극적인 노력을 하고 있다.

2000년대의 복식

새로운 밀레니엄에 대한 기대와 기술의 발전과 함께 디자인적 실험이 세기말 이후 지속되었다. 한편, 세계 불황은 패션 산업에 큰 영향을 미치면서 실용적이고 합리적인 가치가 중요하게 받아들여졌다.

패션의 관습에 도전했던 안티패션, 하위문화 스타일이 주류로 받아들여지면서 드레스 다운이 전체적인 시대의 무드가 되었다. 스마트한 캐주얼 차림이 비즈니스 웨어로 착용되기 시작하였다. 청바지는 모든 상황에서 적절한 복장으로 받아들여져 정장 차림에도 함께 착용하기도 하였다. 허리선이 낮은 로 라이즈(low rise) 스타일, 스키니팬츠가 대중적인 인기를 끌었다. 그런지 스타일, 집시와 보헤미안 스타일에서 영감을 받은 보호 시크룩이 유행하였다.

저렴한 가격으로 최신 패션의류를 신속하게 공급하는 패스트패션 브랜드가 확산하였으며, 디자이너와의 협업 전략을 통해 브랜드 이미지를 높이고, 그 인기가 상승하였다. 반면 패스트패션에 대한 반성의 목소리 역시 높아지며 인간의 본질을 추구하고 지구 환경과 인체에 피해를 주지 않는 지속가능한 패션에 관한 관심도 증가하였다.

12 새 밀레니엄을 맞이하는 매트릭스 스타일

2000년대 새 밀레니엄을 맞이하여 2001년 컬렉션에서는 메탈릭 실버, 블랙, 스트랩, 벨트 등을 사용하여 미래적이고 테크놀로지적 요소를 담은 매트릭스 스타일을 선보였다. 그러나 9/11 테러와 금융위기 이후 보수적인 패션 트렌드로 변화하면서 기술과 혁신의 새로운 시대를 예고하는 스타일의 중요성이 상대적으로 감소하게 되었다.

13 드리스 반 노튼(Dries Van Noten)의 보헤미안 룩

2008년 봄에 소개된 드리스 반 노튼의 스타일은 이국적이면서도 모던한 보헤미안 스타일을 잘 표현하고 있다. 드리스 반 노튼은 이국적인 문화에서 영감을 받은 화려한 색채와 프린트를 사용하면서도 현대적인 감각과 함께 웨어러블한 의상을 만든다는 평가를 받았다. 2000년대에 크게 유행한 보호-시크(Boho-chic) 스타일은 보헤미안, 히피 스타일이 조화된 에스닉한 스타일로 패션 스타일뿐만 아니라 라이프 스타일로도 확장되었다.

14 루이비통과 아티스트

2001년 루이비통의 마크 제이콥스(Marc Jacobs)는 스테판 스프라우스(Stephen Sprouse)와의 컬래버레이션을 통해 루이비통의 가방에 그래피티를 적용시켰다. 이후 2003년 무라카미 다카시(Murakami Takashi)와의 컬래버레이션에서 멀티컬러 모노그램 시리즈를 선보였다. 아티스트와의 협업은 상업적인 성공을 거두었으며, 브랜드의 이미지를 혁신적으로 변화시키는 데 큰 역할을 했을 뿐만 아니라 패션과 예술 분야에 큰 영향을 주었다.

15 쥬시 꾸뛰르(Juicy Couture)의 트랙수트(tracksuit)

2000년대 드레스 다운 무드에 따라 꾸민 듯 안 꾸민 듯 자연스러운 모습을 연출하고자 하였고, 이에 따라 하이엔드급의 가격과 퀄리티를 가진 편안한 트랙수트 스타일이 유행하였다. 쥬시 꾸뛰르는 벨벳 소재로 로고를 강조한 시그니처 트랙수트 스타일로 자유롭고 섹시한 스타일로 인기를 끌었다. 트랙수트에 어그 부츠, 본 더치 트러커를 쓴 것이 2000년대의 상징적인 패션 스타일이다.

16 디자이너와 스포츠 웨어

2000년대 초반 스포츠 브랜드와 디자이너의 협업은 새로운 패션 트렌드를 만들어 냈다. 아디다스는 요지 야마모토(Yohji Yamamoto)와 함께 Y-3를, 스텔라 매카트니(Stella McCartney)와 함께 아디다스 바이 스텔라 매카트니(Adidas by Stella McCartney)를 선보였고, 푸마(Puma)는 알렉산더 맥퀸(Alexander McQueen)과 손을 잡아 큰 반향을 일으켰다. 스포츠웨어가 단순한 운동복에 머무르지 않고, 트렌디하고 세련된 이미지를 갖춘 스타일로 발전할 수 있도록 하였으며, 하이패션과 스포츠웨어의 경계를 허물었다.

17 로 라이즈 진(Low-rise jean)과 스키니 진(Skinny jean)

2000년대 초반에는 허리선이 골반에 가까운 스타일이 대중적인 인기를 끌었으며, 후반에는 다리선이 드러나는 스키니 진이 유행하였다. 청바지는 캐주얼웨어로서뿐만 아니라 정장에도 착용되었다.

18 마이크로 미니스커트

미니스커트 역시 로 라이즈 스타일을 많이 입었으며, 이를 부츠와 함께 매치하는 스타일이 인기를 끌었다. 또한 허리를 드러내는 타이트한 크롭 상의와 함께 코디해서 중복부를 드러내는 스타일도 많이 채택되었다.

19 크리스토퍼 베일리(Christopher Bailey)와 버버리(Burberry)

2000년대 초 버버리의 아이코닉한 체크는 너무 많이 복제 · 남용되어 젊은 층에게 외면당하기 시작하고, 영국 노동계급인 '차브(chav)'에 널리 퍼지게 되면서 부정적인 이미지가 형성되었다. 크리에이티브 디렉터로 영입된 크리스토퍼 베일리는 전통을 잘 살리면서도 실험적이면서 도전적인 시도를 통해 성공적인 개혁을 이끌었다.

20 패스트패션(Fast fashion)과 디자이너들의 컬래버레이션(Collaboration)

SPA(Speciality store retailer of Private label Apparel) 패션 브랜드라고도 불리는 패스트패션은 저렴한 가격으로 최신 유행 의류를 빠르게 공급한다. 2000년 이후 급속히 확산되었고, 미국의 갭(Gap), 스페인의 자라(ZARA), 스웨덴의 H&M, 일본의 유니클로(Uniqlo) 등이 대표적이다. H&M은 2004년 칼 라거펠트와의 협업을 시작으로 스텔라 매카트니, 빅터 앤 롤프 등의 디자이너들과 협업하며 인지도를 높이고 있다.

21 상의와 하의를 바꾸어 디자인한 빅터 앤 롤프(Victor and Rolf)와 헬무트 랭(Helmut Lang)의 의상

기존의 의복 구성 방식과 전통적인 착장법에 반발하는 새로운 시도로서 바지를 볼레로 재킷으로 디자인하고, 재킷은 바지로 디자인하거나, 재킷을 스커트로 디자인한 모습이다.

22 마틴 마르지엘라(Martin Margiela)의 해체주의

벨기에 출신의 아방가르드 디자이너인 마틴 마르지엘라는 익숙한 옷을 입는 새로운 방법을 보여 주었으며, 패션의 기초적 요소를 파괴하고 재조합하였다. 2004년 봄 컬렉션에서는 스커트를 상의에 고정시켜 착용하거나, 재킷의 소매를 안으로 넣어 소매가 가진 기능성의 해체를 제시하였다.

23 롤랑 무레(Roland Mouret)의 갤럭시 드레스(Galaxy dress)

2005년 롤랑 무레가 선보인 이 드레스는 여성스러운 실루엣에 무릎 아래까지 내려오는 펜슬 스커트가 특징적이다. 많은 셀러브리티들이 선택해 패션계에서 큰 주목을 받았다.

24 앤 드뮐미스터(Ann Demeulemeester)의 여성상

드뮐미스터는 전통적 여성성과 남성성을 초월한 앤드로지너스 룩의 대표주자로, 남성성과 여성성 사이에 적절한 균형을 통해 경계선을 허물고, 명확한 구분을 거부하였다.

25 디올 옴므의 남성복

남성 신체에 대한 새로운 시각을 보여 준다.

26 지속가능한 윤리적 패션

왼쪽은 카메론 디아즈가 2012년에 매카트니 (Stella McCartney)가 디자인한 유기농 인증 (GOTS-certified: Global Organic Textile Standard) 실크 이브닝드레스를 입은 모습이 다. 오른쪽은 레번(Christopher Raeburn)이 2013년 컬렉션에서 선보인 'Remade in England' 라벨의 재활용(upcycled) 낙하산 파카이다.

27 메시지가 담긴 패션

왼쪽은 1983년에 슬로건 티셔츠를 최초로 만들기 시작한 윤리적 패션 디자이너 햄넷 (Katharine Hamnett)이 공정무역을 위한 티셔츠를 입은 모습이다. 슬로건 티셔츠는 사회적 이슈를 대중에게 신속하게 전달하고 공감대를 만들어 준다.

28 발레트(Savithri Bartlett)의 여러 겹의 laser-cut fabrics으로 구성된 원피스 드레스

29 LED 조명이 부착된 의복

1960년대에 시도되었던 자체적으로 빛을 발하는 의복의 제작은 LED 조명과 작은 배터리의 발명으로 독특한 개성을 표현하고자 하는 착용자의 욕구를 충족시켜 준다.

30 샬라얀(Hussein Chalayan)의 테이블로부터 변형된 스커트
의복 소재에 대한 새로운 시도를 보여 준다.

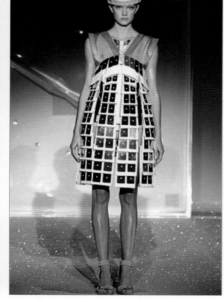

31 샬라얀의 스스로 변형되는 의복

32 샬라얀의 2007년 F/W Airborne 컬렉션에서
선보인, 후드가 자동으로 여닫히는 코트

옷은 어떤 환경에서든 인체를 보호해야 한다는 기
능주의적 철학을 잘 반영한 작품이다.

33 샬라얀의 2007년 F/W Airborne 컬렉션의
비디오 드레스(Video Dress)

스와로브스키 크리스털과 LED 전구로 몽환적인
분위기를 연출하였다.

2010년대 이후의 복식

본격적인 디지털 시대가 개막됨에 따라 소셜 네트워크를 통해 전 세계가 빠르게 연결되었다. 패션쇼가 실시간으로 스트리밍될 뿐만 아니라, 실시간 패션쇼를 보면서 상품을 주문할 수 있는 시스템이 도입되어 누구나 언제 어디서든 접속하여 빠르게 원하는 것을 얻을 수 있게 되었다.

밀레니얼세대가 주 소비층으로 부상하면서 개성과 다양성이 더욱 중요해졌다. 이에 따라 베이직한 것에 대한 가치를 높게 평가하는 미니멀리즘과 로고플레이를 통한 컨슈머리즘과 같은 정반대되는 스펙트럼이 동시에 나타나고 있다. 또한 소비자들이 패션업계에서 선보이는 것에 만족하지 않고, 더 새로운 것을 찾는 경향이 나타나면서 스트리트 패션의 영향력이 높아졌으며, 이러한 소비자 요구에 맞춰 패션업계는 다양한 컬래버레이션을 통해 새로운 비전을 제시하고 있다.

패스트패션이 폭발적으로 성장하였으며, 이와 함께 환경 및 윤리에 대한 문제점이 야기됨에 따라 지속가능성과 윤리적 패션에 대한 관심 역시 커졌다. 지속가능한 패션은 필수적인 가치로 자리 잡으면서 다각도에서 노력이 이루어지고 있다. 또한 모든 인종, 성 정체성, 사이즈 및 연령의 사람들을 포괄하려는 노력이 패션업계에서도 중요한 화두로 등장하였다.

35 놈코어(Normcore)

놈코어는 표준(norm)과 핵심(core)의 합성어로 지극히 평범한 옷이나 소품을 통해 자연스럽고 멋스럽게 표현하는 패션 스타일을 의미한다. 매 시즌 변화하는 트렌드를 수용하는 것과는 대비되는 개념으로 피비 필로(Phoebe Philo)는 2010년대에 셀린(Celine)에서 가장 기본에 충실하고, 트렌드가 필요 없는 옷이라는 수식과 함께 미니멀리즘의 역사를 새롭게 쓴 것으로 평가받는다. 그녀가 2011년 파리 패션위크 막바지에 신은 아디다스의 흰색 운동화는 이후 레깅스부터 청바지, 드레스, 스커트 등 어떤 룩에도 매치되는 아이템으로 등극하였다.

34 비즈니스 캐주얼

2010년대 초반의 여성 패션은 비즈니스 캐주얼 스타일로, 프로페셔널하면서도 여성스러운 분위기를 추구하였다. 미디 길이의 스커트에 잘록한 허리 라인은 오버사이즈 벨트로 더욱 강조하였다. 우아하면서도 현대적인 감각을 더해 인기를 끌었다.

36 애슬레저(Athleisure) 룩

웰니스 라이프에 대한 가치가 중요해지면서 운동이나 여가를 즐길 때뿐만 아니라 일상생활에서도 스포츠웨어를 착용해 편안한 스타일을 연출하는 애슬레저 룩이 유행하였다. 레깅스가 포멀한 웨어에 믹스 앤 매치하여 착용되었고, 운동복은 일상복으로 착용되었다.

37 다양한 스타일의 진(jean)

2010년 초기 몸에 딱 맞는 스키니 진에서 시작해, 맘 진(mom jean)이라고 불리는 80년대 레트로 스타일의 하이웨이스트, 스트레이트 스타일, 남자친구의 청바지를 입은 듯한 스타일의 보이프렌드 진 등 다양한 스타일이 2010년대에 유행하였다.

38 맥시멀리즘(Maximalism)

알레산드로 미켈레(Alessandro Michele)는 서로 충돌하는 화려한 컬러와 무늬, 풍부하고 다양한 소재를 통해 맥시멀리즘을 내세워 구찌를 이끌었다. 그 어떤 브랜드와도 유사하지 않으면서 신선한 영감을 주었다는 평가를 받으며, 과감한 디자인으로 젊은 세대에게 어필하였다. 이후 다양한 컬렉션에서 깊이 파이고 반짝거리며 강렬한 컬러의 의상들이 대거 등장하면서 소비자들은 대담한 스타일을 통해 개성을 뽐내게 되었다.

39 컨슈머리즘(Consumerism)

세계 불황과 함께 로고리스(logoless)의 미니멀한 디자인이 인기를 끄는 가운데 레트로 열풍과 함께 컨슈머리즘이 부활하였다. 90년대의 경제, 문화적 번영에 대한 향수, 사진 한 장으로 눈길을 끌어야 하는 소셜 미디어의 인기와 함께 눈길을 사로잡는 로고는 중요한 디자인이 되었다. 이러한 경향은 스트리트 패션 브랜드 베트멍(Vetement)이 상표와 로고에 집착하는 패션계에 대한 풍자, 브랜드에 대한 오마주를 섞어 선보인 제품들이 인기를 끌면서 시작되었다. 이후 럭셔리 브랜드들은 로고를 전면에 배치한 제품들을 선보였다.

40 어글리 스타일

어글리 패션의 유행과 함께 하이킹 슈즈에서 영감을 받은 듯한 어글리 슈즈, 패니팩(fanny pack) 같은 아이템들이 등장하였다. 차별화된 비주얼로 관심을 끌고, 독특한 개성을 보여 주고 싶어 하는 소비자들의 지지를 받았다.

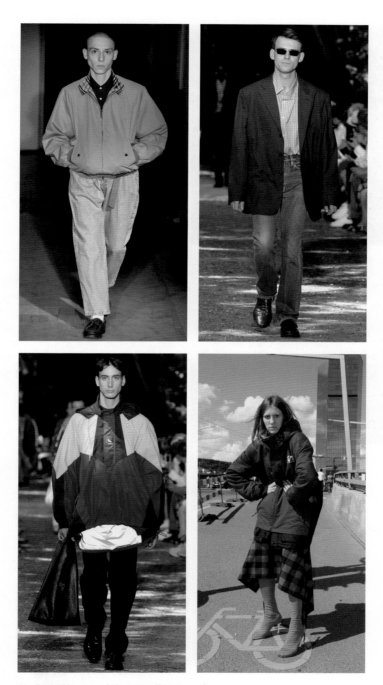

41 대드코어(Dadcore)와 고프코어(Gorpcore)

복고적인 무드가 더해진 어글리 룩이 대세를 이루면서 아버지나 아재 스타일에서 영감을 받은 대드코어와 아웃도어 의류를 지칭하는 고프코어 스타일이 주목을 받았다. 대드코어는 오버사이즈의 수트와 미스매치되는 스타일, 양말에 샌들, 투박한 운동화 등의 요소를 포함하며, 고프코어는 마운틴 재킷, 플리스, 하이킹 부츠 등 아웃도어 의류와 관련된 다양한 스타일이다.

42 페스티벌 패션

페스티벌은 1960년대 우드스탁 시절부터 존재해 왔으나 2010년대 이미지 중심의 소셜 네트워크 서비스인 인스타그램의 인기와 함께 페스티벌 패션은 더욱 중요해졌다. 플라워 크라운, 프린지, 컷 오프 데님, 크로셰 등 다양한 보헤미안 스타일이 등장하였다.

43 비스코 걸(VSCO Girls)

비스코 걸은 사진 편집 앱 '비스코(VSCO)'에서 유래한 트렌드로, 특정 브랜드를 통해 공통의 이미지를 추구하는 Z세대 여성들을 지칭한다. 이들은 환경 친화적인 라이프 스타일과 편안하고 자연스러운 느낌을 주는 아이템을 선호한다. 반바지를 덮는 오버사이즈 티셔츠에 슬리퍼, 백팩에 비즈 팔찌, 컬러풀한 헤어 액세서리를 사용하고, 일회용품 대신 텀블러, 에코백을 사용한다.

44 리틀 블랙 드레스

'리틀 블랙 드레스'는 샤넬이 제안한 클래식한 상징적 아이템을 스트리트 감성으로 버질 아블로(Virgil Abloh)가 재해석한 제품이다. 이미지의 배신에 대한 르네 마그리트의 "이것은 파이프가 아니다"라는 명언을 발전시켜 대량 생산과 복제 시대에 예술 작품의 의미를 풍자적으로 표현한 것으로 평가받는다.

46 해커 프로젝트(The Hacker Project)

알렉산드로 미켈레(Alessandro Michele)가 이끄는 구찌와 뎀나 바잘리아(Demna Gvasalia)의 발렌시아가의 협업으로 탄생한 해커 프로젝트는 진정성과 모방 및 도용에 대한 의미 탐구를 주제로 두 브랜드의 아이코닉한 스타일을 융합시킴으로써 탄생하였다.

45 스트리트웨어와 럭셔리 브랜드의 컬래버레이션

이어진 경제 침체로 명품 수요가 2010년대 중반까지 줄어들면서 보수적인 럭셔리 업계도 변화를 택하기 시작하였다. 루이비통은 2017년 미국의 스트리트 브랜드 수프림(Supreme)과 컬래버레이션을 진행하였다. 세계 최대 명품 브랜드와 드랍 방식과 고유의 디자인을 통해 하위문화계의 종교와도 같은 브랜드와의 만남은 진지하고 클래식한 이미지의 루이비통에 젊은 감성을 더해 새로운 이미지를 얻었다는 평가를 받았다. 또한 2018년 스트리트 브랜드 오프화이트(Off-White)의 버질 아블로(Virgil Abloh)를 남성복 수석디자이너로 영입하여 루이비통의 전통을 고수하되 스트리트 패션 특유의 과감함을 더해 새로운 변화를 이끌어 냈다.

47 빈티지 스타일

레트로 무드가 지속적으로 인기 있는 가운데 빈티지 숍에서 찾아낸 듯한 과장되고 독특한 빈티지 스타일이 등장하였다. 빅토리아 시대, 40년대의 테일러링과 소매 형태, 50년대 주부 스타일, 70년대 히피 스타일까지 다양한 레퍼런스에서 가져온 스타일을 젊고 위트 있게 재해석하여 선보이고 있다.

48 업사이클링

지속가능한 패션을 위한 움직임의 일환으로, 업사이클링이 패션계에서 큰 인기를 끌고 있다. 재활용 분류시설에서 제공받은 소재를 사용한 컬렉션을 선보이는 브랜드들이 늘어나고 있으며, 미우미우(miu miu)는 2020년부터 업사이클 프로젝트를 통해 순환 디자인을 장려하고 있으며, 버려진 청바지와 남은 가죽으로 새로운 제품을 만들어 판매하고 있다. 이러한 노력은 환경을 중요시하는 소비자들의 관심을 끌고 지속가능한 패션 트렌드로 자리 잡았다.

49 젠더리스(Genderless) 룩

2019년 올해의 단어로 논 바이너리(non-binary)의 단어 they가 선정되었고, 패션업계에서는 남성적, 여성적을 초월한 휴머니즘을 강조한 젠더리스 스타일이 제시되었다. 생로랑(Saint Laurent)의 에디슬리먼(Hedi Slimane)은 'Le smoking'이 가진 젠더플루이드적 특성을 차용하여 중립적인 실루엣으로 컬렉션을 선보이기 시작하였다. 또한 구찌는 남성과 여성 컬렉션을 함께 선보이며 젠더플루이드한 스타일을 선보였다.

50 다양성(Inclusivity) 추구

패션업계에서는 다양한 인종, 성별 정체성, 사이즈, 연령, 종교의 사람들을 포괄하려는 노력을 하고 있다. 크로마트(Chromat)는 플러스 사이즈의 모델뿐만 아니라 장애인, 유방암 생존자 등을 기용하였고, 90년대의 아이코닉한 슈퍼모델들이 패션쇼에 돌아오면서 다양한 연령대를 포괄하였다. 커버걸(Cover Girl)은 색조화장 모델로 남성 인플루언서를 기용하는 등 다양성을 위해 노력하고 있다.

51 디지털 프린트에 의한 디자인

2010년 맥퀸(Alexander McQueen)의 'Plato's Atlantis'에 발표된 디지털 프린팅 드레스(digital printing dress)이다. 카트란주(Mary Katranzou)의 2012년 작품은 트롱프레유로 타자기의 모습을 사실처럼 표현하고 있다.

52 3D 프린트에 의한 디자인

3D 프린팅 디자인의 선구자인 허펜(Iris van Herpen)의 2010년 작품과 하우스 오브 샤넬(House of Chanel)의 2015년 작품이다. 초기에는 소재가 무겁고 견고함이 떨어졌으나, 소재의 빠른 발전으로 인해 입을 수 있는 다양한 디자인의 개발이 가능해졌다.

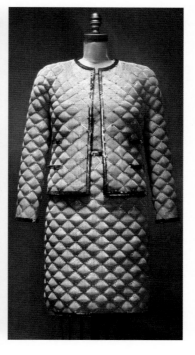

53 레이저 컷(Laser cut)에 의한 디자인

허펜(Iris Van Herpen)은 고전적인 재단 기술과 현대적인 디지털 기술을 결합한 기술을 선보였다. 레이저 컷은 정밀한 자르기와 높은 생산성을 가진 기술로, 이를 이용하여 다양한 패턴을 자르고 혁신적인 다양한 소재와 색감의 조합으로 유니크한 디자인을 구현하였다.

54 스프레이 드레스

1999년 맥퀸이 선보인 스프레이 드레스에 이어, 코페르니(Coperni)가 2023년 선보인 스프레이 드레스는 패션 산업의 혁신과 강렬한 독창성을 보여 준다. 이 드레스는 패브리칸(Fabrican)의 스프레이 온(Spray-On) 기술을 사용하여 만들어졌으며, 공기와 접촉할 때 부직포 소재로 굳어지는 원리로 제작된다. 불필요한 공정을 단순화시켜 환경 보호에 도움이 되며 다시 녹여서 다른 옷을 만들 수도 있다.

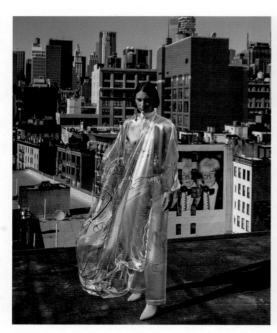

55 디지털 드레스

팬데믹의 영향으로 디지털 패션은 온라인 마켓 플레이스에서 급성장하였다. 실과 직물이 아니라 픽셀과 컴퓨터로 만들어진 제품을 소비자들은 증강현실과 디지털 방식으로 변경된 사진을 통해 착용할 수 있다. 사람들은 자신을 표현하고 창의적인 경계를 넓히는 방법으로 활용하고 있다.

참고문헌

RMN: Reunion des Musees Nationaux
MMA: THE METROPOLITAN MUSEUM OF ART
QSM: Quite Specific Media Group Ltd.

국내

Bazin, G.(김미정 역)(1998). 바로크와 로코코. 시공사.

Black, J. A., & Garland, M.(윤길순 역)(1997). 세계패션사(A History of Fashion). 자작아카데미.

Bottero, J.(최경란 역)(2001). 메소포타미아: 사장된 설형문자의 비밀. 시공사.

Duby, G.(채인택 역)(2006). 조르주 뒤비의 지도로 보는 세계사. 생각의나무.

Farnoux, A.(이혜란 역)(2001). 크노소스-그리스의 원형 미노아 문명. 시공사.

Grumbach, D.(우종길 역)(1994). 패션의 역사(Histories de la Mode). 도서출판 窓.

Hamamoto, T.(김지은 역)(2002). 반지의 문화사. 에디터.

Janson, H. W.(이일 편역)(1987). 서양미술사(A Basic History of Art). 미진사.

Jestaz, B.(김택 역)(2001). 건축의 르네상스. 시공사.

Paquet, D.(지현 역)(1998). 화장술의 역사 : 거울아 거울아(Miroir, mon beau miroir: Une histoire de la beauté). 시공사.

Phillipes, C.(김숙 역)(1999). 장신구의 역사 : 고대에서 현대까지. 시공사.

Robert C.(이희재 역)(2001). 그림과 함께 읽는 서양문화의 역사-1, 2, 3, 4. 사군자.

Stevenson, N. J.(안지은 역)(2014). 패션 연대기. 투플러스.

Worsley, H.(김지윤 역)(2012). 패션을 뒤바꾼 아이디어 100. 시드포스트.

고종희(2004). 르네상스의 초상화 또는 인간의 빛과 그늘. 한길아트.

국립중앙박물관(2019). 로마 이전, 에트루리아. 국립중앙박물관 전시 도록

_____(2022). 메소포타미아, 저 기록의 땅. 국립중앙박물관 전시 도록

김민자(2004). 복식미학 강의 1, 2. 교문사.

김영인 외(2006). 룩-패션을 보는 아홉 가지 시선. 교문사.

김정화(1998). 이집트 문명 대 탐험 : The Great Adventure Egypt. Editions ICRD.

김홍기(2008). 샤넬, 미술관에 가다. 서울 : 미술문화.

민석홍, 나종일(2005). 서양문화사(개정판). 서울대학교 출판부.

신상옥(2000). 서양복식사. 수학사.

양정무(2016). 미술이야기. 사회평론.

유송옥, 이은영, 황선진(1996). 복식문화. 교문사.

이연숙(1998). 실내디자인 양식사. 연세대학교 출판부.

이희수(2022). 인류본사. 휴머니스트 출판그룹.

정홍숙(1995). 근대복식문화사(1800~1930). 교문사.

_____(1997). 서양복식문화사. 교문사.

조진애(2002). e-book 겸용, 그림에서 표현된 근세 서양복식. 경춘사.

국외

Anderson, B., & Anderson, C. R.(1998). *COSTUME DESIGN(2nd ed)*. Harcourt Brace College Publishers.

Antoine, E.(1995). *Le tour du musée en 80 œuvres(Musée national du Moyen Âge – Thermes de Cluny. Paris)*. RMN.

Aruz, J., & Wallenfels, R. eds.(2003). *Art of the First Cities: The Third Millennium B.C. from the Mediterranean to the Indus*. NewYork: Metropolitan Museum of Art.

Ashelford, J.(1996). *The Art of Dress(Clothes and Society 1500–1914)*. The National Trust.

Barnard, M.(2002). *Fashion as Communication*. Routledge.

Baudot, F.(1999). *Fashion The Twentieth Century*. Universe.

Beck, T.(2002). *Gardening with Silk and Gold(A History of Gardens in Embroidery)*. David & Charles.

Bendel, H.(1998). *Henri Bendel Fashion Designs 1915*. Pomegranate Europe Ltd.

Bigelow, M. S.(1979). *Fashion in History(2nd ed)*. Burgess Publishing Company.

Black, M.(2002). *The Medieval Cookbook*. The British Museum Press.

Blackman, C.(2012). *100 Years of Fashion*. Laurence King Publishing.

Boardman, J.(2016). *Greek Art(5th ed)*. Thames & Hudson.

Boccardi, L.(1993). *Party Shoes*. Zanfi Editori.

Bolton, A.(2005). *Wild: Fashion Untamed*. MMA.

Boucher, F., & Deslandres, Y.(1987). *20,000 Years of Fashion: The History of Costume and Personal Adornment(Expanded ed.)*. Harry N. Abrams.

Breward, C.(2003). *Fashion*. Oxford University Press.

Buxbaum, G.(1999). *Icons of Fashion the 20th Century*. Prestel Verlag.

Callan, G. O., & Glover, C.(2008). *The Thames & Hudson Dictionary of Fashion and Fashion Designers*. The Thames & Hudson world of art.

Calloway, S.(1992). *The House of Liberty: Masters of Style & Decoration*. Thames And Hudson.

Chenoune, F.(1993). *A History of Men's Fashion*. Flammarion.

Clark, J.(2012). *Handbags : The Making of Museum*. Yale University Press.

Cole, D. J. and Deihl, N.(2015). *The history of modern fashion from 1850*. London: Laurence King Pub.

Cosgrave, B.(2000). *The Complete History of Costume & Fashion: From Ancient Egypt to the Present Day*. Checkmark Books.

Costantino, M.(1997). *Men's Fashion in the Twentieth Century: From Frock Coats to Intelligent Fibres*. Costume & Fashion Press/QSM.

Crane, D.(2000). *Fashion and its Social Agendas*. The University of Chicago Press.

Dell, C.(2016). The Occult, Witchcraft & Magic: An Illustrated History. NewYork: Thames & Hudson.

Dimant, E.(2010). *Minimalism and Fashion.* Harper Design.

Dr. June F. Mohler. *The Kent State University Museum.*

Druesedow, J. L.(1998). *In Style: Celebrating Fifty years of the Costume Institute.* MMA.

Dufournet, J.(2002). *Les Trés Riches Heures du Duc de Berry.* Hack Berry Press.

Epstein, D., & Safro, M.(1991). *Buttons.* Harry N. Abrams, Inc.

Farrell-beck, J, Parsons, J.(2007). *20th-century Dress in the United States.* Fairchild.

Fogg, M.(2013). *Fashion : The Whole Story.* Thames & Hudson.

Fontanel, B.(1997). *Support and Seduction(A History of Corsets and Bras).* Harry N. Abrams, Inc.

Geddes, O. M.(1992). *A swing through time: Golf in Scotland 1457-1744.* National Library of Scotland.

Germer, R.(1997). *Mummies(Life after Death in Ancient Egypt).* Prestel Verlag.

Gouvion, C.(2010). *Braquettes : une histoire du vetement et des moeurs.* Rouerque.

Grape, W.(1994). *The Bayeux Tapestry.* Prestel Verlag.

Greenhalgh, P.(2001). *Essential Art Nouveau.* V&A Pub.

Grumbach, D.(1999). *Histoires de la mode.* Regard.

Hagen, R. M., & Hagen, R.(2007). *Egypt Art.* Taschen.

Harris, J.(1993). *Textiles: 5,000 Years.* Harry N. Abrams, Inc.

Hart, A., & North, S.(2002). *Historical Fashion in Detail: The 17th and 18th Centuries.* V&A Pub.

Hearn, K.(2003). *Marcus Gheeraerts II Elizabethan Artist(In focus).* Tate Publishing.

Heyraud, B.(1994). *5000 Ans De Chaussures.* Parkstone Press.

Hill, M. H., & Bucknell, P.A.(1987). *The Evolution of Fashion: Pattern and Cut from 1066 to 1930.* B. T. Batsford Ltd, London.

Hojer, G.(2006). *King Ludwig I's Beauty Gallery.* Schnell & Steiner.

Holocomb, M. eds.(2018). *Jewelry: The body transformed.* The MET.

Janson, H. W., & Janson, A. F.(1997). *History Of Art(5th Ed. revised).* Thames And Hudson.

Joannis, S.(1992). *Bijoux des Regions de France.* Flammarion.

Johnson, A.(2002). *Handbags: The Power of the Purse.* Workman Publishing.

Johnston, L.(2005). *Nineteenth−Century Fashion in Detail.* V&A Pub.

Join−Dieterle, C.(1998). *Les Mots de la Mode.* PARIS museé/ACTES SUD.

Jones, T.(2009). *100 contemporary fashion designers.* Los Angeles: Taschen.

Kidd, M. T.(1996). *Stage Costume.* A&C Black.

Koda, H.(2001). *Extreme Beauty: The Body Transformed.* The Metropolitan Museum of Art & Yale University Press.

Kopplin, M., & Baulez, C.(2001). *Les Laques du Japon: Collections de Marie−Antoinette.* Reunion des Museés Nationaux.

Langer, B. and Hojer, G.(2015). *Nymphenburg: Place, park and pavilions.* Munich: Bayeriche.

Laubner, E.(1996). *Fashions of the Roaring '20s.* Schiffer Publishing Ltd.

Laver, J.(1996). *Costume & Fashion(Revised, expanded and updated ed.).* Thames And Hudson.

Lazarev, M. D.(2016). *Galerie Tretiakov.* Guide. Galerie Tretiakov, Moscou.

Lehnert, G.(2000). *A History of Fashion in the 20th Century.* Konemann.

Leri, J. M.(1994). *Carnavalet: Museum of the History of Paris.* Beaux-Arts.

Livingstone, K.(2005). *Essential Arts and Crafts.* V&A Pub.

Lobenthal, J.(1990). *Radical Rag · Fashion of the Sixties.* Abbeville Press.

Malafarina, G. eds.(2006). *The Basilica of San Vitale in Ravenna.* Franco Cosimo Panini.

Martin, R.(1989). *Fashion and Surrealism.* Thames And Hudson.

Martin R., & Koda, H.(1993). *Infra-Apparel.* MMA/Abrams.

McDowell, C.(1992). *Hats(Status, style and glamour).* Rizzoli International Pub. Inc.

Mendes, V., & de la Haye, A.(1999). *20th Century Fashion.* Thames & Hudson.

Milbank, C. R.(1989). *New York Fashion(The Evolution of American Style).* Harry N. Abrams, Inc.

Morris, E. T.(1999). *Scents of Time: Perfume from Ancient Egypt to the 21st Century.* MMA/Prestel.

Murray, M. P.(1990). *Changing Styles in Fashion Who, What, Why.* Fairchild Pub.

Museu del Perfum. Barcelona.

National Geographic Society(1981). *Splendors of the Past(Lost Cities of the Ancient World).*

_____(1987). *Our World's Heritage.*

_____(1988). *Livings on the Earth.*

Neri, G.(2011). *Jasper Morrison.* Pero, Milano: 24 ore cultura.

Newson, A., Suggett, E., & Sudjic D.(2016). *Designer maker user.* London: Phaidon press.

Nicolle, D.(2002). *History of Medieval Life(A Guide to Life From 1000 To 1500 Ad).* Barnes & Noble, Inc.

Norberg-Schulz, C.(1986). *Baroque Architecture.* Electa/RIZZOLI.

O'Keeffe, L.(1996). *Shoes(A Celebration of Pumps, Sandals, Slippers & More).* Workman Publishing.

O'Mahony, M., & Braddock, S. E.(2002). *Sportstech(Revolutionary Fabrics, Fashion & Design).* Thames And Hudson.

Pastoureau, M.(2001). *Heraldry.* Thames And Hudson.

_____(2014). *GREEN The History of a Color,* Princeton University Press

_____(2017). *RED The History of a Color,* Princeton University Press

Payne, B.(1965). *The History of Costume: From the Ancient Egyptians to the Twentieth Century.* Harper & Row Pub.

Payne, B., Winakor, G., & Farrell-Beck, J.(1992). *The History of Costume: From Ancient Mesopotamia through the Twentieth Century(2nd ed.).* Harper Collins Pub.

Peacock, J.(1996). *Men's Fashion(The Complete Sourcebook).* Thames And Hudson.

Phaidon eds., & Gallagher, J.(2021). *The men's fashion book.* London: Phaidon press.

Phillips, C.(2003). *Jewels And Jewellery.* V&A Pub.

Piazza, A. (2016). *Fashion 150*. Laurence King Publishing.

Polhemus, T. (1994). *Street Style(from side work to catwalk)*. Thames & Hudson.

_____(1996). *Style Surfing(what to wear in the 3rd millennium)*. Thames & Hudson.

Pratt, L., & Woolley, L. (1999). *Shoes*. V&A Pub.

Reade, J. (1998). *Assyrian Sculpture*. London: The British Museum Press.

Reade, J. (2000). *Mesopotamia*. London:The British Museum Press.

Réunion des Musées Nationaux(2002). *Sur la terre comme au ciel(Jardins d' Occident a la Fin du Moyen Age)*. RMN.

Ribeiro, A., & Cumming, V. (1989). *The Visual History of Costume*. B. T. Batsford Ltd, London.

Robins, G. (2000). *The Art of Ancient Egypt*. The British Museum Press.

Rothstein, N. (1984). *Four Hundred Years* of Fashion. V&A pub.

Ruppert, J. (1996). *Le Costume Français*. Flammarion.

Scarisbrick, D. (2007). *Rings : Jewelry of Power, Love and Loyalty*. Thames & Hudson.

Seeling, C. (2012). *Fashion 150 Years Couturiers, Designers, Labels*. H.f.ullmann.

Silver, L. (1993). *Art in History*. Abbeville Press.

Simon, M. (1995). *Fashion in Art(The Second Empire and Impressionism)*. ZWEMMER.

Smith, D. M. (2017). *Ancient Greece*. Thames & Hudson.

Spivey, N. (1994). *Etruscan Art*. Thames & Hudson.

Sproles & Burns(1994). *Changing Appearances*. Fairchild Pub. Inc.

Steel, V. (ed.) (1999). *Fashion Theory: The Journal of Dress, Body & Culture*. 3(2). Berg Pub.

_____(2001). *Fashion Theory: The Journal of Dress, Body & Culture*. 5(2). Berg Pub.

Stegemeyer, A. (1994). *Who's Who in Fashion*. Fairchild Pub. Inc.

Tait, H. (1986). *7000 Years of Jewellery*. The British Museum Press.

Tambini, M. (1999). *The Look of the Century*. DK Publishing, Inc.

Tames, R. (1997). *The Way We Lived: 20Th The Eventual Century*. Reader's Digest.

The Kyoto Costume Institute(2004). *Fashion from the 18th to the 20th century*. Taschen.

The Metropolitan Museum of Art(2012). *Schiaparelli & Prada : Impossible Conuersation*.

_____(2016). *Manus X Machina : Fashion in an age of Technology*.

The Wallace Collection(2011). SCALA pub, Ltd.

Time Life Inc(1997). *What Life Was Like in the Age of Chivalry: Medieval Europe, A.D. 800–1500*.

_____(1998). *What Life Was Like Amid Splendor and Intrigue: Byzantine Empire, A.D. 330–1453*.

_____(1999). *What Life Was Like in Europe's Golden Age: Northern Europe, A.D. 1500–1675*.

Time–Life Books Inc(1987). *TimeFrame: A Soaring Spirit, 600–400 B.C.*

_____(1987). *TimeFrame: Barbarian Tides, 1500–600 B.C.*

_____(1987). *TimeFrame: The Age of God–Kings, 3000–1500 B.C.*

_____(1988). *TimeFrame: Fury of the Northmen, A.D. 800–1000*.

_____(1989). *TimeFrame: Empires Besieged, A.D. 200–600*.

_____(1990). *TimeFrame: Empires Ascendant, 400 B.C.–A.D. 200.*

_____(1992). *TimeFrame: The March of Islam, A.D. 600–800.*

_____(1992). *TimeFrame: The Rise of Cities.*

_____(1993). *TimeFrame: The Enterprise of War.*

Tortora, P. G., & Eubank, K.(2005). *Survey of Historic Costume(4th ed.).* Fairchild Pub. Inc.

Tortora, P. G., & Marcketti, S. B.(2013). *Survey of Historic Costume*(6th ed.). Fairchild Pub. Inc.

Tutankhamun : His Tomb and His Treasures(2008). Exhibition Catalogue.

Vey, H., & Xavier de Salas(ed.)(1971). *The Book of Art. Vol. 4: German and Spanish Art to 1900.* Grolier Incorporated.

Waterfield G., & French, A.(2003). *Below Stairs: 400 Years of Servants' Portraits.* National Portrait Gallery Pub.

Watson L.(2008). *Vogue fashion: over 100 years of style by decade and designer, in association with Vogue.* Richmond Hill, Ont.: Firefly Books.

Wilcox, C.(1997). *A Century of Bags(Icons of Style in the 20th Century).* Chartwell B, Inc.

Wilcox, C., & Mendes, V.(1991). *Modern Fashion in Detail.* The Overlook Press.

Wilcox, R. T.(1958). *The Mode in Costume.* Charles Scribner's Sons.

Wiltshire, K.(2005). *Pocket Timeline of Ancient Mesopotamia.* London: The British Museum Press.

Wood, G.(2003). *Essential Art Deco.* V&A Pub.

Worsley, H.(2008). *DECADES OF FASHION.* hf ULLMANN.

그림출처

Chapter 4
로마와 에트루리아의 복식과 문화

Part II 중세의 복식과 문화

Chapter 5
비잔틴 제국의 복식과 문화

Chapter 6
중세 초·중기의 복식과 문화

Chapter 7
중세 후기의 복식과 문화

Part III 절대주의 시대의 복식과 문화

부표지 Art in History_254

Chapter **8**

16세기의 복식과 문화

Chapter 9
17세기의 복식과 문화

Chapter 10
18세기의 복식과 문화

Part IV 근대의 복식과 문화

Chapter 11
나폴레옹 1세 시기의 복식과 문화

Chapter 12
왕정복고와 나폴레옹 3세 시기의 복식과 문화

Chapter 13
제국주의 시기의 복식과 문화

Part V 현대의 복식과 문화

Chapter 14
20세기 전반의 복식과 문화

Chapter 15
20세기 후반의 복식과 문화

72 Icons of Fashion the 20th Century_138

73 20th Century Fashion_226

74 Icons of Fashion the 20th Century_141

75 100 years of Fashion_336

76 Icons of Fashion the 20th Century_113

77 서양복식문화사_403

   100 years of Fashion_325

78 Icons of Fashion the 20th Century_132

79 Fashion the Twentieth Century_363

80 A History of Men's Fashion_312

81 A History of Men's Fashion_293

82 A History of Men's Fashion_297

83 A History of Men's Fashion_305

84 Icons of Fashion the 20th Century_152

85 A History of Fashion in the 20th Century_99

86 Icons of Fashion the 20th Century_146

87 Icons of Fashion the 20th century_151

88 Street Style_78

89 Icons of Fashion the 20th Century_109

90 Histoires de la mode_313

91 Icons of Fashion the 20th Century_107

92 Icons of Fashion the 20th Century_148

93 Icons of Fashion the 20th Century_164

94 Street Style_66

95 Street Style_9

96 Fashion : The Whole Story_470

97 현대패션 100년_272

98 A History of Fashion in the 20th Century_105

99 Fashion_192

100 Icons of Fashion the 20th century_153

101 Fashion : The Whole Story_502

102 Icons of Fashion the 20th Century_171

103 Fashion_237

Chapter 16
21세기 초반의 복식과 문화

장표지 https://www.anyahindmarch.com/pages/im-not-a-plastic-bag

1 https://www.kocis.go.kr/koreanet/view.do?seq=2491
Designer maker user, p_229

2 https://ardetails.home.blog/2020/06/26/greg-lynn-liquid-form-architecture/

3 https://www.archdaily.com/118709/the-green-building-fer-studio?ad_source=search&ad_medium=projects_tab

4 SPACE-House Expecting Assembly and Disassembly: Loblolly House (vmspace.com)

5 https://jaspermorrison.com/projects/editions/corks
https://kr.imboldn.com/%EB%B9%84%ED%8A%B8%EB%9D%BC-x-%EC%9E%AC%EC%8A%A4%ED%8D%BC-%EB%AA%A8%EB%A6%AC%EC%8A%A8-evo-c/

6 https://www.architecturaldigest.com/gallery/eco-friendly-furniture-designs

7 https://www.trendhunter.com/trends/airbus-a-piece-of-sky

8 http://res.heraldm.com/content/image/2022/03/07/20220307000650_0.jpg

9 https://www.nylon.com/fashion/direct-to-avatar-d2a-fashion-brands-metaverse
https://www.voguebusiness.com/technology/nike-and-rtfkt-take-on-digital-fashion-with-first-cryptokick-sneaker
https://twitter.com/SpaceRunnersNFT/status/1640790652379189267?s=20

10 https://www.nytimes.com/2013/05/23/world/asia/report-on-bangladesh-building-collapse-finds-widespread-blame.html
https://www.sustainyourstyle.org/en/meaningful-initiatives

11 https://www.linkedin.com/pulse/gfc2020-sustainability-fashion-pact-isabel-cantista

https://robbreport.com/style/fashion/the-fashion-pact-zegna-hermes-and-others-sign-g7-climate-agreement-2865730/

12 https://www.vogue.com/fashion-shows/fall-2001-ready-to-wear/saint-laurent/slideshow/collection#34

13 https://www.vogue.com/fashion-shows/spring-2008-ready-to-wear/dries-van-noten

14 https://www.vogue.com/fashion-shows/spring-2001-ready-to-wear/louis-vuitton

https://www.nytimes.com/2007/11/08/fashion/08ART.html

15 https://www.cosmopolitan.com/uk/fashion/celebrity/news/a44028/britney-spears-game-juicy-couture-comeback/

https://collections.vam.ac.uk/item/O110643/tracksuit-juicy-couture/?carousel-image=2011EN2347

16 https://www.vogue.com/fashion-shows/spring-2003-ready-to-wear/y-3/slideshow/collection#2

https://www.glamour.com/story/need-a-little-motivation-to-ge

https://hypebeast.com/2009/8/puma-by-alexander-mcqueen-2009-fallwinter-collection

17 https://stylecaster.com/it-jeans-2000s/slide20

https://www.pinterest.co.kr/pin/50384089567339368/

18 https://style.time.com/2013/08/26/mileys-crop-top-and-more-20-questionable-outfits-from-vma-history/slide/christina-aguilera-2002/

https://www.vogue.co.uk/fashion/gallery/sienna-miller-boho-boots

https://www.harpersbazaar.com/fashion/trends/g7627/worst-trends-of-every-decade/

19 https://www.theguardian.com/business/2009/jul/15/burberry-sales-figures

https://www.flickr.com/photos/thearches/4381957521/

20 https://www.vogue.com/fashion-shows/fall-2005-ready-to-wear/roland-

mouret/slideshow/collection#1

21 Minimalism and fashion_58

22 https://www.et-caetera.com/wp-content/uploads/2019/06/mmm-ss2004-def-right.jpg

23 https://www.vogue.com/fashion-shows/spring-2007-ready-to-wear/ann-demeulemeester/slideshow/collection#8

24 20th century Dress in the united states_280

25 https://thefashionbookworm.com/2020/11/12/moment-12-novembre-2004-karl-lagerfeld-est-le-premier-createur-invite-par-hm/

26 Fashion : The Whole Story_487

27 패션을 뒤바꾼 아이디어 100_213

Fashion's Front Line_99

28 Techno textiles 2_113

29 Textile Future 2_2

30 Minimalism and fashion 2_192

31 Fashion 150 Years Couturiers, Designers, Labels_419

32 Fashion 150 Years Couturiers, Designers, Labels_423

33 패션을 뒤바꾼 아이디어 100_214

34 https://www.vogue.com/fashion-shows/spring-2012-ready-to-wear/celine/slideshow/collection#5

https://www.popsugar.com/fashion/photo-gallery/34025036/image/34026582/Burberry-Prorsum-Spring-2012

35 https://www.harpersbazaar.com/fashion/a42813489/phoebe-philo-new-brand-debut-date/

36 https://www.huffingtonpost.co.uk/2014/08/14/paris-fashion-week-chanel-autumn-winter-2014_n_7334832.html

https://www.vogue.com/fashion-shows/fall-2016-menswear/john-elliot-co/slideshow/collection#14

37 https://www.marieclaire.com/fashion/g32448581/2010s-fashion/

38 https://magazine.hankyung.com/business/article/

201802274477b

https://www.joongang.co.kr/article/22556040

39 https://www.vogue.com/fashion-shows/spring-
2016-ready-to-wear/vetements/slideshow/collection
https://www.vogue.com.au/fashion/news/kim-
jones-on-art-collaborations-and-his-prefall-2020-
collection-for-dior-men/image-
gallery/501e4268f3bc2cdd27295a44ceea41cc

40 https://www.vogue.com/fashion-shows/spring-
2018-menswear/gosha-rubchinskiy/slideshow/
collection#27
https://www.vogue.com/fashion-shows/spring-
2018-menswear/balenciaga/slideshow/collection#14
https://www.vogue.com/fashion-shows/spring-
2018-menswear/balenciaga/slideshow/collection#37
https://m.fashionn.com/board/read.php?table=&nu
mber=20991

41 https://guardian.ng/life/how-to-remove-wrinkles-
and-creases-from-sneakers/
https://www.spottedfashion.com/wp-
content/uploads/2017/09/Gucci-Black-GG-
Marmont-Belt-Bag-2-Spring-2018.jpg

42 https://www.harpersbazaar.com/uk/fashion/shows
-trends/a30193636/biggest-fashion-trends-2010s/

43 https://www.businessinsider.com/how-to-be-a-
vsco-girl-checklist-starter-kit

44 https://www.metmuseum.org/art/collection/search
/812111

45 https://wwd.com/runway/mens-fall-collections-
2017/paris/louis-vuitton/review/

46 https://wwd.com/runway/mens-fall-collections-
2017/paris/louis-vuitton/review/

47 https://www.vogue.com/fashion-shows/resort-
2020/batsheva/slideshow/collection#31
https://www.vogue.com/fashion-shows/resort-

2020/miu-miu/slideshow/collection#45
https://fashionista.com/2019/05/the-marc-jacobs-
interview

48 https://www.forbes.com/sites/joanneshurvell/2020
/01/08/the-rise-of-upcycling-five-brands-leading-
the-way-at-london-mens-fashion-week-
2020/?sh=551989ac7478
https://www.vogue.com/article/redone-attico-
collaboration-upcycling-vintage
https://www.vogue.com/slideshow/miu-miu-levis
https://www.miumiu.com/kr/ko/collections/miu-
miu-upcycled/c/10515KR

49 https://footwearnews.com/2020/fashion/opinion-
analysis/genderless-fashion-2010s-decade-review-
1202892845/
https://mrnmoda.altervista.org/storia-gucci/

50 https://wwd.com/feature/2010s-fashion-trends-
that-defined-decade-1203393941/

51 100 Years of Fashion_333
Fashion : The Whole Story_525

52 Manus X Machica_59, 274

53 https://www.vogue.com/article/iris-van-herpen-
fall-2017-couture-behind-the-scenes-3-d-printing
https://in.fashionnetwork.com/news/Iris-van-
herpen-s-haute-couture-collection-floats-between-
earth-and-sky,1059325.html

54 https://harpersbazaar.co.kr/article/71641
https://www.vogue.com/article/bella-hadid-spray-
dress-coperni

55 https://www.forbes.com/sites/brookerobertsislam/
2019/05/14/worlds-first-digital-only-blockchain-
clothing-sells-for-9500/?sh=1fb1ad42179c
https://harpersbazaar.co.kr/article/71641
https://dressx.com/products/biomechanical-dress

찾아보기